高职高专教育“十三五”规划建设教材
中央财政支持高等职业教育动物医学专业建设项目成果教材

兽医中药学

（动物医学类专业用）

李海前　刘根新　主编

中国农业大学出版社
·北京·

内容简介

本教材是以技术技能人才培养为目标，以动物医学专业疾病防制方面的岗位能力需求为导向，坚持适度、够用、实用及学生认知规律和同质化原则，以过程性知识为主、陈述性知识为辅；以实际应用知识和实践操作为主，依据教学内容的同质性和技术技能的相似性，将兽医中药学的发展概况、来源、性味、归经、功效、主治、主要成分以及现代药理学研究等知识和技能列出，进行归类和教学设计。

本教材文字精练，图文并茂，通俗易懂，运用新媒体——扫描二维码，现代职教特色鲜明，既可作为教师和学生开展“校企合作、工学结合”人才培养模式的特色教材，又可作为企业技术人员的培训教材，还可作为广大畜牧兽医工作者短期培训、技术服务和继续学习的参考用书。

图书在版编目(CIP)数据

兽医中药学 / 李海前，刘根新主编. — 北京：中国农业大学出版社，2016.3
ISBN 978-7-5655-1527-9

Ⅰ.①兽…　Ⅱ.①李…②刘…　Ⅲ.①中兽医学-中药学　Ⅳ.①S853.7

中国版本图书馆 CIP 数据核字(2016)第 040606 号

书　名　兽医中药学
作　者　李海前　刘根新　主编

策划编辑　康昊婷　伍　斌　　　责任编辑　韩元凤
封面设计　郑　川
出版发行　中国农业大学出版社
社　　址　北京市海淀区圆明园西路 2 号　　　邮政编码　100193
电　　话　发行部 010-62818525，8625　　　读者服务部 010-62732336
　　　　　编辑部 010-62732617，2618　　　出　版　部 010-62733440
网　　址　http：//www.cau.edu.cn/caup　　　E-mail cbsszs @ cau.edu.cn
经　　销　新华书店
印　　刷　涿州市星河印刷有限公司
版　　次　2016 年 3 月第 1 版　　2016 年 3 月第 1 次印刷
规　　格　787×1 092　　16 开本　　13.75 印张　　340 千字
定　　价　30.00 元

图书如有质量问题本社发行部负责调换

编审人员
CONTRIBUTORS

主　编　李海前（甘肃畜牧工程职业技术学院）
　　　　　刘根新（甘肃畜牧工程职业技术学院）

编　者　李海前（甘肃畜牧工程职业技术学院）
　　　　　刘根新（甘肃畜牧工程职业技术学院）
　　　　　李学钊（甘肃畜牧工程职业技术学院）
　　　　　高蓉彬（甘肃畜牧工程职业技术学院）
　　　　　孙甲川（甘肃农业职业技术学院）

审　稿　姜聪文（甘肃畜牧工程职业技术学院）
　　　　　王治仓（甘肃畜牧工程职业技术学院）

前言 PREFACE

为了认真贯彻落实国发[2014]19号《国务院关于加快发展现代职业教育的决定》、教职成[2015]6号《教育部关于深化职业教育教学改革全面提高人才培养质量的若干意见》、《高等职业教育创新发展行动计划(2015—2018)》等文件精神，切实做到专业设置与产业需求对接、课程内容与职业标准对接、教学过程与生产过程对接、毕业证书与职业资格证书对接、职业教育与终身学习对接，自2012年以来，甘肃畜牧工程职业技术学院动物医学专业在中央财政支持的基础上，积极开展提升专业服务产业发展能力项目研究。项目组在大量理论研究和实践探索的基础上，制定了动物医学专业人才培养方案和课程标准，开发了动物医学专业群职业岗位培训教材和相关教学资源库。其中，高等职业学校提升专业服务产业发展能力项目——动物医学省级特色专业建设于2014年3月由甘肃畜牧工程职业技术学院学术委员会鉴定验收，此项目旨在创新人才培养模式与体制机制，推进专业与课程建设，加强师资队伍建设和实验实训条件建设，推进招生就业和继续教育工作，提升科技创新与社会服务水平，加强教材建设，全面提高人才培养质量，完善高职院校"产教融合、校企合作、工学结合、知行合一"的人才培养机制。为了充分发挥该项目成果的示范带动作用，甘肃畜牧工程职业技术学院委托中国农业大学出版社，依据教育部《高等职业学校专业教学标准(试行)》，以项目研究成果为基础，组织学校专业教师和企业技术专家，并联系相关兄弟院校教师参与，编写了动物医学专业建设项目成果系列教材，期望为技术技能人才培养提供支撑。

本套教材专业基础课以技术技能人才培养为目标，以动物医学专业群的岗位能力需求为导向，坚持适度、够用、实用及学生认知规律和同质化原则，以模块→项目→任务为主线，设"学习目标"、"学习内容"、"学习要求"三个教学组织单元，并以任务的形式展开叙述，明确学生通过学习应达到的识记、理解和应用等方面的基本要求。其中，识记是指学习后应当记住的内容，包括概念、原则、方法等，这是最低层次的要求；理解是指在识记的基础上，全面把握基本概念、基本原则、基本方法，并能以自己的语言阐述，能够说明与相关问题的区别及联系，这是较高层次的要求；应用是指能够运用所学的知识分析、解决涉及动物生产中的一般问题，包括简单应用和综合应用。有些项目的相关理论知识或实践技能，可通过扫描二维码、技能训练、知识拓展或知识链接等形式学习，为实现课程的教学目标和提高学生的学习效果奠定基础。

本套教材专业课以"职业岗位所遵循的行业标准和技术规范"为原则，以生产过程和岗位任务为主线，设计学习目标、学习内容、案例分析、考核评价和知识拓展等教学组织单元，尽可能开展"教、学、做"一体化教学，以体现"教学内容职业化、能力训练岗位化、教学环境企业化”特色。

本套教材建设由甘肃畜牧工程职业技术学院王治仓教授和康程周副教授主持，其中杨孝列、郭全奎担任《畜牧基础》主编；尚学俭、敬淑燕担任《动物解剖生理》主编；黄爱芳、祝艳华担任《动物病理》主编；冯志华担任《动物药理与毒理》主编；杨红梅担任《动物微生物》主编；康程周、王治仓担任《动物诊疗技术》主编；李宗财、宋世斌担任《牛内科病》主编；王延寿担任《猪内科病》主编；张忠、李勇生担任《禽内科病》主编；高啟贤、王立斌担任《动物外产科病》主编；贾志江担任《动物传染病》主编；刘娣琴担任《动物传染病实训图解》主编；张进隆、任作宝担任《动物寄生虫病》主编；祝艳华担任《动物防疫与检疫》主编；王选慧担任《兽医卫生检验》主编；刘根新、李海前担任《中兽医学》主编；李海前、刘根新担任《兽医中药学》主编；王学明、车清明担任《畜禽饲料添加剂及使用技术》主编；李和国担任《畜禽生产》主编；田启会、王立斌担任《犬猫疾病诊断与防治》主编；李宝明、车清明担任《畜牧兽医法规与行政执法》主编。本套教材内容渗透了动物医学专业方面的行业标准和技术规范，文字精练，图文并茂，通俗易懂，并以微信二维码的形式，提供了丰富的教学信息资源，编写形式新颖、职教特色明显，既可作为教师和学生开展“校企合作、工学结合”人才培养模式的特色教材，又可作为企业技术人员的培训教材，还可作为广大畜牧兽医工作者短期培训、技术服务和继续学习的参考用书。

《兽医中药学》的编写分工为：绪论、任务一至任务六、任务八至任务九、任务十三由李海前编写，任务七、任务十至任务十二由刘根新、孙甲川编写，任务十四至任务十七由李学钊编写，任务十八至任务二十二由高蓉彬编写。全书由李海前和刘根新修改定稿。

承蒙甘肃畜牧工程职业技术学院姜聪文教授和王治仓教授对本教材进行了认真审定，并提出了宝贵的意见；编写过程中得到编写人员所在学校的大力支持，在此一并表示感谢。作者参考著作的有关资料，不再一一述及，谨对所有作者表示衷心的感谢！

由于编者初次尝试“专业建设项目成果”系列教材开发，时间仓促，水平有限，书中错误和不妥之处在所难免，敬请同行、专家批评指正。

编写组

2015 年 12 月

目录 CONTENTS

绪论 …… 1
项目一　总　论 …… 4
任务一　发展概况 …… 5
任务二　中药的性能 …… 7
任务三　中药的采集、加工与贮藏 …… 14
任务四　中药的炮制 …… 18
任务五　中药的剂型、剂量及用法 …… 23
任务六　中药化学成分简介 …… 26
【知识拓展】 …… 29
中草药栽培技术要点 …… 29
我国目前中草药行业现状与发展对策 …… 32
【案例分析】 …… 36
白术的不同炮制方法对临床药效的影响 …… 36
【技能训练】 …… 37
技能训练一　中药采集 …… 37
技能训练二　中药炮制(1) …… 37
技能训练三　中药炮制(2) …… 39
技能训练四　中药栽培(1) …… 40
技能训练五　中药栽培(2) …… 40
【考核评价】 …… 41
【知识链接】 …… 41
项目二　各　论 …… 42
任务七　解表药 …… 43
一、辛温解表药 …… 43
麻黄 43　桂枝 44　防风 44　荆芥 45　紫苏 45　细辛 46　白芷 47　辛夷 47
苍耳子 48　生姜 48
二、辛凉解表药 …… 49
薄荷 49　柴胡 49　升麻 50　蝉蜕 50　葛根 51　桑叶 51　菊花 53　牛蒡子 53
蔓荆子 54

【阅读资料】表 2-3 常见的解表方 …… 55
任务八 清热药 …… 55
一、清热泻火药 …… 56
石膏 56 知母 56 栀子 57 夏枯草 57 淡竹叶 58 芦根 58 胆汁 59
二、清热凉血药 …… 59
生地黄 59 牡丹皮 60 地骨皮 60 白头翁 61 玄参 61 紫草 62 水牛角 62
白茅根 63
三、清热燥湿药 …… 63
黄连 63 黄芩 64 黄柏 64 龙胆草 65 苦参 66 胡黄连 66 秦皮 66
四、清热解毒药 …… 67
金银花 67 连翘 68 紫花地丁 68 蒲公英 69 板蓝根 69 射干 70 山豆根 70
黄药子 71 白药子 71 穿心莲 71
五、清热解暑药 …… 72
香薷 72 荷叶 72 青蒿 73
【阅读资料】表 2-6 常见的清热方 …… 75
任务九 泻下药 …… 75
一、攻下药 …… 76
大黄 76 芒硝 77 番泻叶 77 巴豆 78
二、润下药 …… 78
火麻仁 78 郁李仁 79 蜂蜜 79 食用油 80
三、峻下逐水药 …… 80
牵牛子 80 续随子 80 大戟 81 甘遂 81 芫花 82 商陆 82
【阅读资料】表 2-8 常见的泻下方 …… 83
任务十 消导药 …… 83
山楂 83 麦芽 84 神曲 84 鸡内金 85 莱菔子 85
【阅读资料】表 2-10 常见的消导方 …… 86
任务十一 止咳化痰平喘药 …… 86
一、温化寒痰药 …… 87
半夏 87 天南星 88 旋覆花 88 白前 88
二、清化热痰药 …… 89
贝母 89 瓜蒌 90 天花粉 90 桔梗 90 前胡 91
三、止咳平喘药 …… 91
杏仁 91 紫菀 92 款冬花 92 百部 93 马兜铃 93 葶苈子 94 紫苏子 94
枇杷叶 95 白果 95 洋金花 96
【阅读资料】表 2-13 常见的止咳化痰平喘方 …… 97
任务十二 温里药 …… 97
附子 98 干姜 98 肉桂 99 吴茱萸 99 小茴香 100 高良姜 100 艾叶 101
花椒 101 白扁豆 102
【阅读资料】表 2-16 常见的温里方 …… 103

任务十三　祛湿药 …… 103
一、祛风湿药 …… 103
羌活 103　独活 104　威灵仙 104　木瓜 105　桑寄生 105　秦艽 106
五加皮 106　乌梢蛇 107　防己 107　藁本 108　马钱子 108　豨莶草 109
二、利湿药 …… 109
茯苓 109　猪苓 110　泽泻 110　车前子 111　滑石 111　木通 112　通草 112
瞿麦 113　茵陈 113　薏苡仁 113　金钱草 114　海金沙 114　地肤子 115　石韦 115
萹蓄 116　萆薢 116
三、化湿药 …… 116
藿香 116　佩兰 117　苍术 117　白豆蔻 118　草豆蔻 118
【阅读资料】表 2-19　常见的祛湿方 …… 120
任务十四　理气药 …… 120
陈皮 121　青皮 121　香附 122　木香 122　厚朴 123　砂仁 123　乌药 124
枳实 124　草果 125　丁香 125　槟榔 126　代赭石 126
【阅读资料】表 2-22　常见的理气方 …… 128
任务十五　理血药 …… 128
一、活血祛淤药 …… 128
川芎 128　丹参 129　益母草 130　三七 130　桃仁 130　红花 131　牛膝 131
王不留行 132　赤芍 132　乳香 133　没药 133　延胡索 134　五灵脂 134　三棱 135
莪术 135　郁金 136　穿山甲 136　自然铜 137　土鳖虫 137
二、止血药 …… 138
白及 138　仙鹤草 138　棕榈 139　蒲黄 139　血余炭 140　大蓟 140　小蓟 141
侧柏叶 141　地榆 142　槐花 142　茜草 143　血竭 143
【阅读资料】表 2-25　常见的理血方 …… 145
任务十六　补虚药 …… 145
一、补气药 …… 146
人参 146　党参 146　黄芪 147　山药 148　白术 148　甘草 149　大枣 149
二、补血药 …… 150
当归 150　白芍 151　阿胶 151　熟地黄 152　何首乌 152
三、助阳药 …… 153
巴戟天 153　肉苁蓉 153　淫羊藿 154　益智仁 154　补骨脂 155　杜仲 155
续断 156　菟丝子 156　骨碎补 157　锁阳 157　葫芦巴 157　蛤蚧 158
四、滋阴药 …… 158
沙参 158　天门冬 159　麦冬 159　百合 160　石斛 160　女贞子 161　鳖甲 161
枸杞子 162　黄精 162　玉竹 163　山茱萸 163
【阅读资料】表 2-28　常见的补虚方 …… 165
任务十七　收涩药 …… 165
一、涩肠止泻药 …… 166
乌梅 166　诃子 166　肉豆蔻 167　石榴皮 167　五倍子 168　罂粟壳 168

二、敛汗涩精药 …………………………………………………………………………… 169
五味子 169 牡蛎 169 浮小麦 170 金樱子 170 桑螵蛸 171 芡实 171
【阅读资料】表 2-31 常见的收涩方 ……………………………………………………… 172
任务十八 平肝药 ……………………………………………………………………………… 172
一、平肝明目药 …………………………………………………………………………… 173
石决明 173 决明子 173 木贼 174 谷精草 174 密蒙花 174 青葙子 175
夜明砂 175
二、平肝息风药 …………………………………………………………………………… 176
天麻 176 钩藤 176 全蝎 177 蜈蚣 177 僵蚕 178 地龙 178 天竺黄 179
白附子 179
【阅读资料】表 2-34 常见的平肝方 ……………………………………………………… 180
任务十九 安神开窍药 ………………………………………………………………………… 181
一、安神药 ………………………………………………………………………………… 181
朱砂 181 酸枣仁 181 柏子仁 182 远志 182
二、开窍药 ………………………………………………………………………………… 183
石菖蒲 183 皂角 183 蟾酥 184 牛黄 184 麝香 185
【阅读资料】表 2-36 常见的安神开窍方 ………………………………………………… 186
任务二十 驱虫药 ……………………………………………………………………………… 186
雷丸 186 使君子 187 川楝子 187 南瓜子 188 大蒜 188 蛇床子 188 鹤虱 189
贯众 189 鹤草芽 190 常山 190
【阅读资料】表 2-38 常见的驱虫方 ……………………………………………………… 191
任务二十一 外用药 …………………………………………………………………………… 191
冰片 191 硫黄 192 雄黄 192 木鳖子 193 炉甘石 193 石灰 193 明矾 194
儿茶 195 硇砂 195 硼砂 195 斑蝥 196
【阅读资料】表 2-41 常见的外用方 ……………………………………………………… 197
任务二十二 饲料添加药 ……………………………………………………………………… 197
松针 198 杨树花 198 桐叶及桐花 199 蚕沙 199
【阅读资料】表 2-42 常见的饲料添加方 ………………………………………………… 199
【知识拓展】……………………………………………………………………………………… 199
论中西兽药的结合与应用 ………………………………………………………………… 199
中草药有效成分的免疫作用研究现状 …………………………………………………… 203
【案例分析】……………………………………………………………………………………… 206
中药在治疗牛百叶干中的应用 …………………………………………………………… 206
【考核评价】……………………………………………………………………………………… 208
【知识链接】……………………………………………………………………………………… 208
附:常见的中药饮片 ……………………………………………………………………………… 209
参考文献 …………………………………………………………………………………………… 210

绪 论

一、课程简介

“兽医中药学”是介绍中药的基本性能和临床应用的一门学科，是中兽医学的组成部分之一。本门课程是动物医学专业中兽医方向、兽药专业、畜牧兽医专业基础课程，共包括总论和各论两大部分内容。

《兽医中药学》总论部分主要阐明中药的性能、采集、加工、贮藏、炮制、剂型、剂量、用法以及中药化学成分；各论部分按照中药的功能分类，介绍了兽医临床中常用中药的性能、功效、主治、化学成分以及现代药理研究。

二、课程性质

“兽医中药学”是动物医学专业中兽医方向、兽药专业、畜牧兽医专业的专业基础课程，具有较强的理论性和实践性。通过本门课程的学习，使学生系统掌握中药的基础理论，熟悉常用中药的性能以及功效。同时，让学生了解常用中药的种植、加工、炮制技术，掌握常用中药的主治、配伍，以及在兽医临床中的应用原则及方法，为学生在今后的兽医临床、兽药生产、中药种植、新药开发研究及推广应用奠定坚实的专业基础。

三、课程内容

本课程内容编写是以技术技能人才培养为目标，以畜牧兽医专业类中兽医药应用方面的岗位能力需求为导向，坚持适度、够用、实用及学生认知规律和同质化原则，以过程性知识为主、陈述性知识为辅。

本课程内容排序尽量按照学习过程中学生认知心理顺序，与专业所对应的典型职业工作顺序，或对中药的功效来分类序化知识，将陈述性知识与过程性知识整合、理论知识与实践知识整合，意味着适度、够用、实用的陈述性知识总量没有变化，而是这类知识在课程中的排序方式发生了变化，课程内容不再是静态的学科体系的显性理论知识的复制与再现，而是着眼于动态的行动体系的隐性知识生成与构建，更符合职业教育课程开发的全新理念。

本课程内容以实际应用知识和实践操作为主，删去了临床中不常用的中药，将兽医中药学的相关知识和技能列出，依据教学内容的同质性和技术技能的相似性，进行归类和教学设计，划分为两大项目 22 个任务。

项目一　总论

　任务一　发展概况

　任务二　中药的性能

　任务三　中药的采集、加工与贮藏

　任务四　中药的炮制

　任务五　中药的剂型、剂量及用法

　任务六　中药化学成分简介

项目二　各论

　任务七　解表药

任务八　清热药

任务九　泻下药

任务十　消导药

任务十一　止咳化痰平喘药

任务十二　温里药

任务十三　祛湿药

任务十四　理气药

任务十五　理血药

任务十六　补虚药

任务十七　收涩药

任务十八　平肝药

任务十九　安神开窍药

任务二十　驱虫药

任务二十一　外用药

任务二十二　饲料添加药

每一项目又设“学习目标”、“学习内容”、“案例分析”、“知识拓展”、“考核评价”等教学组织单元，并以任务的形式展开叙述，明确学生通过学习应达到的识记、理解和应用等方面的基本要求；有些项目的相关理论知识或实践技能，可通过扫描二维码、技能训练、知识拓展或知识链接等形式学习。

四、课程目标

通过讲授，使学生系统了解兽医中药学相关概念，掌握中药的性能、功效、配伍以及配伍禁忌理论，各类中药的功效、主治、性能、特点、配伍应用、使用注意事项。熟悉中药的炮制、用法、用量、剂型及现代药理研究。为学习中兽医方剂、中药鉴定技术及药物制剂等课程奠定基础。

Project 1

总　论

学习目标

1. 了解兽医中药学的发展概况。
2. 掌握中药的四气、五味、升降浮沉、归经、配伍、禁忌等基本知识。
3. 熟悉中草药的采收原则和采收方法，掌握中药的加工、贮存、炮制等基本技术。
4. 掌握常用中药剂型的特点、剂量与药效的关系及确定剂量大小的依据。
5. 熟悉中药所含化学成分的种类及药理作用。

【学习内容】

兽医中药学是研究中药的来源、采制及临床应用的一门学科，是中兽医学的重要组成部分。由于中药以植物占绝大多数，使用也最普遍，所以历代把中药学称为“本草”学。

我国地域辽阔，地理和气候条件多种多样，所以药材资源非常丰富。据统计，全国各地用来防治畜禽疾病的中草药已达 5 000 味以上，其中约半数在典籍中有记载，且大多有长期的应用历史，积累了丰富的知识和经验。近年来，中药在兽医临床应用的范围不断扩大，中药的药性、药理研究逐步深入，使兽医中药学发展到了一个崭新的阶段。

任务一　发展概况

中药的发展与应用，有着悠久的历史。早在原始社会时期，人们在寻找食物的过程中，有时误食一些植物而发生中毒现象，从而促使人们不得不主动去辨认这些毒物，以免继续发生中毒。同时为了与疾病作斗争，人们又逐步将这些毒物加以利用。这就形成了早期的药物疗法。汉代《淮南子·修务训》记载：“神农尝百草，一日而遇七十毒”，说明了我国古代劳动人民认识中药过程中的艰巨性。

中药运用于兽医，应当追溯到人类开始驯化野生动物并将其转变为家畜的时期。从有关考古资料来看，我国家畜的饲养，约有一万年的历史。在从事家畜饲养的活动中，开始有了兽医活动，利用中药等手段同家畜疾患作斗争也就成为必然。

奴隶社会时期，兽医中药学有了初步发展。公元前 11 世纪时，由于马已用于拉车和骑射，所以很重视马病，在甲骨文中就有“马亚”（读为“马恶”，是关于马有疫病的卜辞）的记载。同时，甲骨文中还记载有“其酒”，就是芳香的药酒。说明当时已能用药酒来防治疾病。此后，据《周礼》记载，在西周时我国已设有专职兽医，采用灌药、手术、护养等综合措施治疗家畜的内科病（“兽病”）和外科病（“兽疡”）。在《周礼》、《诗经》和《山海经》中记载有人畜通用的药物一百多种，如“流赭（代赭石）以涂牛马无病”等。

先秦时期（公元前 770—前 221 年），我国医学典籍《黄帝内经》的出现，不仅初步形成了中医和中兽医学的理论体系，而且总结了四气、五味等药性理论，为中药学的进一步发展奠定了基础。

秦汉时期（公元前 220—264 年），中药学的发展已具有相当规模，出现了不少关于本草的著作。据考证，我国第一部药学专著《神农本草经》，大约成书于东汉末年（约公元 200 年）。书中收载药物 365 种，根据药物的功用分为上品、中品、下品三类。当时认为，有补益作用，无毒，可以久服的药物 120 种，列为上品；能攻病补虚，有毒或无毒，当斟酌使用的药物 120 种，列为中品；专主攻病，多毒，不可久服的药物 125 种，列为下品。在《神农本草经》中，除了可供人畜通用的药物之外，还有不少关于治疗家畜疾病的专门记载，如“牛扁杀牛虱小虫”又“疗牛病”，“柳叶主马疥疮”，梓叶、桐花“治猪疮”等。《神农本草经》的成书，奠定了中药学的基础，是我国传统医药学的经典著作之一。此外，据汉简记载，汉代已有兽医药方。如其中有一简记载：“治马伤水方：姜、桂、细辛、皂荚、附子各三分，远志五分，桂枝五钱……”

从汉简兽医方看，当时的兽用中药已经有了汤剂、膏剂和丸剂。

晋南北朝时期（公元265—580年），我国的兽医医药学术有了新的发展。晋代名医葛洪（281—340年）著《肘后备急方》，在其卷八中有"治牛马六畜水谷疫疠诸病方"，记载了十几种病（如"鼻有脓"、"啌"、"黑汗"、"起卧"、"肠结"、"后冷"、"虫颡"、"疥疮""脊疮"、"目晕"、"马蛆蹄"等）的治疗方药，为现存最早的兽医药篇章。北魏贾思勰所著《齐民要术》一书中，有畜牧兽医专卷，对于家畜的26种疾病提出了48种治疗方剂，如用麦芽治"中谷"（消化不良）、麻子治腹胀、榆白皮治咳嗽、雄黄治疥癣、芥子和巴豆捣烂涂敷患部治跛行等，都是一些简便易行的疗法。

隋唐五代时期（公元581—960年），我国兽医医药学形成了完整的体系，进入一个发展盛期。据《隋书经籍志》记载，有《疗马方》等有关兽医方药的专著，但原书已佚，其内容无从查考。公元659年，苏敬等撰成《新修本草》，共54卷，收载药物844种。该书由唐政府颁行，流通全国，是最早由国家颁行的药典，比欧洲最早的《纽伦堡药典》早八百多年。唐代已有兽医医药教育的开端。唐代李石所撰《司牧安骥集》是我国现存最早的兽医专著，也是当时的一部兽医医药教科书。其中卷七为"安骥药方"，分25类收载兽医药方144个，不少方剂流行至今。在唐代，我国少数民族地区的兽医医药学也有了一定发展。如在新疆吐鲁番的唐墓中发现有《医牛方》著作。

宋元时期（公元960—1368年），我国兽医医药学进一步发展和充实。宋代出现了我国最早的兽医药房，即"药蜜库"。据《文献通考》记载："宋之群牧司有药蜜库，……掌受糖蜜药物，以供马医之用"。宋代王愈著《蕃牧篡验方》，收载兽医方剂57个。其中有些方剂（如消黄散、天麻散、石决明散、桂心散、凉肺散、茴香散、乌梅散等）至今仍在沿用，并有良好疗效。另据《使辽录》记载，我国少数民族还用酒作麻醉剂进行过马的切肺手术。元代卞宝著《痊骥通玄论》，在该书的"注解汤头"中，收载兽医药方113个。还有"用药须知"一节，将249种药物按功用分为13门37类，这是兽医中药最早的实用分类。

明代（公元1368—1644年），是我国兽医医药学发展的一个重要时期。著名的兽医喻本元、喻本亨兄弟集以前和当代兽医的理论和经验，编撰成《元亨疗马集》（刊行于1608年）。这是后来在国内外流行最广的一部中兽医代表作。书中关于中药有比较系统的内容。在"药性须知"一节中，收载药物260种，并按功用分14门，44类。此外，还有关于中药的运用、配伍、禁忌等方面的内容。在"经验良方"中，分14类，收载方剂170余个；"使用歌方"是将36个常用药方编成的汤头歌诀，为后世兽医广为传诵，俗称"三十六汤头"。明代，李时珍著成举世闻名的《本草纲目》（刊行于1596年），全书52卷，收载药物1 892种，附方11 096个。该书包括了许多兽医方面的内容，如书中记载可作饲料、令家畜肥壮的药物16种；明确记载有治疗六畜疾病的药物78种；记载对家畜有剧毒的药物21种。

清代至民国时期（公元1644—1949年），中兽医医药学逐渐衰落，甚至受到摧残。清代有一些著述，如《疗马集》内有"疗马百一方"，载药方110。《养耕集》内有"药性略载便览"，收载常用中药134种，简便实用，书中并有药方100余个。《猪经大全》，包括防治50种猪病的药方63个。《抱犊集》，将药物按对五脏六腑的温凉补泻等作用分类，内有"论补泻温凉药性配方篇"，仅该篇就收载治牛病药方99个。这一时期同时还出现了《牛经备要医方》、《牛经切要》、《活兽慈舟》、《牛医金鉴》、《大武经》、《驹病集》等著作。民国时期，国民党政府对中医和中兽医采取了歧视和限制的种种措施，使中兽医受到严重摧残，阻碍了中兽医医药事业的发展。

新中国成立以后，中兽医医药事业迅速恢复，并有了蓬勃发展。1956 年召开了全国民间兽医工作座谈会。此后，兽医中药学的发掘整理、资源普查、临床应用、药性研究方面迅速展开，并陆续取得成果。1978 年，农林部组织有关专家修订了《兽药规范(草案)》，增加了兽医中药部分，收载中药 531 种，收载兽医中药成方制剂 114 个，使兽医中药的生产和应用开始有规可循。

任务二　中药的性能

中药的性能，是指其与疗效有关的性味和效能。研究中药性能及其运用规律的理论，称为药性理论。

中药防治疾病的基本作用不外是祛除病邪，消除病因，扶正固本，恢复或重建脏腑经络功能的协调，纠正阴阳偏盛偏衰的病理现象，使机体在最大程度上恢复到阴平阳秘的正常状态。中药之所以能够针对病情发挥上述基本作用，是由于不同中药各自所具有的若干特性和作用，前人称之为药物的偏性。以药治病，即是以药物的偏性纠正疾病所表现的阴阳盛衰。把中药治病的不同性质和作用加以概括，主要有四气五味、升降浮沉、归经、毒性等，统称为中药的性能，简称药性。药性是人们在长期医疗实践中逐步摸索总结出来的，从不同方面说明了中药的作用。掌握和熟悉中药的性能，对指导临床用药具有重要的实际意义。

一、性味

《神农本草经·序例》说："药有酸、苦、甘、辛、咸五味，又有寒、热、温、凉四气"。即指出药有四气和五味，表示中药的药性和药味两方面。它对认识各种中药的共性和个性，以及临床用药，具有实际意义。

(一)四气

药物具有的寒、凉、温、热四种不同药性，自古称之为四气，也称四性。其中寒凉与温热属于两类不同的性质；而寒与凉，温与热则是性质相同，仅在程度上有所差异，凉次于寒，温次于热。此外，尚有一些药物的药性不甚显著，作用比较平缓，称为平性。实际上，它们或多或少偏于温性，或偏于凉性，属微凉或微温，并未越出四气范围，习惯上仍称四气。

药性的寒、凉、温、热，是古人根据药物作用于机体所发生的反应和对于疾病所产生的治疗效果而作出的概括性归纳，是同所治疾病的寒、热性质相对而言的。凡是能够治疗热性证候的药物，便认为是寒性或凉性；能够治疗寒性证候的药物，便认为是温性或热性。一般说来，寒性和凉性的中药属阴，具有清热、泻火、凉血、解毒、攻下等作用，如石膏、薄荷等；温性和热性的中药属阳，具有温里、祛寒、通络、助阳、补气、补血等作用，如干姜、肉桂等。《素问·至真要大论》云："寒者热之、热者寒之"，《神农本草经·序例》曰："疗寒以热药，疗热以寒药"，即热证用寒凉药，寒证用温热药，这是中兽医的治病常法，也是临床用药的原则。至于寒热夹杂的病证，则可将与病情相适应的热性药与寒性药适当配伍应用。见表 1-1。

表 1-1 四气属性和作用

属性	四气	作用	药物举例
阴	寒性药 凉性药	清热、泻火、凉血、解毒	黄连、金银花等 柴胡、桑叶等
中性	平性药	缓和寒、热、温、凉	甘草、大枣等
阳	温性药 热性药	温里、散寒、助阳、通络	防风、麻黄等 肉桂、干姜等

(二)五味

中药所具有的酸、苦、甘、辛、咸五种不同药味，称为五味。有些中药具有淡味或涩味，所以实际上不止五种，但是习惯上仍然称为五味。前人在长期的临床用药实践中，发现药物的味和它的功用之间有一定联系，即不同味道的药物对疾病有不同的治疗作用，从而总结出了五味的用药理论。《素问·至真要大论》将中药五味的作用简要地归纳为“酸收、苦坚、甘缓、辛散、咸软”。后世医家又进一步发展为“酸能收涩、苦能燥泻、甘能缓补、辛能散行、咸能软下”。

(1)酸味　有收敛、固涩等作用，多用于治疗虚汗、泄泻等证，如山茱萸、五味子涩精敛汗，五倍子涩肠止泻。

(2)苦味　有泄降、燥湿、坚阴的作用。如大黄通泄，适用于热结便秘；杏仁降泄，适用于肺气上逆的喘咳；栀子清泄，适用于三焦热盛等证。燥湿则多用于湿证。湿证有寒湿、湿热之不同，温性苦味药如苍术，适用于寒湿；寒性苦味药如黄连，适用于湿热。黄柏、知母坚阴，多用于肾阴虚亏、相火亢盛，具有泻火存阴的作用。

(3)甘味　有补益、和中、缓急等作用。用于治疗虚证的滋补强壮药，如补气的党参、补血的熟地，缓和拘急疼痛或调和药性的甘草、大枣等，皆有甘味。

(4)辛味　有发散、行气、行血等作用。如用于治疗表证的麻黄、薄荷，治疗气血阻滞的木香、红花等都有辛味。

(5)咸味　有软坚、散结和泻下等作用，多用于热结便秘、痰核、瘰疬、痞块等证。如泻下通便的芒硝，软坚散结的昆布、海藻等都有咸味。

(6)淡味　有渗湿、利尿的作用，多用以治疗水肿、小便不利等证，如猪苓、茯苓等。

(7)涩味　与酸味药作用相似，多用以治疗虚汗、泄泻、尿频、滑精、出血等证。如龙骨、牡蛎涩精，赤石脂涩肠止泻。

酸味药的作用与涩味药相似但不尽相同。如酸能生津，酸甘化阴等皆是涩味药所不具备的作用。

药味的确定，最初是依据药物的真实滋味，由口尝而知。如黄连、黄柏之苦，甘草、枸杞之甘，桂枝、川芎之辛，乌梅、木瓜之酸，芒硝、食盐之咸等。后来由于将中药的味道与作用相联系，并以药味来解释和归纳中药的作用，便逐渐地根据药物的作用确定其味。如凡具有发散作用的中药，便认为有辛味；有补益作用的中药，便认为有甘味等。由此就出现了本草所载中药的味，与实际味道不相符的情况。例如葛根味辛、石膏味甘、玄参味咸等，均与口尝不符。所以药物的味，已超出了口尝的味道之味，它已包括了药物作用之味的含义。

五味也可归属于阴和阳两大类，即辛、甘、淡味属阳，酸(涩)、苦、咸味属阴，具体列于

表 1-2。

表 1-2　五味属性和作用

属性	五味	作用	药物举例
阴	酸味 苦味 咸味	收敛、固涩 清热、燥湿、泄降、坚阴 泻下、软坚、散结	乌梅、诃子等 黄连、黄柏等 芒硝、牡蛎等
阳	甘味 辛味 淡味	缓和、滋补 发散、行气、行血 渗湿利水	甘草、党参等 木香、桂枝等 茯苓、猪苓等

(三)四气和五味的相互关系

四气、五味是中药性能的主要标志，也是论述药性的主要依据。由于每一种药物都具有性和味，因此必须将两者综合起来。一般说来，药物的气味相同，则常具有类似的作用；气味不同，则作用不同。如同为温性，有麻黄的辛温发汗，大枣的甘温补脾；杏仁的苦温降气，乌梅的酸温收敛，蛤蚧的咸温补肾；同为辛味，有薄荷的辛凉解表，石膏的辛寒除热，砂仁的辛温行气，附子的辛热助阳。尚有一药数味者，其作用范围也相对较广，如当归辛甘温，可以补血活血，行气散寒；天冬甘苦大寒，既能补阴，又能清火。所以，不能把性和味孤立起来看。性与味显示了药物的部分性能，也显示出某些药物的共性。只有认识和掌握每一药物的全部性能，以及性味相同药物之间同中有异的特性，才能全面而准确地了解和使用药物。

二、升降浮沉

升降浮沉，是指药物进入机体后的作用趋向，是与疾病表现的趋向相对而言的。升是上升，降是下降，浮是上行发散，沉是下行泄利的意思。升与浮、降与沉的趋向类似，只是程度上有所差别，故通常以“升浮”、“沉降”合称。

由于各种疾病在病机和证候上，常有向上(如呕吐、喘咳)、向下(如泻痢、脱肛)，或向外(如自汗、盗汗)、向内(如表证未解)等病势趋向的不同，以及在上、在下、在表、在里等病位的差异。因此，能够针对病情，改善或消除这些病证的药物，相对说来也就分别具有升降浮沉的不同作用趋向。药物的这种性能，有助于调整紊乱的脏腑气机，使之归于平顺；或因势利导，祛邪外出。

升浮药主上行而向外，属阳，有升阳、发散、祛风、散寒、催吐、开窍等作用；沉降药主下行而向内，属阴，有潜阳、息风、降逆、止呕、清热、渗湿、利尿、泻下、止咳、平喘等功效。此外，个别药物还存在着双向性，如麻黄既能发汗，又可平喘利水。凡病变部位在上、在表者，用药宜升浮不宜沉降，如外感风寒表证，当用麻黄、桂枝等升浮药来解表散寒；在下在里者，用药宜沉降不宜升浮，如肠燥便秘之里实证，当用大黄、芒硝等沉降药来泻下攻里。病势上逆者，宜降不宜升，如肝火上炎引起的两目红肿，羞明流泪，应选用石决明、龙胆草等沉降药以清热泻火、平肝潜阳；病势下陷者，宜升不宜降，如久泻脱肛或子宫脱垂，当用黄芪、升麻等升浮药来益气升阳。一般说来，治病用药不得违反这一规律。

影响药物升降浮沉的主要因素，有四气五味、质地轻重、炮制和配伍等。

1. 升降浮沉与药物四气五味的关系

李时珍说:“酸咸无升,辛甘无降,寒无浮,热无沉”,便是对四气五味的升降浮沉所做的概括性归纳,只是此处的“无”应理解为“大多数不”。也就是说,凡味属辛、甘,性属温、热的药物,大多数为升浮药;味属酸、涩、苦、咸,性属寒、凉的药物,大多数为沉降药。

2. 升降浮沉与药物质地轻重的关系

一般说来,花、叶及质地轻松的药物,大多升浮,如菊花、薄荷、升麻等;种子、果实、矿石及质地重坠的药物,大多沉降,如苏子、枳实、磁石等。不过也有例外,如“诸花皆升,旋覆花独降”,“诸子皆降,牛蒡子独升”。

3. 药物炮制和配伍的影响

药物的升降浮沉,也可随炮制或配伍的不同发生转化。如李时珍云:“升者引之以咸寒,则沉而直达下焦,沉者引之以酒,则浮而上至巅顶”。就炮制而言,生用主升,熟用主降,酒制能升,姜汁炒则散,醋炒则收敛,盐水炒则下行。以药物配伍来说,如少量升浮药物在大量的沉降药物中,便随之下降;少量沉降药物在大量的升浮药物中也能随之上升。还有少数药物可以引导其他药物上升或下降,如张元素说:“桔梗为舟楫之剂,能载药上浮”;朱丹溪云:“牛膝能引诸药下行”。故李时珍曰:“升降在物,亦可在人”。也就是说,药物的升降浮沉并不是一成不变的。所以,在临床运用中药这一性能时,除掌握一般原则外,还要知道影响升降浮沉变化的因素,才能针对病情很好的选用中药。

三、归经

归经,指中药对机体某部分的选择作用,即主要对某经(脏腑及其经络)或某几经发生明显的作用,而对其他经则作用较小,或没有作用。如同属寒性的药物,都具有清热作用,然有黄连偏于清心热,黄芩偏于清肺热,龙胆偏于清肝热等不同,各有所专。再如,同是补药,也有党参补脾,蛤蚧补肺,杜仲补肾等的区别。因此,将各种药物对机体各部分的治疗作用进行系统归纳,便形成了归经理论。

中药归经,是以脏腑、经络理论为基础,以所治具体病证为根据的。由于经络能够沟通畜体的内外表里,所以一旦畜体发生病变,体表的病证可以通过经络而影响内在脏腑,而脏腑的病变也可以通过经络反映到所属体表。各个脏腑、经络发生病变时所产生的症状是各不相同的,如肺经病变,可见咳嗽、喘气等证,心经病变,多见心悸、神昏等证,脾经病变,常见食滞、泄泻等证。在临床上,将药物的疗效与病因、病机以及脏腑、经络联系起来,就可以说明药物和归经之间的相互关系。如桔梗、杏仁能治咳嗽、气喘,则归肺经,朱砂能安神,则归心经,麦芽能消食,则归脾、胃经等。由此可见,药物的归经理论,具体指出了药效之所在,它是从客观疗效观察中总结出来的规律。

至于一药有归数经者,即是其对数经的病变都能发挥作用。如杏仁归肺与大肠经,它既能平喘止咳,又能润肠通便;石膏归肺与胃经,能清肺火和胃火。但是,在应用中药时,如果只掌握其归经,而忽略了四气五味、升降浮沉等性能,那是不够全面的。因为同一脏腑经络的病变,有寒、热、虚、实以及上逆、下陷等不同;同归一经的药物,其作用也有温、清、补、泻以及升浮、沉降的区别。因此,不可只注意归经,而将入该经的药物不加区分地应用。譬如,同归肺经的中药,黄芩清肺热,干姜温肺寒,百合补肺虚,葶苈子泻肺实。在其他脏腑经络方面，亦是如此。

中药归经理论对于中药的临床应用具有重要指导意义。一是根据动物脏腑经络的病变"按经选药"，如肺热咳喘，应选用入肺经的黄芩、桑白皮；胃热，宜选用入胃经的石膏、黄连；肝热或肝火，当选用入肝经的龙胆、夏枯草；心火亢盛，应选用入心经的黄连、连翘。二是根据脏腑经络病变的相互影响和传变规律选择用药，即选用入它经的药物配合治疗。如肺气虚而见脾虚者，在选择入肺经的药物的同时，选择入脾经的补脾药物以补脾益肺（培土生金），使肺有所养而逐渐恢复；又如肝阳上亢而见肾水不足者，在选用入肝经药物的同时，选择入肾经滋补肾阴的药物以滋肾养肝（滋水涵木），使肝有所涵而虚阳自潜。总之，既要全面地了解和掌握中药性能，又要熟悉脏腑、经络之间的相互关系，才能更好地指导临床用药。

四、毒性

中药的毒性，是指中药对畜体产生的毒害作用。中药的毒性与副作用不同，前者对动物体的危害性较大，甚至可危及生命；后者是指在常用剂量时出现的与治疗需要无关的不适反应，一般比较轻微，对机体危害不大，停药后即能消失。为了确保用药安全，必须认识中药的毒性，了解产生毒性的原因，掌握中药中毒的解救方法和预防措施。

何谓毒？"物之能害人即为毒"。然自古至今，毒的含义有所不同：

（1）毒为一切药物之总称　如《周礼·天官》说："医师掌医之政令，聚毒药以供医事"；《景岳全书》云："凡可辟邪安正者，皆可称为毒药"。这里将药与毒并列，可见药即毒，毒即药，毒乃一切药物的总称。

（2）毒指药物的偏性　古人认为药物之所以能治病，就在于利用其偏性来祛除病邪，协调脏腑功能，纠正阴阳盛衰，增强抗病能力。如《类经》说："药以治病，因毒为能，所谓毒者，以气味之有偏也。盖气味之正者，谷食之属是也，所以养人之正气。气味之偏者，药饵之属是也，所以去人之邪气"；"欲救其偏，则惟气味偏者能之，正者不及也"。

（3）毒指药物作用的强弱　每味药物性味不同，作用强弱也不同，古人常用无毒、小毒、常毒、大毒、剧毒等来加以区分。如《素问·五常政大论》便根据药物偏性之大小指出："大毒治病，十去其六；常毒治病，十去其七；小毒治病，十去其八；无毒治病，十去其九。谷肉果菜，食养尽之，无使过之，伤其正也。"

除上述三方面含义外，毒还指中药的毒副作用。现代中药学中所说的毒，一般仅指中药的毒副作用。

在本草书籍中，常标明药物"小毒"、"有毒"、"大毒"、"剧毒"或"无毒"，这是掌握药性必须注意的问题。

无毒：指所标示的药物服用后一般无副作用，使用安全。

小毒：指所标示的药物使用较安全，虽可出现一些副作用，但一般不会导致严重后果。

有毒、大毒：指所标示药物容易使人畜中毒，用时必须谨慎。

剧毒：指所标示的药物毒性峻烈，临床上多供外用，或极小量入丸散内服，并要严格掌握炮制、剂量、服法、宜忌等。

毒性反应是临床用药时应当尽量避免的。由于毒性反应的产生与中药贮存、加工炮制、配伍、剂型、给药途径、用量、使用时间的长短以及动物的体质、年龄、证候性质等都有密切关系，因此使用有毒药物时，应从上述各个环节进行控制，避免中毒发生。

有毒中药偏性强，根据以偏纠偏、以毒攻毒的原则，有其可以利用的一面。自古至今，人们在利用某些有毒中药治疗恶疮肿毒、疥癣、瘰疬、瘿瘤、癌肿、癥瘕等方面，积累了大量经验，获得了肯定疗效。

值得注意的是，虽然古代文献中有关中药毒性的记载大多是正确的，但由于历史条件和个人经验与认识的局限性，其中也有一些错误之处。如《本经》认为朱砂无毒，且列于上品药之首；《本草纲目》认为马钱子无毒等。我们既要借鉴古代的用药经验，亦应借鉴现代药理学的研究成果，更应重视临床报道，以便更好地认识中药的毒性。

中药的四气五味、升降浮沉、归经、毒性等，虽然在指导临床用药时有一定的实际意义，但也有它的局限性。因此，在发掘祖国医学遗产时，既要重视前人的经验，又要结合现代科学进行研究，加以总结和提高。

五、配伍

动物疾病是复杂多变的，往往数病相兼，或表里同病，或虚实互见，或寒热错杂，所以在治疗时，就必须适当选用多种药物配合起来应用，才能适应复杂多变的病情，取得很好的治疗效果。配伍就是根据动物病情的需要和药物的性能，有目的地将两种以上的药物配合在一起应用。药物的配伍应用是中兽医用药的主要形式。

两味或两味以上的药味配在一个方剂中，相互之间会产生一定的配伍效应。这种效应有的对动物体有益，有的则有害。根据传统的中药配伍理论，将其归纳为七种，称为“七情”。具体内容如下。

（1）单行　就是指用单味药治病。病情比较单纯，选用一种针对性较强的药物即可获得疗效，如清金散单用一味黄芩治肺热咳嗽，独用蒲公英治疗疮黄肿毒等。

（2）相须　就是将性能功效相似的同类药物配合应用，以起到协同作用，增强药物的疗效。如大黄与芒硝配合应用，能明显地增强泻下通便的作用；石膏与知母配合应用，能明显地增强清热泻火的作用。

（3）相使　就是将性能功效有某种共性的不同类药物配合应用，而以一种药物为主，另一种药物为辅，能提高主要药物的功效。如补气利水的黄芪与利水健脾的茯苓配合应用，茯苓能提高黄芪补气利水的作用；清热泻火的黄芩与攻下泻热的大黄配合应用，大黄能提高黄芩清热泻火的作用。

（4）相畏　就是一种药物的毒性或副作用，能被另一种药物减轻或消除。如生半夏、生南星的毒性能被生姜减轻或消除，所以说生半夏、生南星畏生姜。

（5）相杀　就是一种药物能减轻或消除另一种药物的毒性或副作用。如防风能解砒霜毒，绿豆能减轻巴豆毒性，所以说防风杀砒霜毒，绿豆杀巴豆毒；生姜能减轻或消除生半夏、生南星的毒性或副作用，所以说生姜杀生半夏、生南星的毒。由此可知，相畏、相杀实际上是同一配伍关系的两种不同提法。

（6）相恶　就是两种药物配合应用，能相互牵制而使作用降低甚至药效丧失。如黄芩能降低生姜的温性，莱菔子能削弱人参（或党参）的补气功能，所以说生姜恶黄芩，人参恶莱菔子。

（7）相反　就是两种药物配合应用，能产生毒性反应或副作用。如甘草反甘遂；乌头反半夏。李时珍在《本草纲目》中曾对此进行过精辟的概括："独行者，单方不用辅也；相须者，同类不可离也；相使者，我之佐使也；相畏者，受彼之制也；相杀者，制彼之毒也；相恶者，夺我之能也；相反者，两不相合也。凡此七情，合而视之，当用相须相使者良，勿用相恶相反者。若有毒制宜，可用相畏相杀者，不尔不合用也。"实际上，上述七情归纳起来不外协同和拮抗两个方面（表 1-3）。

表 1-3　"七情"归类

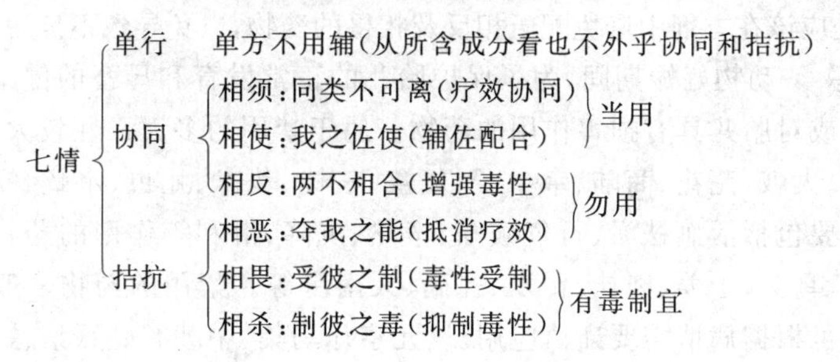

综上所述，药性"七情"除了单行之外，其余六个方面都是药物的配伍关系，用药时需要加以注意。其中相须、相使是产生协同作用而增进疗效，在临床用药时要充分利用，以便使药物更好地发挥疗效；相畏、相杀是有些药物由于相互作用而能减轻或消除原有的毒性或副作用，在应用毒性药物或烈性药物时，必须考虑选用；相恶就是有些药物可能互相拮抗而抵消或削弱原有功效，用药时应加以注意；相反是一些本来无毒的药物，却因相互作用而产生毒性反应或强烈的副作用，则属于配伍禁忌，原则上应避免配用。

六、禁忌

在临证用药处方时，为了安全起见，有些药物或配伍关系应当慎用或禁止使用。在长期的医疗实践中，古人积累了许多有关配伍禁忌的经验，主要有"十八反"、"十九畏"、妊娠禁忌等。

（1）十八反　根据历代文献记载，配伍应用可能对动物产生毒害作用的药物有十八种，故名"十八反"。即：甘草反甘遂、大戟、海藻、芫花；乌头反贝母、瓜蒌、半夏、白蔹、白及；藜芦反人参、沙参、丹参、玄参、细辛、芍药。《元亨疗马集》中有十八反歌诀：

本草明言十八反，半蒌贝蔹及攻乌，
藻戟遂芫俱战草，诸参辛芍叛藜芦。

（2）十九畏　历来认为相畏的药物有十九种，配合在一起应用时，能产生剧烈的毒副作用，或一种药物能降低另一种药物的功效，习惯上称为"十九畏"。即：硫黄畏朴硝，水银畏砒霜，狼毒畏密陀僧，巴豆畏牵牛子，丁香畏郁金，川乌、草乌畏犀角，牙硝畏荆三棱，官桂畏赤石脂，人参畏五灵脂。《元亨疗马集》十九畏歌云：

硫黄原是火中精，朴硝一见便相争，
水银莫与砒霜见，狼毒最怕密陀僧，
巴豆性烈最为上，偏与牵牛不顺情，

丁香莫与郁金见，牙硝难合荆三棱，
川乌草乌不顺犀，人参最怕五灵脂，
官桂善能调冷气，若逢石脂便相欺。

上述十八反及十九畏，一般均作为处方用药的配伍禁忌。据研究，当甘草与甘遂合用时，是否有毒与二者的用量配比有关。甘草的用量若与甘遂相等或大于甘遂，则毒性较大。细辛和藜芦配伍，可导致实验动物中毒死亡；而贝母和半夏分别与乌头配伍，则未见明显毒性增强。在古今方剂中，也有一些应用十八反或十九畏的例子。但一般说来，在临证处方时，如果没有充分的把握，还是应该在方剂中避免配伍相反及相畏的药物，以免导致不良后果。

(3)妊娠禁忌　动物妊娠期间，为了保护胎儿的正常发育和母畜的健康，应当禁用或慎用具有堕胎作用或对胎儿具有损害作用的药物。属于禁用的多为毒性较大或药性峻烈的药物，如巴豆、水银、大戟、芫花、商陆、牵牛子、斑蝥、三棱、莪术、虻虫、水蛭、蜈蚣、麝香等。属于慎用的药物主要包括活血祛淤、行气破滞、辛热、沉降、滑利等作用的药物，如桃仁、红花、牛膝、丹皮、附子、乌头、干姜、肉桂、瞿麦、芒硝、天南星等。禁用的药物一般不可配入处方，慎用的药物有时可根据病情需要谨慎应用。《元亨疗马集》中载有妊娠禁忌歌诀：

蚖[1]斑[2]水蛭及虻虫，乌头附子及天雄，
野葛[3]水银并巴豆，牛膝薏苡与蜈蚣，
三棱代赭芫花麝，大戟蛇蜕黄雌雄[4]，
牙硝芒硝牡丹桂，槐花牵牛皂角同，
半夏南星与通草，瞿麦干姜桃仁通，
硇砂干漆蟹甲爪，地胆[5]茅根都不中。

注①蚖-蚖青(青娘子)。②斑-斑蝥。③野葛-钩吻。④黄雌雄-雌黄、雄黄。⑤地胆-斑蝥之一种，生于石隙之中。

任务三　中药的采集、加工与贮藏

中药采集是对植物、动物和矿物的药用部分进行采摘、挖掘和收集。中药采收后，除少数现采现用外，多数都需进行适当加工处理，入库存放，以备流通或将来应用。采集、加工及贮藏是否合理，直接影响药材的质量和药效。不合理的采收，会降低药材质量，甚至破坏药材资源，因此必须严格掌握采收季节，注意科学的加工和贮藏方法。

一、采集

药用动植物在其生长发育的不同阶段，药用部分所含有效成分的量和质各不相同，药性和药效有很大差异，因此采集季节和方法非常重要。

(一)植物药的采集

首先，必须了解药用植物的生长特性。药用植物的生长、分布与纬度、海拔高度、地势、土壤、水分、气候等地理环境均有密切关系。例如，野生的车前草、益母草等多生长在旷野、

路边或村旁，菖蒲、半边莲、金钱草等常生长在水中、沟边和沼泽地带，桔梗、栀子、百合等生长在山坡、丘陵地区，半夏、天南星、七叶一枝花常生长在阴凉潮湿的地方，杜仲、鸡血藤等都生长在高山森林中。

古代医药家经过长期使用、观察和比较，知道即便是分布较广的药材，也由于产地条件的不同，各地所产，其质量优劣也不一样，并逐渐总结出了“道地药材”的概念。

所谓“道地药材”是指在一定时期内产于某地区的某一品种中药材，其疗效优于其他地区所产的同品种的中药材，则将该品种中药材称为该地区的道地药材，有时也称为地道药材。另外，道地药材有时指某一地区特有的中药品种。可见，道地药材的确定，与药材产地、品种、质量等多种因素有关，而疗效则是其关键因素。如四川的黄连、川芎、附子，江苏的薄荷、苍术，广东的砂仁，东北的人参、细辛、五味子，宁夏的枸杞子，云南的茯苓，河南的地黄、牛膝、山药、菊花，山东的阿胶等，都是著名的道地药材，受到人们的称道。

其次，还要掌握采药季节和方法。我国气候条件南北悬殊，各地中药生长发育情况不一，且药用部分又有根、茎、叶、花、果实、种子等不同。只有在有效成分含量最高时采收才能得到高质量的药材，采收的季节非常重要。“春采茵陈夏变蒿，知母、黄芩全年刨，秋天上山采桔梗，及时采取质量高”。“当季是药，过季是草”，错过最佳时机，不仅影响药效，甚至根本不能药用，“三月茵陈五月蒿，六月七月当柴烧”。同时，采集方法对药材质量也有一定的影响。

据研究资料报道，甘草中的甘草酸为其主要有效成分，生长3～4年者含量较之生长1年者几乎高出1倍。人参总皂苷的含量，以6～7年采收者最高。此外植物在生长过程中随月份的变化，同一器官中有效成分的含量也各不相同。如丹参以有效成分含量最高的7月采收为宜。黄连中小檗碱含量大幅度升高的趋势可延续到第6年，而一年内又以7月份含量最高，因而黄连的最佳采收期是第6年的7月份。再者，时辰的变更与中药化学成分含量亦有密切关系。如金银花一天之内以早晨9时采摘最好，否则因花蕾开放而降低其质量。

植物药的采集，按药用部位大致可归纳为以下几种情况。

(1)全草类　多在植株充分生长，茎叶茂盛或花朵初开时采收。茎较粗或较高的可割取地上部分，如荆芥、益母草、紫苏等；茎细或较矮带根全草入药的可连根拔起，如夏枯草、紫花地丁、蒲公英等；有的在花未开前采收，如薄荷、青蒿等；有的须在初春采其嫩苗，如茵陈。茎叶同时入药的藤本植物，其采收原则与此相同，应在生长旺盛时割取，如夜交藤、忍冬藤等。采集时，应将生长茁壮的植株留下一些，以利繁殖。

(2)根和根茎类　多在秋末春初采集。此时期药材的有效成分含量高，质量好。前人经验以阴历二、八月为佳，认为春初“津润始萌，未充枝叶，势力淳浓”，“至秋枝叶干枯，津润归流于下”，并指出“春宁宜早，秋宁宜晚”。春初在开冻到刚发芽或露苗时采挖较好，过晚则养分消耗，影响质量。秋末在植物地上部分未枯萎到土地封冻之前采挖为好。过早浆水不足，质地松泡；过晚则不易寻找，如丹参、沙参、天南星等。而天麻在冬季至翌年清明前茎苗未出时采收者称“冬麻”，体坚色亮，质量较佳；但也有些中药要在夏天采收，如半夏、延胡索等。采挖时尽量将根全部挖出，同时注意挖大留小，以备来年生长。

(3)树皮和根皮类　树皮通常在春季或初夏(即清明至夏至)时采集最好。此时植物生长旺盛，皮内养料丰富，药材质量较佳，而且植物的液汁较多，形成层细胞分裂迅速，皮易剥离，如杜仲、黄柏、厚朴等。但肉桂多在十月采收，此时油多容易剥离。木本植物生长周期长，应尽量避免伐树取皮或环剥树皮等简单方法，以保护药源。

根皮，则与根和根茎相类似，应于秋后苗枯，或早春萌发前采集，如牡丹皮、地骨皮、苦楝根皮。采取根皮时，先将根部挖出，然后利用击打法或抽心法取皮。击打法是将新鲜根部洗去泥土后，用木槌击打，使皮部与木部分离，如地骨皮、北五加皮等。抽心法是将洗净的根在日光下晒半天，此时水分大部分蒸发，全部变软，即可将中央的木质部抽出，如牡丹皮等。

(4)叶类　通常在花将开放或正在盛开的时候采摘。此时植物生长茂盛，叶子健壮，有效成分含量较高，药力雄厚，如大青叶、枇杷叶、紫苏叶等。荷叶在荷花含苞欲放或盛开时采收者，色泽翠绿，质量最好。个别叶类中药，如霜桑叶，须在深秋或初冬经霜后采集较佳。

(5)花类　一般在尚未完全开放或刚开放时采摘，由于花朵次第开放，所以要分次适时采集。过早不但产量少，而且香气不足，过迟则气味散逸、花瓣脱落和变色，均影响药物质量，如菊花、旋覆花等。有些花要求在含苞欲放时采摘花蕾，如金银花、槐花、辛夷；有的在刚开放时采摘最好，如月季花；而红花则在花冠由黄变红时采收为宜。以花粉入药的，如蒲黄之类，须于花朵盛开时采收。

(6)果实和种子类　多数果实类药材，当于果实成熟后或即将成熟时采收，如瓜蒌、枸杞、马兜铃。少数有特殊要求，应采收未成熟的幼嫩果实，如乌梅、青皮、枳实等。种子类药材，多在种子完全成熟时采集，如车前子、牛蒡子等；但有些干果成熟后会很快脱落，或果壳开裂、种子散失，最好在果实成熟尚未开裂时采收，如茴香、牵牛子等。容易变质的浆果，如枸杞子，在略熟时于清晨或傍晚采收为好。

(7)树脂类　一般应选择干燥季节采集，如乳香、没药等。

(8)菌、藻、孢粉类　根据不同药物的生长情况采收。如茯苓在立秋后采收；马勃应在子实体刚成熟期采收，过迟则孢子飞散。

(二)动物药的采集

动物类药材因品种不同，采收各异。具体采收时间，以保证药效和易于获取为原则。如桑螵蛸宜在3月中旬前采收，过迟则虫卵便会孵化；鹿茸应在清明后45～60 d截取，过时则角化；驴皮应在冬至后剥取，其皮厚质佳；对于潜藏在地下的虫类可在夏、秋季活动期捕捉，如蚯蚓、蜈蚣等。也有的没有一定的采收时间，如兽类的皮、骨、脏器等。

(三)矿物药的采集

矿物类药材的采集，一般无季节性限制，随时都可以采收，也可以结合开矿进行，但应注意资源的保护。

二、加工

中药采收后，除少数供鲜用的外，都须进行简单加工和干燥处理，及时除去新鲜药材中的大量水分，避免发霉、变质、虫蛀以及有效成分的分解和破坏，以保证药材的质量，利于贮藏。加工方法，药农总结为“棒打苍术，火燎升麻，剥皮桔梗，抽心远志”，常用的干燥方法有以下几种：

(1)晒干　将经过挑选、洗刷等初步处理的药材摊放在席子上，置阳光下暴晒。如把席子放在架子上则干燥更快。这是最简便、经济的干燥方法，常用于不怕光的皮类、根和根茎类药材。对于叶、花和全草类药物长时间暴晒后容易变色，甚至使有效成分损失，尤其是芳香性药物(含挥发油)不宜采用此法。

(2)阴干　将药材放在通风的室内或遮阴的棚下，利用室温和空气流通，使药材中的水分自然蒸发而达到干燥的目的。凡高温、日晒易失效的药材可应用此法，如芳香性的花、叶和全草类药材。

(3)烘干　是在室内利用人工加温促使药材干燥的方法。此法特别适用于阴湿多雨的季节，通常在干燥室内进行。室内有多层的架子，架上放置网筛，将药材在网筛上摊成薄层(易碎的花、叶等，须在网筛上衬上纸或布)。加热设备，可用有烟囱的火炉。大规模的烘干设备则用热水管或蒸汽管。干燥室必须通风良好，以利于排出潮湿空气。多汁的浆果(如枸杞)和根茎(如黄精)等要求迅速干燥，温度可调至70～90℃；具有挥发性的芳香药材、含有油性的果实、种子和某些动物药(如川芎、乌梢蛇)须用较低温度(以25～30℃为宜)缓缓干燥。

(4)石灰干燥　易生虫、发霉的药材如人参、虎骨等，放入石灰缸内贮藏干燥。

中药在干燥后还需做进一步的加工，除去杂质、泥沙、变色和霉烂部分，使符合有关规定的质量要求。

三、贮藏

影响中药质量的贮藏因素主要有贮存时间的长短，贮存环境的温度、湿度、光线、密封性、微生物因素、生物污染、空气质量、包装等。中药如果贮藏不当，则会发生虫蛀、霉烂、变色、变味、泛油、泛糖、色泽变化、气味变化、质地变化、形态变化、熔化、潮解、风化等败坏现象，使药物变质，影响药效，并在经济上造成损失。因此必须重视中药的贮藏条件，加强中药养护技术的研究，确保中药品质和疗效。下面介绍中药材常见的一些变质现象及防护措施。

(一)霉变

大气中存在着大量的霉菌孢子，如散落在药材表面上，在适当的温度(25℃左右)、湿度(空气中相对湿度在85%以上或药材含水率超过15%)以及适宜的环境(如阴暗不通风的场所)、足够的营养条件下，即萌发成菌丝，分泌酵素，分解和溶蚀药材使药材腐烂，以及产生秽臭恶味。

防止药材发生霉变的措施是保证药材的干燥、入库后防湿、防热、通风，对已生霉的药材，采取撞刷、晾晒等方法简单除霉，发霉严重的，可用水、醋、酒等洗刷后再晾晒。

(二)虫蛀

虫蛀对药材的影响很大。虫害的预防和消灭；对于大量贮存保管的药材仓库，主要是用氯化苦、磷化铝等化学药剂熏蒸法杀虫。对于药房中少量保存的药材，除药剂杀虫外，可采用下列方法防虫。

(1)密封法　一般按件密封，可采用适当容器，用蜡封固。怕热的药材可用干沙或稻糠埋藏密封。贵细药材，可充二氧化碳或氮气密封。

(2)冷藏法　温度在5℃左右即不易生虫，因此可采用冷窖、冷库等设施干燥冷藏。

(3)对抗法　这是一种传统方法、适用于数量不多的药材。如泽泻与丹皮同贮，泽泻不生虫、丹皮不变色，蕲蛇中放花椒，鹿茸中放樟脑，瓜蒌中放酒等均不生虫。

(三)变色

由酶引起的变色，如药材中所含成分的结构中有酚羟基，则在酶作用下，经过氧化、聚合，形成了大分子的有色化合物，使药材变色，如含黄酮类、羟基蒽醌类、鞣质类等药材。非酶引起的变色原因比较复杂，或因药材中所含糖及糖酸分解产生糠醛及其类似化合物，与一些含氮化合物缩合成棕色色素；或因药材中含有的蛋白质中的氨基酸与还原糖作用，生成大分子的棕色物质，使药材变色。此外，某些外因如温度、湿度、日光、氧气、杀虫剂等多与变色的快慢有关。因此，防止药材的变色，常需干燥避光冷藏。

（四）泛油

泛油指含油性药材的油性成分泛于药材表面以及某些药材受潮、变色后表面泛出油样物质。前者如柏子仁、杏仁、桃仁、郁李仁（含脂肪油）、当归、肉桂（含挥发油），后者如天门冬、太子参、枸杞等（含糖质）。药材“泛油”，除油质成分损失外，常与药材的变质现象相联系，防止泛油的主要方法是冷藏和避光保存。

此外，如中药由于化学成分自然分解，挥发、升华而不能久贮的，应注意贮存期限。但是，根据前人经验，也有一部分药物“用药以陈久者良”，即贮存时间不宜过短，如陈皮、半夏等，对此应从中药所含化学成分方面进一步探索。

中药贮藏必须注意以下几点：

保持干燥。没有水分，许多化学变化就不易发生，微生物也不易生长。

保持凉爽。低温不仅可以防止中药的有效成分变化或散失，还可以防止菌类孢子和虫卵的生长繁殖。

注意避光。有些中药受光线作用易引起变化，应贮藏在暗处或陶瓷、有色玻璃容器中。

注意密闭。有些中药接触空气易氧化变质，应贮藏在密闭容器中。

防虫防鼠。动物类中药，贮存前一般要经过蒸制，以免虫卵孵化成虫；一些甜性易生虫中药在贮藏过程中应勤检查、常晾晒；种子类中药要防止鼠害。

此外，对于剧毒药材应贴上“剧毒药”标签，按国家规定，设置专人、专处妥善保管，防止中毒。

任务四　中药的炮制

炮制，亦称炮炙或修治，是指中药经过净制、切割、炮炙处理，制成一定规格的饮片，以适应医疗要求及调配、制剂的需要，以保证用药安全和有效。炮制后的成品习惯称为饮片。中药炮制是根据中药药性理论、辨证用药、药物调配和制剂要求而发展起来的一项传统制药技术，早在《黄帝内经》中就有“制半夏”的记载。

中药材大多是生药，有的具有较强的毒性、烈性或不良作用而不能直接服用或者用于制剂，有的不易被煎提而直接影响其制剂中有效成分的含量，有的因易变质而不能久存，均需经炮制后才能入药或贮藏。因此，炮制是提高中药质量和疗效的重要保证。

一、炮制的目的

不同的药物，有不同的炮制目的。在炮制某一具体药材时，又往往具有几方面的目的。炮制目的大致可以归纳为以下七个方面：

1. 除杂质和非药用部分

汉代名医张仲景在《金匮玉函经》中明确指出“药有须烧、炼、炮、炙，生熟有定，或须皮去肉，或去皮须肉；或须根去茎，又须花去实，依方拣采，治削，极令净洁。”临诊用药，必须去除杂质和非药用部分，使药物纯净清洁，以保证用药剂量的准确。如植物根茎类药物要洗去泥沙，刮去粗皮，尽可能地去除非药用部分，如枇杷叶去毛，杏仁去皮，远志去心等；矿物类药物要拣去杂质等。

此外，炮制也有利于中药的贮藏。有些药物虽然来源于同一动植物，因入药部位不同，作用也不同，如麻黄草质茎发汗，麻黄根止汗，必须分别存放和应用。一些通过加热炮制的中药，不但可杀死虫卵，还消除酶解反应，如杏仁和黄芩用沸水略煮，可使苦杏仁酶、黄芩酶变性失活，有利于长时间保存而不致失效。

2. 增强药物疗效

中药切制成一定规格的饮片，并经过适当的炮制处理后，可以提高有效成分溶出率，从而增强疗效。例如，苦参、常山、玄胡索、车前子等经酒、醋、盐等辅料炮制后，可使有效成分易于煎出；质地坚硬的矿物药及贝壳类药物，经火煅或火煅醋淬处理后，易使药物粉碎成适度粒度，可提高有效成分溶出量。含铁的代赭石经火煅醋淬后，形成铁的醋酸盐，易煎出和吸收；决明子、萝卜子、芥子、苏子、韭子，凡药用子者俱要炒过，入煎方得味出；冬花、紫菀等化痰止咳药经蜜炙处理后，增强了润肺止咳作用；胆汁制南星能增强镇痉作用；甘草制黄连可使黄连的抑菌效力提高5～6倍。

3. 降低或消除毒副作用

有的药物虽有较好的疗效，但因毒性或者副作用太大，临诊应用不安全，通过炮制，可以降低其毒性或副作用。就现代中药的研究来看，中药的毒性成分主要有两种：一为非药用成分，如半夏、南星中的致麻物质，肉豆蔻的肉豆蔻醚等，该类成分应力求除去。二为毒性成分本身就是有效成分，如川乌中的乌头碱，巴豆中的巴豆油，其含量较高，服用易引起中毒。历代都有许多解毒的方法，或浸，或漂洗，或清蒸，或单煮，或加用辅料共蒸或煮以降低毒性。豆蔻含刺激性较强的挥发油2%～9%，其中的有毒物质肉豆蔻醚能使人惊厥。采用面煨、滑石粉炒可使毒性成分受热挥发，从而降低毒性；斑蝥含斑蝥素有剧毒，作用于局部能刺激皮肤黏膜引起红肿、疼痛、发泡等，加热能升华逸出，使其含量减少，毒性降低；对于含有油类毒性成分的药物，通过制霜除去部分油性成分而降低毒性，如巴豆。

4. 改变或缓和药性

性味又称四气五味，即寒、热、温、凉四气和辛、甘、酸、苦、咸五味，是中药固有的特性和功效的物质基础。性味偏盛的药物，临诊应用会给机体带来一定的副作用。如大寒伤阳，大热伤阴，过辛耗气，过甘生湿，过酸损齿，过苦伤胃，过咸生痰。通过炮制可改变或缓和中药的性味。例如，黄连为大苦大寒之品，用辛温的姜汁和吴茱萸汁制后，能减弱其苦寒之性，即以热制寒，抑制其偏，是谓“反制”；用苦寒胆汁制后，则增加苦寒之性，加强清热泻火的功能，即寒者益寒，是谓“从制”。又如，生地黄甘苦寒，善于清热凉血，滋阴生津，多用于血热阴亏之证，蒸制后则为熟地黄，味甘温，为补血滋阴要药，用于肝血亏虚，肾阴不足及精血两亏者。苍术以糯米泔浸去其油，可以去其燥性。

5. 改变或增强作用趋向

中药的作用趋向是以升、降、浮、沉来表示的。炮制后由于性味的改变，可以改变或增强其作用趋向。李时珍曰：“升者引之以咸寒，则沉而直达下焦，沉者引之以酒，则浮而上至巅顶”。例如，大黄苦寒，其性沉而不浮，酒制后能引药上行，先升后降；黄柏主清下焦湿热，酒制后借酒的甘辛升浮之性，兼清上焦之热；砂仁辛温，能行气开胃消食，作用主要在中焦，盐炙后则下行治小便频数。一般来说，酒制则升，姜制则浮，醋制则沉，盐制则降，从而使中药产生多种功能。

6.引药归经

归经是中药物对脏腑的选择性治疗作用。炮制可以改变或增强这种选择性作用，从而更好地发挥疗效。例如，生地归心、肝经，清热凉血，制成熟地则入肾经，滋肾阴补精填髓。生姜发散风寒，和中止呕；干姜则温脾胃，回阳救逆；煨姜则主要用于和中止呕；姜炭则长于温经止血，祛小腹寒邪。辛温之生姜，经炮制成四种不同药用规格后，则分别适用于肺、心、胃、脾四经的疾病。中药炮制很多是以归经理论为指导的。如延胡索辛散苦泻温通，既行脾肺之气，又通肝心之血，活血行气俱佳，止痛应用最广。经醋制后，能增加在水中的溶解度，便于有效成分的煎出，从而增强止痛效果。

7.便于制剂和服用

有些中药有特殊或不良气味，难于下咽或服用后易引起呕吐，可通过辅料炮制矫味除臭，如酒炙乌蛇、蕲蛇以去腥，醋炙五灵脂以除臭等。

药物经炮制，制备成一定规格的饮片，不但便于分剂量处方调剂，也有利于配方、粉碎、混匀和制剂。

二、炮制的方法

炮制方法是历代逐渐发展和充实起来的，其内容丰富，方法多样。古代的炮制方法主要依赖于药工的实践经验。现代，对于中药的炮制除了继承古代炮制经验之外，有些药材的炮制充分利用现代科技对其工艺进行程序化、规范化的操作和管理，对其炮制质量进行科学控制。根据实际应用情况，介绍中药炮制中常用的一些方法。

（一）净制法

中药材在切制、炮炙或调配、制剂前，须去除非药用部分以及杂质、灰屑、霉变或虫蛀品，使达到药用的净度标准。净制是中药炮制的第一道工序，方法主要有：去毛，去心，去核，去壳，去节，去根等。去毛的中药有石韦、骨碎补、狗脊、金樱子、马钱子等。去毛主要由于毛细小体轻，易漂浮在汤剂或附着在丸剂的表面，服用时刺激呼吸道黏膜而引起咳嗽。去心的中药有乌药、巴戟天、大戟、远志、天冬、麦冬、莲子、川贝母、百部、连翘等。去核的药物有山茱萸、金樱子、枳实、枳壳等。去皮，去壳的中药有肉桂、厚朴、杜仲、黄柏等树皮类，桔梗、知母、明党参、北沙参、白芍等根茎类，使君子、杏仁、益智仁、柏子仁、火麻仁、砂仁等果实种子类。去节，去根的药材有麻黄和木贼等。

（二）切制法

切制是炮制的第二道工序。凡原个大块粗长的中药，都要切制成小块，小段，薄片后供进一步炮炙。切片通常称为“生片”。切制后便于有效成分煎出，利于进一步炮制、调配、制剂、贮存，鉴别等。根据药材的性质和医疗需要，切片有很多规格。如天麻，槟榔切薄片；泽泻，白术切厚片；黄芪，鸡血藤切斜片；陈皮，桑白皮切丝，白茅根，麻黄切段，茯苓，葛根切块等。

（三）水制法

水制的目的一为除去泥沙杂质及非药用部位，洁净药物；二为调和或缓和药性，便于饮片切制。常用的水制方法有淋、洗、泡、漂、润法等。

(1)洗法　将药材投入清水中,快速洗涤后取出。由于药材与水接触时间短,故又称抢水法。采用本法通常为质地松软、水分易渗入的药材,如桑白皮、羌活、五加皮、前胡等。但有些药材需水洗数遍,以洁净为准,而花类药物不宜用洗法。

(2)淋法　用清水喷淋或者浇淋药材。喷淋要均匀,次数根据药材质地而定,一般为2～3次,以适合切制为度,适用于气味芳香、质地疏松的全草类、叶类和有效成分易随水流失的药材,如薄荷、荆芥、佩兰、藿香、半边莲、枇杷叶等。用淋法处理后仍不能软化的部分,可选用其他方法再处理。

(3)泡法　对质地坚硬的药材,需经清水浸泡一定时间,使其吸收适宜水分,以达软化药材便于切制的目的。有些质轻的药材如防风、枳壳、青皮等,在浸泡时要压以重物,使其完全浸入水中。质硬体粗的药材泡后软化程度仍不能达到切制要求的,必须配合润法处理,如大黄、何首乌、泽泻、川芎等。

(4)浸法　用清水或液体辅料(米泔水、石灰水)较长时间浸泡药材,使之柔软又不宜过湿,便于切制。浸泡时间根据药材的质地、季节和气候确定,必要时可换一次水,多适用于质地较坚硬的药材,有时上面可压以重物和加盖。

浸法与泡法可从温度、时间、水量、目的四个方面加以区别。

浸法:水温是常温,时间长,水量宽,目的是软化药材,除去杂质,使之洁净,便于切制。

泡法:有时用沸水或刚煮好的药汁,温度高,时间短,水量窄,泡法除具有浸法的作用外还可调和药性、减轻毒副作用。

(5)漂法　将药材置多量清水中,或流动的水,反复漂洗,以溶解清洗去药材的毒性、盐分或腥臭味。如漂去盐附子、肉苁蓉、海藻等的咸味,紫河车漂去腥味等。

(6)润法　包括浸润、淋润、晾润、露润、闷润、复合润等。

浸润:把药物浸至未透心而不易折断时,再放入篾箕或缸内,上面用湿麻袋盖好,润至折断面无白心,内外湿度一致时切片,如木通,桑寄生,鸡血藤等。

淋润:用少量清水直接喷洒于药物表面,用篓或箩盛好,上面盖上麻袋,使药物湿润一致,便于切片,如荆芥、麻黄、藿香、青蒿、淡竹叶等。

晾润:把药物略浸或洗后,放于盆内或水泥地上摊开润,不盖麻袋。若包着润会使药物发黏、发酵、发酸,甚至变成黑色。适用于含淀粉较多或油性较多的药物,如山药、桔梗、天花粉等,或某些草类、叶类药物,如蒲公英、大青叶、枇杷叶等。

露润:将药物抢水洗或不经水洗,直接平铺于水泥地面,使其自然回潮变软。适用于油性重或糖性较多的药物,如当归、牛膝、党参、黄柏等。

闷润(伏润):药物浸后或煮后,晾干表面的水分,然后放入容器内,密闭,使药物保持湿润状态,而使药物内外湿润均匀一致。适用于质地较坚硬或淀粉较多而不宜久浸的药物。如白芍、姜半夏、天南星、郁金等。

复合润:药物经上面的润法未达到要求时,可重新按原法再润。如天南星、半夏、郁金等。

(7)水飞法　将不溶于水的矿物、贝壳类药物研成粉末,利用粗细粉末在水中悬浮性的差异而获取细粉的方法,可使药物更加细腻和纯净,便于内服和外用,还可防止药物在研磨过程中粉尘飞扬,污染环境,并可除去药物中可溶于水的毒性物质。如水飞雄黄可降低其可溶性砷的含量,水飞朱砂可降低其游离汞和汞盐的含量。水飞法炮制珍珠粉、滑石、炉甘石,优于其他炮制法的疗效。

(四)火制法

将药材直接或间接用火加热处理的方法，使药物达到干燥、松脆、焦黄、炭化等，以便于应用和贮藏。常用炒、炙、烘、焙、煨、煅等法。

(1)清炒　将药物放在锅里加热，不断翻动，炒至一定程度取出。根据炒的时间和火力大小，可分为炒黄、炒焦、炒炭。炒黄、炒焦使药物易于粉碎并能缓和药性，种子类药材常用此法。如决明子为清肝明目药，生用滑肠，炒后缓和药性，使有效成分易于煎出；炒炭能缓和药物的烈性和副作用或增强收敛止血的功效。如蒲黄生用性滑，偏于活血行淤止痛；炒炭后性涩，偏于止血。

(2)加辅料炒　炒制过程中加入固体辅料如土、麸、米、沙、蛤粉、滑石粉等拌炒，可减少药物的刺激性，降低毒性，增强疗效。例如，斑蝥有剧毒，米炒后可降低其毒性；党参米炒后，气味焦香，具健脾止泻作用；山药生用补肾生精，益肺肾之阴，土炒增强补脾止泻功效，麸炒增强补气益脾作用；穿山甲质地坚硬，沙炒后质变酥脆，易于粉碎及有效成分煎出；水蛭滑石粉炒，使质地酥脆，易于粉碎，并可降低毒性。

(3)炙法　用液体辅料拌炒，使辅料逐渐渗入药物组织内部，以改变药性、增强疗效或减少毒副作用的方法。可为酒炙、醋炙、盐炙、蜜炙等。

酒炙可用黄酒和白酒，常用黄酒。酒炙川芎、丹参可增强活血作用，酒炙黄芩、黄连善清上焦火热，酒炙乌蛇、白花蛇可减其腥味，酒炙常山可降低催吐作用。

醋炙常用米醋，以陈醋为好，醋炙柴胡、香附可增强疏肝理气作用，醋炙三棱、元胡可增强疏肝止痛之功，醋炙甘遂、大蓟可降低毒性，醋炙五灵脂，乳香可除去不良气味。

盐炙即用盐水拌炒，盐炙杜仲、巴戟天可增强补肝肾之功，盐炙泽泻、车前子可增强利小便作用。

姜汁炙竹茹能增强止呕作用，姜炙厚朴消除辛辣对咽喉的刺激作用；姜汁炙天南星和半夏可减弱或消除毒性。

蜂蜜炙桑叶、百部可增加润肺作用，蜜炙黄芪、甘草能增强补中益气作用。

(4)烘焙法　烘是将生药置近火处，使所含水分慢慢蒸发。一般可利用烘箱或者烘房进行，便于控制温度。焙是将生药置于金属网或锅内，用文火加热，焙至药物颜色加深，质地酥脆为度。烘焙处理方法基本相同，目的都是为了药物干燥，易于粉碎和贮存。常用烘焙法的药物有蜈蚣，紫河车，菊花等。

(5)煨法　将生药用面糊或湿纸包裹，埋于热灰或加热滑石粉中，或直接埋于加热的麦麸中煨熟的方法，煨后可除去药物中的刺激性、挥发性和油脂成分，以降低副作用，缓和药性，增强疗效。常用煨法的中药有肉豆蔻、诃子、木香等。

(6)煅法　将生药置于无烟炉火直接煅烧或耐火容器内间接煅烧的方法。坚硬的矿物类和贝壳类药多直接煅烧，如磁石、代赭石、自然铜、海蛤壳、瓦楞、石膏，石决明等。质地疏松的药物多用密闭于耐火容器内间接煅烧，如棕榈炭、血余炭。但有些矿物类药材直接煅烧容易爆裂，如紫石英、金蒙石等可用土罐煅，明矾、硼砂等可用铁锅煅。煅的程度也有不同的要求，如金石类必须煅至红透酥松，贝壳类只煅至微红，植物类煅至炭化即可。煅法可使药物便于粉碎和煎出有效成分，同时改变药物的理化特性，降低或消除其毒副作用。有的药物煅后生成新的作用，如明矾生用有收敛、燥湿、解毒、祛痰的作用，多内服，煅后失去结晶水，有生肌敛疮作用,多外用。

(五)水火共制法

将药物通过水火共同加热炮制,改变原药材性质与形态,称为水火共制法。常用的方法有蒸、煮、焯、淬法。

(1)蒸法　有清蒸、拌蒸、直接蒸、间接蒸等不同。不加辅料蒸制为清蒸,如蒸制山萸肉、女贞子等。拌入姜汁、酒、醋、盐或其他辅料同蒸的称为拌蒸,如蒸制熟地、何首乌等。将药物直接放入蒸笼内蒸为直接蒸,如蒸狗脊。将药物置铜罐或瓦罐内,再放入锅内隔水蒸为间接蒸,如蒸制黄精、大黄等。蒸制时间和操作方法应根据药物的性质和用途而定。蒸法可改变或缓和药性,保存药效、便于贮藏。

(2)煮法　将生药或与其他辅料置锅内加清水煮沸,煮至药物透心为度。常用水煮的药物有川乌、草乌、附子等,常用醋煮的药物有延胡索、三棱、远志等。

(3)焯(抄)法(水烫法)　先将适量的水煮沸,再将生药投入沸水中,翻动片刻,焯至表皮易于挤脱时立即捞出,漂在清水中,挤去外皮晒干。如焯杏仁、焯桃仁等。

(4)淬法　药物通过火煅烧后,趁热投入醋或其他药液中,根据各药炮制的不同要求,反复煅淬,淬后不仅易于粉碎,且辅料被其吸收,可发挥预期疗效。淬法大多用于金石类及贝壳类等较硬的药材,如醋淬自然铜、鳖甲,黄连煮汁淬炉甘石等。

(六)其他方法

除上述炮制方法外,还有一些特殊制法,如制霜、发酵、发芽等。

(1)制霜　主要用于含油脂成分较多的果实、种子类中药,采用压榨去油的方法,除去药材中大部分油脂,去油后的制品称为霜。霜制可降低毒性,缓和药性,如巴豆制霜后能缓和其泻下作用,减少刺激性,降低毒性;柏子仁含大量油脂,制霜后其异味减少,致吐、致泻作用降低;西瓜霜为西瓜皮和芒硝加工而成,两药合制,清热泻火作用增强。

(2)发酵　将药物置于适宜的温度和湿度下,借助霉菌和酶的催化作用,使药物发泡、生衣的方法,一般以温度 30～37℃、相对湿度 70%～80%为宜,如六神曲、淡豆豉等。

(3)发芽　将成熟的果实及种子类药物置于一定的温度和湿度下,促使其萌发幼芽的方法。发芽使药物产生新的功效,如麦芽、谷芽等。

(4)复制　又称法制,方法比较复杂。是将净选后的药物加入一种或数种辅料,按规定程序反复炮制的方法。目前,主要用于天南星、半夏、白附子等有毒中药的炮制。

任务五　中药的剂型、剂量及用法

一、剂型

根据临诊使用中药治病的需要和药物的不同性质,把药物制成一定形态的制剂,称为剂型。中药的传统剂型比较丰富,但随着现代制药技术的发展,新的剂型还在不断出现。下面介绍几种常用剂型。

(1)汤剂　是将药物饮片或粉末加水煎煮,然后去渣取汁而制成的液体剂型。汤剂是中药最常用的剂型，其优点是吸收快，疗效迅速，药量、药味加减灵活，所以能更全面的发挥药效，尤其适应急、重病证。缺点是不易携带和保存，某些药物的有效成分不易煎出或易挥发散失。近年来汤剂改制成合剂、冲剂等剂型，既保持了汤剂的特色，又便于工厂化生产和贮存。

(2)散剂　是将药物及药材提取物经粉碎、混合制成的粉末状制剂。散剂是中兽医临诊最常用的一种剂型，其优点是较易吸收，药效较快，配制简便，便于携带等，急、慢性病证都可使用。

(3)注射剂　注射剂系指药材经提取、纯化后制成的供注入动物体内的溶液、乳状液及供临用前配制成溶液的粉末或浓溶液的无菌制剂。注射剂用药方式多样，起效快；容积小，便于包装运输；含量明确，便于精确用药；因此注射剂成为中兽药剂型的主要发展方向之一。但其也受到加工工艺复杂、生产成本较高、群体注射用药比较耗费人力等因素的制约和影响。

(4)片剂　片剂系指药材提取物、药材提取物加药材细粉或药材细粉与适宜辅料混匀压制而成的圆片状或异形片状的制剂。片剂适宜于大量生产，便于包装、运输和贮存，含量准确，适合于个体用药，对于群体用药比较耗费人力，让禽类自然啄食或拌料容易出现用药量不确定。

(5)酒剂　是将药物浸泡在白酒或黄酒中，经过一定时间后取汁应用的一种剂型，也称药酒。酒剂也是一种常用传统剂型。酒剂是以酒作溶剂，浸出药物中的有效成分，而酒辛热善行，具有通血脉，祛除风寒湿痹的作用。酒剂是一种混合性液体药剂。其药效迅速，但不能持久，需要常服。适用于各种风湿痹痛、跌打损伤等病证。

(6)膏剂　软膏剂是指药材提取物、药材细粉与适宜基质均匀混合制成的半固体外用制剂。常用基质分为油脂性、水溶性和乳剂型基质，其中用乳剂型基质制成的软膏又称乳膏剂。

(7)灌注剂　是指药材提取物、药物以适宜的溶剂制成的供子宫、乳房等灌注的灭菌液体制剂。分为溶液型、混悬型和乳浊型。如促孕灌注液等。

除了上述剂型之外，还有注射剂、片剂、颗粒剂、搽剂、丸剂、超微粉等。由于中药制剂很少在食用动物产品中产生有害残留，中药制剂日益受到重视。

二、剂量

剂量是指防治疾病时每一味药物所用的数量，也叫治疗量。剂量的大小，直接关系到治疗效果和药物对动物机体的毒性反应和副作用。一般中药的用量安全度比较大，但个别有毒或烈性药物应特别注意。确定剂量的一般原则如下：

(1)根据中药的性能　凡有毒的药物用量宜小，并从小剂量开始使用，逐渐增加，中病即止，谨防中毒或耗伤正气。对质地较轻或容易煎出的药物，如花叶类等质轻之品可用较小的量，对质地较重或不容易煎出的药物，如块根、金石、贝壳等质重之品可用较大的量。

(2)根据病情的轻重　一般来说，病情轻浅的或慢性病，剂量宜轻，病情较重或急性病用量可适当增加。

(3)根据配伍与剂型　同一中药在大复方中的用量要小于小复方甚至单味方。在方剂中作主药时用量宜大，而作辅药则用量宜小。

(4)根据动物及环境　动物种类和体形大小不同，剂量大小差异较大。此外，还要根据动物的年龄、性别以及地区、季节等不同来确定用量。如幼龄动物和老龄动物的用量应轻于壮年动物；雄性动物的用量稍大于雌性动物；体质强的用量应重于体质弱的。北方寒冷地区或冬季，温热药物用量适当增加；南方地区或夏季，寒凉药用量宜重。

为方便临诊用药，避免药物中毒事故的发生，记住少数毒性、烈性较强或较昂贵药物的用量是十分必要的。对于常用中草药的用量，马、牛等大动物可控制在 15～45 g 范围内，猪、羊等小动物控制在 5～15 g 范围内，并根据处方药味的多少和动物、病情等不同情况酌情增大或减小剂量。一般可按马（中等蒙古马为标准）每剂总药量控制在 400 g，牛（中等普通黄牛为标准）控制在 500 g，猪、羊控制在 100 g 的原则应用。

中药的计量单位从 1979 年 1 月 1 日起采用公制计量单位的克（g）为主单位，毫克（mg）为辅助单位，取消过去的“两、钱、分”计量单位及一切旧制，并规定旧制单位（16 进位制）的一两，按 30 g 的近似值进行换算（实际值 31.25 g）。

本书所载中药和方剂的剂量的参考依据为：马以中等蒙古马为标准；牛以中等普通黄牛为标准，水牛或牦牛应适当增减；猪以 20～40 kg 的本地猪为标准；羊以 15～25 kg 的山羊为标准；犬以 10～20 kg 的中型犬为标准。现将不同种类动物用药剂量比例列于表 1-4，部分药物用量选择列于表 1-5。

表 1-4　不同动物用药比例

动物种类	用药比例	动物种类	用药比例
马（体重 300 kg）	1	猪（体重 60 kg）	1/8～1/5
黄牛（体重 300 kg）	1～1.25	犬（体重 15 kg）	1/16～1/10
水牛（体重 500 kg）	1～1.5	猫（体重 4 kg）	1/32～1/20
驴（体重 150 kg）	1/3～1/2	鸡（体重 1.5 kg）	1/40～1/20
羊（体重 40 kg）	1/6～1/5		

表 1-5　中药用量选择

用量（马、牛）	包括药物
15～30 g	甘遂、芫花、大戟、胡椒、商陆、木香、附子、白花蛇、天南星、通草、五倍子、沉香、三七、粟壳、硼砂、硫黄、白蔹、青黛、全蝎、水蛭、芦荟、儿茶
6～15 g	羚羊角、犀角、细辛、乌头、大枫子、蛇蜕、樟脑、雄黄、木鳖子
3～10 g	朱砂、阿魏（牛可用 30 g）、冰片、巴豆霜、瓜蒂（猪）
1.5～3 g	制马钱子、麝香、牛黄、斑蝥、轻粉、胆矾
0.3～0.9 g	珍珠、人言
10～15 粒	鸦胆子
15～45 g	上述以外的一般常用中药

三、用法

（一）用药方式

（1）个体用药　指对用药对象逐个实施用药过程。个体用药能够准确把握用量，药物的浪费较少，但比较耗时。适合于较少数量动物的用药。个体用药现主要针对宠物、个体养殖的数量较少的猪、牛、羊、家禽等。

(2)群体用药　随着我国规模化和集约化畜牧业的发展,群体用药的方式越来越多地被采用。所谓群体用药,就是为了防治群发性疫病,或为了提高动物的生产性能,所采用的批量集体用药。有些动物(如鸡、鱼、蜂、蚕)或群体数量很大,或个体很小,难以逐个给药,也主要采用群体用药法。中药的群体用药,目前较普遍的是采取拌饲或混饮,即将药物拌入饲料中或溶解于饮水中给动物服用。此外,在动物所处的环境(如动物房舍空间、养鱼水体)中施药,使环境中的每个动物都能接触到药物,也是一种群体给药方法。群体给药有时存在动物用药量不确实,浪费较多等问题。

(二)用药途径

中药给药时,需将药物加工制成适宜的剂型。给药时间、给药次数应根据病情而定。中药的给药途径应根据治疗要求和药物剂型而定。给药途径不同,会影响药物吸收的速度、分布以及作用效果。给药途径分为经口给药和非经口给药两种。

经口给药是最常用的方式,散剂、汤剂、丸剂、颗粒剂、酒剂多采用经口给药。传统的经口给药方式是"灌药"。即将药物汤剂或用水冲调的散剂、丸剂、颗粒剂等用牛角勺或胃管投服。随着现代集约化养殖的发展,多采用将中药混入饮水或添加于饲料中给药。

非经口给药的方法很多,药物外用法有敷贴法、涂布法、撒药法、冲洗法、吹药法、口噙法、点眼法等。皮肤给药、黏膜给药多用于外部疾患,还有腔道给药等多种途径。20 世纪 30 年代后,中药的给药途径又增添了皮下注射、肌内注射、穴位注射和静脉注射等。

煎法与灌服是目前中兽医临诊最为常用的用药方法。

(1)煎法　汤剂的煎法与药效密切相关。煎药的用具以砂锅、瓷器为好,不宜使用铁、铝等金属器具。煎药时先用水将药物浸泡约 15 min,再加入适量水后密闭其盖,然后煎煮。对于补养药宜为文火久煎;对于解表药、攻下药、涌吐药,宜用武火急煎。煎药时一般应先用武火后用文火。煎药时间一般为 20～30 min,待煎至煎液为原加入水量的一半即可,去渣取汁,加水再煎一次,将前后两次煎液混合分两次服用。对于矿石、贝壳类药物如代赭石、生石膏、石决明等宜打碎先煎;对芳香性药物如薄荷、青蒿等宜后下;对某些含有多量黏性的药物如车前子、旋覆花等宜包煎。

(2)服法　灌药时间应根据病情和药性而定,治热性病的药物宜凉服,发散风寒和治寒性病的药宜温服;治急性病和重病时需尽快灌服;一般滋补药可在饲喂前灌服,驱虫药和泻下药应空腹灌服,治慢性病的药物和健胃药宜在饲喂后灌服。

灌药次数,一般是每天 1～2 次,轻病可两天一次,但在急、重病时可根据病情需要,多次灌服。

任务六　中药化学成分简介

中药所含的化学成分种类很多,通常将其具有生物活性和治疗作用的成分称为有效成分,如生物碱、苷类、挥发油等。无生物活性不起治疗作用的成分称为无效成分,如色素、无机盐、糖类等。现将中药主要的化学成分简介如下:

一、生物碱

是植物体中一类碱性含氮有机化合物的总称。具有显著的生物活性和特殊的生理作用，是中药的主要有效成分之一。如黄连中的小檗碱(黄连素)、麻黄中的麻黄碱等。大多数生物碱具有苦味，为无色结晶，游离的生物碱大多不溶或难溶于水，能溶于乙醇、乙醚、氯仿等有机溶剂中。生物碱在植物体内与有机酸结合成盐，其盐类则易溶于水和乙醇，但不溶于其他有机溶剂。含生物碱的中药很多，如延胡索、麻黄、苦参、罂粟、乌头、贝母、黄连、黄柏等。含生物碱的中药大多具有镇痛、镇静、解痉、镇咳、驱虫等作用。

二、苷类

苷旧称甙，也称配糖体，是由糖类和非糖部分组成的化合物。苷类多为无色、无臭、有苦味的晶体，呈中性或酸性，易溶于水、乙醇和甲醇，难溶于乙醚、苯等溶剂。苷类易被稀酸或酶水解生成糖与苷元。水解成苷元后，在水中的溶解度与疗效往往会降低，故在采集、加工、贮藏与制备含苷类成分的中药时，必须防止水解。苷是中药中分布很广的一类重要成分，常见的有以下几种：

(1)黄酮苷　黄酮苷的苷元为黄酮类化合物。多为黄色结晶，一般易溶于热水、乙醇和稀碱溶液，难溶于冷水及苯、乙醚、氯仿等。黄酮苷广泛存在于植物中，含黄酮苷类的中药有橘皮、黄芩、槐花、甘草、紫菀、柴胡等。含黄酮苷类的中药大多具有抗菌、止咳化痰、抗辐射、解痉等作用。

(2)蒽醌苷　蒽醌苷是蒽醌类及其衍生物与糖缩合而成的一类苷。一般为黄色，呈弱酸性，能溶于水、乙醇和稀碱溶液，难溶于乙醚、氯仿等溶剂。含蒽醌苷类的中药有大黄、番泻叶、决明子、芦荟、何首乌等。含蒽醌苷类的中药大多具有泻下的作用，有些还有抑菌作用，如大黄素。

(3)强心苷　为甾体苷类，一般能溶于水、乙醇、甲醇等，易被酶、酸或碱水解。常见的含强心苷类中药有洋地黄、罗布麻、杠柳(香加皮)、万年青等。含强心苷类的中药大多具有兴奋心肌、增加心脏血液输出量和利尿消肿的作用。因强心苷易被酶、酸或碱水解，故在采集、贮藏及制备含强心苷类的中药是，要特别注意防止水解。

(4)皂苷　皂苷为皂苷元和糖结合而成的一类化合物，又称皂素。多为白色或乳白色无定型粉末，富吸湿性，味苦而辛辣，能溶于水及有机溶剂，其水溶液经振摇后易起持久性的肥皂样泡沫。皂苷能刺激黏膜，对鼻黏膜尤甚，口服后能促进呼吸道和消化道分泌，但不能作注射剂。常见的含皂苷类的中药有桔梗、党参、三七、山药、知母、皂角、麦冬等。含皂苷类的中药大多具有祛痰止咳、增进食欲和解热镇痛、抗菌消炎、抗癌等作用。

(5)香豆精苷　是香豆精(或称香豆素)或其衍生物与糖结合而成的一类化合物。能溶于水、醇和稀碱溶液，难溶或不溶于亲脂性有机溶剂。常见的含香豆精苷的中药有白芷、独活、前胡、秦皮等。含香豆精苷类的中药大多具有抗菌抗癌、扩张冠状动脉、镇痛、止咳平喘、利尿等作用。

三、挥发油类

挥发油又称精油，是一类具有挥发性、可随水蒸气蒸馏出的油状液体。多为无色或淡黄色，具有芳香气味和辛辣味，难溶于水，能溶于无水乙醇、乙醚、氯仿和脂肪油。通常将其低温时的结晶称为“脑”，如薄荷脑、樟脑。含挥发油的中药有薄荷、紫苏、藿香、金银花、白术、木香、菊花、当归、川芎、陈皮、鱼腥草等。含挥发油类的中药大多具有发汗、祛风、抗病毒、抗菌、止咳、祛痰、平喘、镇痛、健胃等作用。

四、鞣质类

鞣质又称单宁或鞣酸，是一类结构复杂的多元酚类化合物。为无定型的淡黄棕色粉末，味涩，难于提纯，能溶于水、醇、丙酮、乙酸乙酯，不溶于苯、氯仿、乙醚。鞣质的水溶液遇石灰、重金属盐类、生物碱等产生沉淀，遇三氯化铁试剂产生蓝黑色沉淀，故在制备中药制剂时忌与铁器接触。常见的含有鞣质的中药有五倍子、石榴皮、地榆、大黄等。含鞣质类的中药大多具有收敛、止血、止泻、抗菌等作用，还可作生物碱、重金属中毒的解毒剂。

五、树脂类

是由树脂酸、树脂醇、挥发油等组成的较为复杂的混合物。不溶于水而溶于乙醇、乙醚等溶剂。与挥发油共存的称油树脂，如松油脂；与树胶共存的称胶树脂，如阿魏；与芳香族有机酸共存的称香树脂，如安息香。乳香、没药、血竭等都含有树脂类。含树脂类的中药大多具有活血、止痛、消肿、防腐、芳香开窍、祛风等作用。

六、有机酸类

是含有羧基的一类酸性有机化合物。大多数能溶于水和乙醇，难溶于其他有机溶剂。含有机酸类的中药大多具有抗菌、利胆、解热、抗风湿等作用。常见的有乌梅、山楂、五味子、山茱萸等。

七、糖类

糖类是植物中最常见的成分，占植物干重量的50%～80%。分为单糖、低聚糖和多糖三类，其中单糖、低聚糖一般无特殊作用，可供制剂用；多糖包括植物多糖、动物多糖、微生物多糖，均有免疫促进作用，如茯苓多糖、黄芪多糖、人参多糖、蘑菇多糖等。

八、蛋白质、氨基酸与酶

蛋白质是由多种氨基酸结合而成的高分子化合物；酶是有机体内有特殊催化作用的蛋

白质。中药中的蛋白质大多能溶于水，不溶于乙醇和其他有机溶剂。含蛋白质的中药有些具有治疗作用，如天花粉、南瓜子、板蓝根、天南星、半夏等，但一般都将蛋白质作为杂质除去。

九、油脂和蜡

油脂是由高级脂肪酸与甘油结合而成的脂类。蜡是高级脂肪酸与分子量较大的一元醇组成的酯。植物中的蜡主要存在于果实、幼枝和叶面。蜡的性质稳定，理化性质与油脂相似。油脂和蜡在医药上主要作为油注射剂、软膏和硬膏制备的赋形剂。有的油脂也具有治疗作用，如大枫子油有治麻风病的作用；薏苡仁中的薏苡仁脂有驱蛔虫及抗癌作用。常见的含油脂和蜡的中药有火麻仁、蓖麻子、巴豆、杏仁、薏苡仁、大枫子、鸦胆子等。

此外，中药的化学成分还有植物色素类，如萜类色素、叶绿素；无机成分，如钾盐、钙盐、镁盐和其他微量元素等。

【知识拓展】

中草药栽培技术要点

一、栽培地的选择

栽培地的选择是中药材基地建设中最重要因素之一，要结合所种植中药材的生长习性，综合考察土地的位置、地表径流、走势、朝向、风向、土质以及排灌设施和地下水位的高低选址，选好一块地就等于种植药材成功了一半。例如，党参、黄芪、山药等根及根茎类药材，栽培时常需选肥沃深厚、排水良好的沙质壤土，并要求深耕；麻黄、甘草、黄芪等喜干燥的药用植物宜选干燥地；泽泻、菖蒲、莲籽等宜选低湿地；人参、细辛、黄连等则喜荫蔽，栽培时应搭设遮阳棚或利用自然荫蔽条件；砂仁喜高温高湿的气候，花期要求气温在22～25℃以上，适宜于南方种植。

对于大多数药用植物而言，土壤一般以中性和稍偏酸性为宜，土壤既不黏重，又不过轻，以黏壤土、壤土和沙壤土较为适宜，要求土壤肥沃，有机质含量高，土地平整，地下水位较低，不积水，便于灌溉，土壤中病、虫残留和碎石、废塑料薄膜等杂物少。

二、繁殖方法

药用植物的繁殖方法主要有传统栽培方法和现代栽培技术，现代栽培技术有试管育苗（组织培养）和无土栽培。现介绍传统栽培方法：一是种子繁殖又叫有性繁殖，二是营养繁殖也称无性繁殖。

（一）种子繁殖

种子繁殖也称有性繁殖，因种子是经雌、雄配子结合形成的，并由其胚胎发育成新个体。其后代生活力强，适应性广，技术简便，繁殖系数大，可在短期内获得大量的苗木，有利于引种驯化和新品种培育。如人参、板蓝根、党参、桔梗、黄芪等采用种子繁殖。但种子繁殖的后代常产生变异，开花结果较迟，尤其是多年生草本与木本药用植物，用种子繁殖则栽培与成熟的年限较长。

1. 种子处理

播种前进行种子处理，可以为种子发芽创造良好条件，促使种子及时萌发、出苗整齐、幼苗生长健壮。种子处理的方法有：

(1)晒种　能促进种子成熟，增强种子酶的活性，降低种子含水量，提高发芽率和发芽势；同时还可以杀死种子所带的病虫害。

(2)温汤浸种　可使种皮软化，增强种皮的透性，促进种子萌发，并能杀死种子表面所带病菌。不同种子，浸种时间和水温有所不同。

此外还有机械损伤种皮 、层积处理、药剂处理、生长素处理等。

2. 播种

(1)播种时期　一般一年生草本植物多在春季播，二年生草本植物多为秋播，多年生草本植物有春播、夏播、秋播。

(2)播种方法　常用的有条播、撒播、点播三种。在实践中要根据植物植株的大小选择适合的播法。

3. 移栽

对于一些多年生的草本植物和一些木本植物，可选地育苗，当幼苗生长到一定程度后，再移栽到定植地中。移栽多在春、秋两季进行，选择阴天为好，起苗时要避免伤根系，尽量多带原土，起苗后及时栽植，定植后应立即浇定根水，并采取保苗措施。

(二)营养繁殖

(1)分株繁殖　即将药用植物的鳞茎、球茎、块根、根茎以及珠芽等营养器官，自母体上分离或分割下来，另行栽植，繁殖成独立个体的方法，以培育成独立的新植株。一般在秋季、春季植株休眠期或芽萌动前进行较好。

(2)压条繁殖　即将植物的枝条或茎压入土中，使其生根后与母株分离，而形成新生个体的繁殖方法。这是最简单、成活率最高的营养繁殖方式。

压条时间视植物种类和气候条件而定。一般落叶植物多在秋季或早春发芽前进行压条；常绿植物一般宜在梅雨时期进行压条，此时温度高、湿度大，常绿植物易生根成活。一般在秋冬期间进行压条，次年秋季即可分离母体。在夏季生长期间压条，应将枝梢顶端剪去，使养分向下方集中，有利于生根。

(三)扦插繁殖

又称插条繁殖，是利用植物营养器官的再生能力和发生不定芽或不定根的性能，切取根、茎、叶的一部分，插入沙床或其他生根基质(疏松润湿的土壤)中，使其发根，培育成新个体的繁殖方法。凡容易产生不定根的药用植物，均可采用扦插繁殖。此法经济简便，技术要求不高，在繁殖中被广泛采用。按所取营养器官的不同，又有枝插、根插、芽插和叶插之分。

三、田间管理

1. 间苗

间苗是田间管理中一项调控植物密度的技术措施。凡是用种子或块茎、根茎繁殖的药用植物，出苗、出芽都较多，为避免幼苗、幼芽之间相互拥挤、遮阴、争夺养分，播种出苗后需适当拔除一部分过密、瘦弱和染病虫的幼苗，选留壮苗。间苗一般宜早不宜迟，避免幼苗由于生长过密，纤弱而发生倒伏和死亡。植株细弱，易遭受病虫害侵袭，同时苗大根深时，间苗困难，易伤害附近植株。间苗次数可视药用植物的种类而定。

2. 除草

田间除草是为了消灭杂草，减少水肥消耗，保持田间清洁，防止病虫的滋生和蔓延。除草多与中耕、间苗、培土等结合进行，以节省劳力。除杂草的方法很多，如精选种子、轮作换茬、水旱轮作、合理耕作、人工除草、机械除草、化学除草等。

3. 追肥

根据植株生长发育情况，可适时追肥。追肥是基肥的补充，用以满足药用植物各个生长时期对养分的需求。追肥时期，除定苗后追施外，一般在萌发前、现蕾开花前、果实采收后及休眠前进行。追肥时应注意肥料的种类、浓度、用量、施用时期和施用方法，以免引起肥害、植株徒长和肥料流失。

4. 灌溉与排水

灌溉与排水是控制土壤水分，满足植物正常生长发育对水分要求的措施。排水是土壤水分调节的另一项措施，土壤水分过多或地下水位过高都会造成涝害。排水的目的在于及时排除地面积水和降低地下水位，使土壤水分达到适宜植物正常生长的状况。排水多采用地面明沟排水。

5. 打顶与摘蕾

打顶与摘蕾是利用植物生长的相关性，人为地调节其体内养分的重新分配，促进药用部分生长发育的一项重要增产措施。其作用是通过及时控制植物某一部分的无益徒长，有意识地诱导或促进另一部分生长发育，使之减少养分消耗，提高产品质量和产量。

6. 整枝与修剪

整枝是通过人工修剪来控制幼树生长，合理配置和培养骨干枝条，以便形成良好的树体结构与冠幅；而修剪则是根据各地自然条件，植物的生长习性和生产要求，对树体内养分分配及枝条的长势进行合理调整的一种管理措施。通过整枝修剪可以改善通风透光条件，加强同化作用，增加植物抵抗力，减少病虫危害；同时能合理调节养分和水分的运转，减少养分的无益消耗，增强树体各部分的生理活性，恢复老龄树的生活力，从而使植物按照所需要的方向发展。

7. 覆盖、遮阴与支架

(1)覆盖　是利用薄膜、稻草、落叶、草木灰或泥土等覆盖地面，调节土温。覆盖也可以减少土壤中水分的蒸发，保持土壤湿度，避免杂草滋生，有利药用植物的生长。

(2)遮阴　对于许多喜阴湿、怕强光直射的阴生药用植物如人参、三七、黄连等，在栽培时必须保证荫蔽的条件才能生长良好。还有一些苗期喜阴的药用植物，如肉桂、五味子等，为避免高温和强光直射，也需要搭棚遮阴。

(3)支架　攀缘、缠绕和蔓生药用植物生长到一定高度时，茎不能直立，需及时设立支架引蔓上棚，以利支持或牵引藤蔓向上伸长，使枝条生长分布均匀，增加叶片受光面积，促进光合作用，使株间空气流通，降低湿度，减小病虫害的发生。

四、病虫害防治

药用植物在生长期间，常会受到一些虫害与病害的侵害和不良环境因素的影响，使其在生理和形态上发生一系列不正常的变化，甚至死亡，这不仅降低了中草药的产量，而且也可使品质降低。因此，要加强对病虫害的防治。

1. 病虫害发生的原因

(1)病害发生的原因　一是外界环境不良，包括温度过高或过低，水分不足或过多，光照过强或过弱，养分不足或过多以及营养比例失调等；二是病原微生物致病，常见的有细菌、真菌、病毒等。

(2)虫害发生的原因　引起虫害发生的原因主要是昆虫对中草药植株的危害，还有一些螨类、鼠害等。

2. 病害与虫害的识别

中草药发生病虫害后会导致产量和品质下降。出现的异常表现有变色、腐烂、斑点、肿大、畸形、枯萎、粉霉等，每一种病害的表现各不相同。细菌病害呈现斑点、腐烂、萎蔫等，真菌病害呈现坏死、枯萎、腐烂、畸形等，病毒害有黄化、花叶、卷叶、萎缩、矮化、畸形等。遭受虫害的中草药，常可见到害虫咬食过的痕迹，如空洞、缺刻、残裂等。有时还可看到植株上的害虫。经过害虫侵袭过的中草药，也往往出现一些异常现象，如植株矮小，生长缓慢，茎叶卷曲，叶片变色，植株萎黄、根部腐烂等。

3. 病虫害的防治方法

(1)农业防治方法　就是利用和改进耕作栽培技术来控制病虫害发生发展的方法。通过选育抗病虫害能力强的品种，实行科学轮作和间作，冬前深耕细作翻土地，调节播种时期，合理施肥，适时排灌和及时除草、修剪和清洁田园等农业技术措施，以防治病虫害。

(2)物理防治方法　就是利用光、温度、电磁波、超声波等物理作用和各种器械来防治病虫害的方法。

(3)生物防治方法　就是利用自然界中某些生物来消灭或抑制有害生物，进行中草药病虫防治。生物防治，主要是采用以虫治虫、以微生物治虫、以菌治病、抗生素和交叉保护以及性诱剂防治害虫等方法进行。

(4)化学防治方法　就是应用化学农药防治病虫害的方法。按化学农药对病虫的毒杀作用可分为杀虫剂和杀菌剂两类，此外还有除草剂、植物生长调节剂等。禁止使用剧毒、高毒、高残留或者具有三致(致癌、致畸、致突变)的农药。对一些毒性小或易降解的农药，要严格掌握施药时期，防止污染植物。

我国目前中草药行业现状与发展对策

(戴鼎震　王晓丽　夏兴霞　蒋兆春)

中草药行业是指应用天然药物来治疗人类及动物疾病的研究部门与生产开发企业。我国加入 WTO 对该行业带来了深远的影响。一方面，我国面临更大的出口创汇空间，中草药将发挥高效、无毒、副作用小的优点；另一方面，入世给中草药研究、生产企业提出了更高的要求，若不进行重大调整，很难适应入世后的要求，可以说入世带来的机遇与挑战并存。如何抓住机遇迎接挑战，这是目前该行业面临的一个紧迫问题。本文首先分析入世给中草药行业诸方面的影响，然后提出相应的发展对策，以供业内人士参考。

1　我国中草药行业的现状与问题

1.1　规模小和工程化水平低

加入WTO后,国际经济运行模式将成为我国市场经济的主要模式,我国将按国际贸易的通行做法和贸易规则进行中草药的交易。中草药产品面对的是国际市场,与国际医药经济接轨。这将有利于促进中草药企业与科技部门加强合作,研制高效的创新产品。"入世"后我国与国际的经济技术合作和贸易活动将得到加强,这更有利于吸收国外新的科技成果和知识资源,推动中草药行业的科技进步。而我国中药产业基础研究与开发薄弱,生产工艺落后,工业化水平低,中药企业存在一小、二多、三低的状况,即规模小,企业数量多,产品重复多,科技含量低、管理水平低及自动化生产水平低。此外,中药剂型落后。显然目前中草药行业不能适应形势需要。

1.2　缺少与国际接轨的系列质量标准

中草药是个综合性行业,涉及药材种植、地理环境、土壤质地、饮片加工、有效成分与药理分析、剂型与制剂系列过程。而目前我国无论是药材还是中草药制剂都没有相应的质量标准。南药北种,中药饮片无药理、药效分析,中成药混有西药成分,药材及制剂中成药中,重金属含量超标及微生物污染等问题严重影响了中成药向欧、美等发达国家的出口。2001年美国加州卫生厅抽检的260种由我国出口的中成药有123种混有西药、化学物质、重金属及含有其他有毒性物质。目前许多国家都已对传统药和中草药保健食品增加了微生物检查,防腐检查及农药残留和重金属含量甚至黄曲霉毒素检查,并分别制定了各自的质量标准。而我国中药除将微生物检查纳入部颁标准外,其余各项尚在研究之中。我国中草药生产加工销售各个环节还存在许多问题。如中药的生产工艺过程离现代医学工业优质化生产过程要求还有很大差距;中草药原料来自天然,多为人工采制,药材质量受天气、地域及人为因素影响很大;原料、半成品、成品缺乏规范化、标准化管理及严格的质量监控标准和良好的监控方法,难以保证产品质量的均一、稳定。中草药疗效很多采用现代化药物临床采用的"随机分组"、"对照""双盲"等科学实验方法,故获得的数据难以为国际相关部门认同。缺乏重要药理研究,不能用现代医学理论解释中成药的适应证、功效、与用途。就国内市场而言,我国的中草药规模大体上还是适应的,以中药工业生产为例,现中药产值已达500亿元左右,占全国制剂产业的30%,如1999年,全国医药工业总产值1 976亿元,创税2.09亿元,而获得国家重要品种保护的664家中药企业生产总值367.3亿元,利税高达83.3亿元,分别占全国医药工业总产值和总利税的19.6%和40.0%;到2000年,554家中药企业年产值达449.7亿元,利税95.25亿元,比1999年有明显的增加。中国的中药卖出去的基本上是原料,或者是大的丸子。日本人做的中药制剂经水里一泡,就会完全融化,而我国的中药,总会有很多渣子。日本做出来的中药注射液澄明度很高,而我国的中药注射剂如丹参注射液,却因为粒子太大,易堵塞毛细血管,实验鼠会出现呼吸急促而死亡,中药产品的加工技术确实存在诸多问题。

1.3　中药相关科学之间不协调配套

具有五千年悠久历史的国药,目前在国际市场上所占的份额不到5%,中药现代化水平远不及韩、日。去年在杭州举办的"亚太地区生物医学工程学术与产业化论坛"亚太地区学术会议委员会主席,浙江大学生物医药工程与仪器科学学院院长郑筱祥教授指出:中国中药现代化最大的障碍,一是由于各个学科之间缺乏很好的配套协调,过急,既把传统的优秀的东西丢了,又不能做出高科技产品,结果“邯郸学步”,两头脱节。日、韩等国不单是从事中草药行业的人在研究中药,更有从事化学的、西药的、毒理的以及质量标准的人在共同研究中药,由此组成了一个研究中药的群体。而在中国恰恰相反,搞中药的人认为中药重要,搞药理的人认为药理最重要,搞毒理的人认为毒理最重要,其实都错了,配套才是最重要的。

1.4 中草药出口面临很大障碍

中草药出口在目前至少存在五大问题。一是中医药大量消耗野生动植物资源的方式,对野生动植物,特别是对一些濒危动植物物种的生存已形成潜在威胁;二是中药难以通过试验证实;三是重金属和农药残毒含量偏高,难以用国际标准衡量;四是副作用的存在,使西方对中医药认同有距离;五是中药理论与现代分析科学存在差距,难以与西药理论比较和贯通。此外,还存在一些相关的实际问题,如中药原料药与中草药出口比例过大。目前初加工的初制品和附加值的中药材出口占64.7%,中草药和植物提取物所占比例仅分别占15.1%和20.2%;西方又对中草药存有偏见,对中药进入本国市场的有关规定很多;中药不能作为药品进入国际市场,不能合法销售,出口秩序混乱等。

这些原因都直接阻碍了中药产品进入国际主流市场。相反,国外如韩国、美国利用其先进的生产工艺,大量向国内市场流通中药。洋中药已经向本土中药发起了挑战。

2 中草药发展对策

中草药发展的出路在于中药现代化,而要推进中药现代化,必须以中药学科相关研究为基础,建立中药种植基地,开展中药药理及生产工艺研究,制定中草药质量标准,研制中草药制剂,促进其产业化。

2.1 制定中草药标准规范和政策法规

制定中药的政策法规及标准规范体系是中药现代化的先决条件。中草药的政策和法规及标准规范体系要有利于中药的创新,有利于与国际药业的接轨。为此要建立中药材从栽培、采集、收购、储藏、炮制、加工、包装、运输、销售、临床应用等全部过程的系统规范化管理和质控体系,特别要组织包括中药药理、毒理及临床应用等专业人员共同研讨中药及中成药的质量标准体系,制定临床前安全性和有效性评价以及临床评价体系。质量是市场竞争的关键,不管是国内市场还是国际市场,既要确保中药的疗效,又要检测中药中重金属、农药等有害成分的残留量,绝对不能超标,更不能纯中药中含有西药。中药产品的设计与包装也要符合国内外制定的质量标准。

2.2 深入开展中药复方制剂药理及药效研究

中药成分的复杂性,使西方学者很难弄清有效成分。从化学本质讲,单味中药已含有较多化学成分,已经是复方了,而中药制剂又多为复方。中药的疗效主要是方剂的疗效,而方剂的有效成分更为复杂,中外化学家一直难以研究突破。因此,建立中药复方制剂的质量标准是有相当大的难度的。目前所能做的就是对复方制剂组方药物进行定性确认,可能的情况下尽最大努力从指标成分的确认向药效物质的确认转变。只要具备了药效或指标成分作为标准的质量控制,就将控制好中药复方制剂的质量。

随着检测技术的不断发展,现在已有对中药复方制剂的药效物质及相关性进行破译的研究,根据破译的结果,则可确定新中药的类别,并针对性地制定产品质量标准。若破译后的药效物质为有效部位，则相当于二类新中药，可以根据其有效部位制定该复方制剂的标准；若破译其有效物质为有效单体，即为一类新中药，则可以根据其有效成分制定复方制剂的质量标准。

对中药的质量控制不仅要对复方制剂制定质量标准，而且对中药饮片也要制定质量标准。中药饮片是衔接中药材与制剂的中间环节，如不对其进行控制，则会对中药制剂的生产带来很大的不利影响。由于我国地域辽阔，用药习惯存在差异，中药饮片加工炮制一药多法，工艺不统一，缺乏最能符合发挥药效的中药饮片质量标准。

2.3 中药制造基础设施建设和制剂生产工艺工程化研究

中药多为复方，药味多，成分复杂。加上中成药剂型的不断更新，对中成药制造的基础设施和生产工艺也提出了新的要求。首先具备符合GMP标准的厂房、设备，并提高生产水平。其次，加强对适合中药生产特点，符合GMP要求的先进、合理工艺的研究，将成熟、先进的药品生产工艺进行推广，制定相关的工程化标准。中药生产应以中医药理论为指导，对方剂药物进行方药分析，应用现代化科学技术和方法进行剂型选择、工艺路线设计、工艺技术条件筛选和中试等系列研究，并对研究资料进行整理和总结，使生产工艺做到科学、合理、先进、可行，使研制的新药达到安全、有效、可控和稳定。制备工艺研究尽可能采用新技术、新工艺、新辅料、新设备，以提高中药制剂研究水平，使中药生产技术及工艺逐渐标准化，以提高中药生产工艺工程化水平。

中药现代化的实现还涉及了很多关键技术，相对成熟而且比较常用的关键技术有：超临界萃取技术，膜分离技术，蒸馏技术，树脂吸附分离技术，液固分离技术，中药产品干燥制粒技术，防除垢新技术，制备色谱技术，细胞微粉中药技术，纳米制药技术，透皮吸收制剂技术，中药指纹图谱技术等。对这些技术一是逐步推广，二是人才专门培训，以提高中草药行业人员的素质。

2.4 推行中药企业管理现代化

为了给中药企业创造良好的企业生存和发展的环境与空间，以有效地开发和利用企业的各项资源，必须实行中药企业管理现代化。这也有利于企业经营的顺利开展和经济效益的稳定增长。但中药企业管理现代化包括的内容很多，涉及现代企业制度，现代企业领导，现代企业组织，现代企业人力资源管理，现代企业文化，现代企业经营决策，现代企业经营战略，现代企业生产组织和现代企业质量控制。这是一个系统工程，不容易一下子就做到，但是势在必行。

我国已将中药产业化开发作为支持的重点，将其列入“十五”重大项目。国家计委2001年发布了“现代中药产业化专项实施方案”，开始组织实施现代化中药产业化专项。其目标就是通过实施中药产业全过程中关键环节的高技术产业化示范工程，快速提高现代中药产品在国内外市场的占有率。争取在2005年前，中药产业规模达到产值800亿～1 000亿元，年均递增16%以上，中药产品年出口额达100亿～120亿元，占中药工业产值的10%以上，年均递增20%，计划建设20个中药材种植、加工示范基地，培育20个具有国际竞争力的现代中成药产品，培育20个具有自主知识产权，单品种年销售额可达5亿元以上的现代中成药；示范20项先进单元制造技术及装备，速成10条先进制造技术集成的自动化控制示范生产线；建设10个工程研究中心，显著提高大型中药企业的创新能力。与此同时，国家专利局已在做“增强中药的新优势”的知识产权保护研究。可以相信，未来几年我国的中药产业必将有很大的发展。

【案例分析】

白术的不同炮制方法对临床药效的影响

一、案例简介

白术为菊科植物白术的干燥根茎。冬季下部叶枯黄、上部叶变脆时采挖，除去泥沙，烘干或晒干，再除去须根。味苦、甘而性温。归脾、胃经。功能健脾益气，燥湿利水，止汗，安胎。正如《医学启源》记载白术“除湿益燥，和中益气，温中，去脾胃中湿，除胃热，强脾胃，进饮食，止渴，安胎”；《神农本草经》记载白术“气味甘温，无毒，治风寒湿痹、死肌、痉疸，止汗、除热、消食”；《药性赋》记载白术“味甘，气温，无毒。可升可降，阳也。其用有四：利水道，有除湿之功；强脾胃，有进食之效，佐黄芩有安胎之能，君枳实有消痞之妙”。

白术主治脾虚食少，腹胀泄泻，痰饮，水肿，自汗，胎动不安等病症。补脾胃可与党参、甘草等配伍；消痞满可与枳壳等同用；健脾燥湿止泻可与陈皮、茯苓等同用；治寒饮可与茯苓、桂枝等配伍；治水肿常与茯苓皮、大腹皮等同用；表虚自汗可与黄芪、浮小麦等同用；胎气不安有内热者，可与黄芩等配伍；腰酸者可与杜仲、桑寄生等同用。

现代药理研究发现，白术有抗溃疡、保肝、增强机体免疫功能、抗应激、增强造血功能、利尿、抑制子宫收缩、抗氧化、延缓衰老、降血糖、抗凝血、抗肿瘤等多种药理作用。其与白术健脾益气作用相关的药理作用为调整胃肠运动功能、抗溃疡、保肝、增强机体免疫功能、抗应激、增强造血功能等作用；其燥湿利水功效与利尿作用有关；而安胎功效与抑制子宫收缩作用有关。阴虚燥渴，气滞胀闷者忌服。

白术的炮制不同，功效也有所不同。临床常用的白术炮制方法有：

(1)生白术　即将白术拣净杂质，用水浸泡润透后捞出，切片，晒干。生白术长于健脾、通便。生白术用于通便时，常与枳实同用。

(2)炒白术　又名制白术，先将一份麸皮撒于热锅内，等有烟冒出时，再将十份白术片倒入微炒至淡黄色，取出，筛去麸皮后放凉。炒白术善于燥湿。

(3)焦白术　将白术片置锅内用武火炒至焦黄色，喷淋清水，取出晾干。焦白术以温化寒湿，名焦术、白术炭，以收敛止泻为优。

(4)土炒白术　取一份灶心土(伏龙肝)研为细粉，置锅内炒热，加入五份白术片，炒至外面挂有土色时取出，筛去泥土，放凉。土炒白术以健脾和胃、止泻止呕为著。

二、案例分析

药物的功效虽然有它本身的性味来决定，但随着炮制方法的不同，火候的掌握，以及加入辅料性质的不同、配伍的不同，药物的药性也随之发生改变。这样不但增强了药物的疗效，扩大了药物的治疗范围，能更好地适应比较复杂的病情。同时也提升了药物的附加值。因此，在临床治疗疾病过程中，要根据具体疾病性质的不同，灵活掌握选择每一味药物，发挥其治疗效果。

【技能训练】

技能训练一　中药采集

【技能目标】

1. 熟悉常用中药的生长环境及采收时机，掌握中药采集的方法及注意事项。

2. 能够识别常用中药的形态、特征、颜色，明确入药部位。

【材料用具】药锄、枝剪、柴刀等采集用工具；标本架、草纸、麻绳等若干；资料单、技能单人手1份，笔记本人手1本，数码相机1台。

【方法步骤】结合当地情况，本次实训安排在中药讲授前或讲授中进行。以班级为单位，由教师和实验员带领学生在野外进行。识别采集10种以上当地的药用植物，并进行观察，选择性地制作标本。

【注意事项】实训过程中，切实做好安全防范工作。实训前，教师要作考察准备，并根据当地药用植物的分布情况，拟定实训计划、资料单、技能单，选择最佳时机。有代表性地采集根、茎、花、叶、果实、种子、全草。

【分析讨论】

如何合理采集中药？采集时注意什么？（学生分组讨论，教师作出总结）。

【作业】

写出实训报告。

技能训练二　中药炮制(1)

【技能目标】

1. 进一步明确中药炮制的意义。

2. 掌握炒、炙、炮、煨等常用炮制方法。

【材料用具】

(1)药材　莱菔子200 g，地榆200 g，白术600 g，山楂200 g，党参200 g，黄芩200 g，鸡内金200 g，黄柏200 g，净草果仁200 g，香附200 g，甘草200 g，干姜200 g，诃子300 g。

(2)辅料　麦麸1 kg，大米1 kg，灶心土2 kg，河沙2 kg，蛤粉2 kg，滑石粉2 kg，食用醋1 kg，食盐1 kg，黄酒1 kg，生姜1 kg，蜂蜜1 kg，植物油1 kg，面粉1 kg。

(3)用具　火炉4个，木炭10 kg，铁锅及锅铲4套，铁网药筛4只，带盖瓷盘8只，搪瓷量杯8只，脸盆4个，量杯4只，天平4台，棕刷子4把，火钳4把，乳钵4套，笔记本人手1本，技能单人手1份。

【内容与方法】

指导老师示范后，将学生分成4组，按照下述方法依次轮流进行，操作过程切实做好安全工作。

1. 清炒

(1)炒黄　取净莱菔子50 g置热锅中，用文火加热，不断翻动，炒至微鼓，并有爆裂声和香气时取出，放凉，用时捣碎。

(2)炒焦　焦白术：取净白术片 50 g 置热锅中，用中火加热，不断翻动，炒至表面焦黄色，内部微黄，并有焦香气味时取出，放凉；焦山楂：取净山楂 50 g 置热锅中，用中火炒至外表焦褐色，内部焦黄色，取出放凉。

(3)炒炭　取净地榆片 50 g 置热锅中，用武火加热，不断翻动，炒至表面焦黑，内部焦黄色，取出，放凉。注意掌握火候，做到炒炭存性。

2. 加辅料炒

(1)麸炒　取麸皮 5 g，撒在热锅中，加热至冒烟时，放入净白术片 50 g，迅速翻动，炒至白术表面呈黄褐色或色变深时，取出，筛去麸皮，放凉。

(2)土炒　先将碾细筛过的灶心土 0.5 kg 置于热锅内，用中火加热炒动，使土粉呈松活状态后，倾入白术片 50 g，并不断地翻动，炒至白术片表面挂土，并透出土香气时取出，筛去土粉，放凉。

(3)沙炒　先将纯净中粗河沙 0.5 kg 置于热锅内，用中火加热炒动至干，加入 1%～2%的植物油，武火加热，拌炒至河沙色泽均匀，滑利而易于翻动，倾入净鸡内金 50 g，分散投入炒至滑利容易翻动的沙中，不断翻动，至发泡蜷曲，取出筛去沙放凉。

(4)蛤粉炒　先将蛤粉 0.5 kg 置于热锅内，用中火加热，炒至蛤粉松活时，倾入经文火烘软切制的阿胶 50 g，并不断翻动，炒至阿胶鼓起呈圆球形，内无溏心时取出，筛去蛤粉，放凉。

3. 炙

(1)酒炙　先取净黄芩片 50 g 与 10 mL 黄酒拌匀，放置闷透，待酒被药吸干后，置锅内用文火加热，炒干或炒至棕褐色，取出，也可以先将药物炒至一定程度，再喷洒定量的黄酒，炒干，取出。前者多用于质地坚实的根茎类药材，后者则用于质地疏松的药材。

(2)醋炙　先取净香附片 50 g 与 10 mL 醋充分拌匀，放置闷透，待醋被药吸干后，置锅内用文火炒至颜色变深时取出，晾干。对树脂类药材则应先炒，再喷洒定量的米醋，炒至微干，起锅后继续翻动，摊开放凉。

(3)盐炙　先取食盐 1 g 加适量水溶化，与净黄柏丝或片 50 g 拌匀，放置闷透，待盐水被药物吸尽后，置锅内用文火炒干取出，放凉。个别的先将净药材放锅内，边拌炒边加盐水。盐炙法火力宜小，要控制恰当火力，以免水分迅速蒸发，造成食盐黏附在锅上，而达不到盐炙的目的。

(4)姜汁炙　先取生姜 5 g 洗净，切片捣碎，加适量清水，压榨取汁，残渣再加水共捣，压榨取汁，反复 2～3 次，合并姜汁约 5 mL；再取净草果仁 50 g，加入姜汁拌匀，并充分闷透，置锅内用文火炒干至姜汁被吸尽呈深黄色，稍有裂口时取出，晾干。

(5)蜜炙　先将炼蜜 13 g 左右，加适量沸水稀释后，加入净甘草 50 g 拌匀，放置闷透，置锅内用文火炒至深黄色，不黏手时取出摊晾，放凉后及时收贮。

4. 炮

取干姜 50 g，细沙 200 g，先将细沙置锅中炒热，然后加入干姜，炒至干姜色黄鼓起，筛去沙即成。

5. 煨

取净诃子 75 g，并逐个用和好的湿面团包住，放置在火口旁(或柴草火炭中)，煨至面皮焦黄为度，剥去面皮，轧裂取出诃子放凉。

应掌握好文火、中火、武火的运用和审视药物黄、焦、黑等炒炙的程度，对实训中出现的太过或不及者，应及时予以指导纠正。同时，还应注意用火安全。

【观察结果】

观察所炮制的药物，是否符合要求。

【分析讨论】

分析讨论炮制药物的目的意义，操作方法是否恰当。

【作业】

写出地榆炭、土炒白术、盐炙黄柏、蜜炙甘草、煨诃子的炮制过程。

技能训练三　中药炮制(2)

【技能目标】

1. 进一步熟悉中药炮制方法。

2. 掌握水飞、煅、煅淬、制霜等常用炮制方法。

【材料用具】

(1)药材　炉甘石 200 g，自然铜 200 g，生石膏 600 g，巴豆 200 g。

(2)辅料　食醋 1 kg，萝卜 0.5 kg，面粉 1 kg，麦麸 3 kg，淀粉 500 g。

(3)用具　火炉、木炭、铁锅、锅铲、火钳、瓷量杯、天平等数量同实训二。铁碾槽 1 套，乳钵 4 套，烧杯 8 只，小盖锅 4 只，坩埚 4 只，草纸若干张，笔记本人手 1 本，技能单人手 1 份。

【内容与方法】

指导老师示范后，将学生分成 4 组，按照下述方法进行实训操作。

1. 水飞

将炉甘石碾碎，置乳钵内，加适量清水，研磨成糊状，再加水搅拌，待粗粉下沉时，倾出上层混悬液，下沉的粗粉再进行研磨、沉淀、倾出，如此多次反复，至研细为止，最后弃去杂质。将多次取得的混悬液合并静置，待完全沉淀后，倾去上清液，沉淀物干燥后，研为极细末。

2. 煅

取生石膏 100 g 放在无烟的炉火上或置适宜的容器内，煅至酥脆或红透时，取出，放凉，碾碎。含有结晶水的盐类药物，不要求煅红，但须使结晶水蒸发尽，或全部形成蜂窝状的块状固体。

3. 煅淬

取自然铜 50 g 置坩埚内，入在炉火中煅至红透时，取出立即放入盛有食醋的瓷烧杯中，淬酥，取出，干燥，打碎或研粉。用醋量一般为自然铜的 30%，在反复煅淬中，使醋液被药材吸尽，其他药材煅制所用淬液种类和数量，则应视药物性质和炮制的目的而定。

4. 制霜

取巴豆暴晒，搓去壳，将净巴豆仁碾碎如泥状，细纸包裹后，夹于数层草纸中，置炉台上烘热，压榨除去大部分油脂。并反复几次即成。

对于本次实训内容，指导教师可根据实际情况，灵活掌握，以教方法为主。实训场地最好选择宽敞明亮、通气良好的地方，要注意防火。

【观察结果】

观察所炮制的药物，是否符合要求。

【分析讨论】

分析讨论药物炮制的成败经验，炮制过程中的注意事项。

【作业】

写出飞炉甘石、煅石膏的炮制过程和要领。

技能训练四　中药栽培(1)

【技能目标】

使学生初步掌握常用中药的栽培种植方法。

【材料用具】

一块翻耕过的地块；锄、锹、耙等工具齐备；肥料；中药种子或种苗；技能单人手1份，笔记本人手1本。

【方法步骤】

(1)整地　结合所种植中药的生长习性，选好地块，并进行平整、碾压、加埂、施肥，根据当地气候、土壤条件和所种植中药的种类确定作畦或作垄。

(2)分组种植　将选好的种子、块茎、枝条分别进行种子繁殖和营养繁殖(分株繁殖、压条繁殖、插枝繁殖和嫁接繁殖)。根据种子的大小，掌握好播种的深度，按不同的中药进行撒播、条播或点播。以植株的大小，掌握好播种的密度。

【注意事项】

本次实训安排在春季、秋季进行，种植前教师编印资料单和技能单，做好选种等准备工作。要求学生做好记录。

【分析讨论】

分析种植的方法是否正确？种植应注意什么问题？(学生分组讨论，教师作出总结)。

【作业】

写出实训报告。

技能训练五　中药栽培(2)

【技能目标】

初步掌握中药栽培中田间管理的方法。

【材料用具】

已种植的中药地块；田间管理用的各种工具；技能单人手1份，笔记本人手1本。

【方法步骤】

选择适当的时机，以班为单位分组进行。实训中根据已种植的中药生长情况，选定培土、间苗定苗、摘蕾打顶、搭棚架、追肥、灌溉与排水、整枝修剪及病虫害防治等项目，按教材要求进行操作。

【注意事项】

根据已种植的中药或本校中药圃栽培的药物情况，教师编印资料单和技能单，选定相应的实训项目，按教材要求进行。

【分析讨论】

分析田间管理的方法是否恰当？应注意什么问题？(学生分组讨论，教师作出总结)

【作业】

写出实训报告。

【考核评价】

【考核方式】

1. 教师带队在野外或校内药圃进行。

2. 选择常用中药在实验室进行。

【考核内容】

1. 识别当地 10 种以上常用中药的形态、特征、颜色，明确入药部位，掌握根、茎、花、叶、果实、种子、全草等有代表性中药的采集方法及注意事项。

2. 正确运用炒、炙、炮、煨、煅等方法，有目的地进行中药炮制，达到实训目标所要求的标准。

【评价标准】

正确完成 90％以上考核内容为优秀；正确完成 80％以上考核内容为良好；正确完成 60％以上考核内容为及格；完成不足 50％考核内容为不及格。

【知识链接】

1. 程惠珍，杨智．中药材规范化种植养殖技术．中国农业出版社，2007.6.

2. 中药材生产质量管理规范(试行)(局令第 32 号)．2002.3

Project 2

各论

学习目标

1. 理解各类中药的概念、共性及使用注意事项。
2. 掌握常用中药的性味、功效、主治及配伍应用。
3. 了解中药免疫作用及中草药饲料添加剂的基本知识，初步掌握中草药饲料添加剂在畜牧生产中的应用。

【学习内容】

任务七　解表药

凡以发散表邪，解除表证为主要功效的药物，称为解表药。

解表药大多辛散轻宣，主入肺与膀胱经，具有发汗、解肌、开泄腠理的作用，适用于外感初期病邪在表的病证，症见发热恶寒，肢体疼痛，有汗或无汗，苔薄白，脉浮等外感表证。此外，某些解表药兼有宣肺平喘、透发痘疹、利水消肿、祛风胜湿等作用。

根据解表药的性能和功效，本类药可分为辛温解表药和辛凉解表药两类。

现代药理研究表明，解表药具有发汗、解热、镇痛、解痉、健胃、利尿、止咳、祛痰、抗菌或抗病毒等作用。

使用解表药时，应注意以下几点事项：

(1)发汗不宜过度，中病即止，以免发汗太过而耗伤津液，导致亡阳或亡阴。

(2)对大泻、大汗、大失血的病畜应慎用。

(3)体虚病畜应慎用，或配合补益药以扶正祛邪。

(4)炎热季节，动物机体腠理疏松，容易出汗，用量宜轻；病畜发热无汗，或寒冬季节，用量宜重。

(5)解表药多属辛散轻扬之品，不宜久煎，以免有效成分挥发而降低疗效。

一、辛温解表药

本类药物性味多为辛温，发散作用较强，常用于外感风寒出现的恶寒颤栗、发热无汗、耳鼻发凉、口不渴、苔薄白、脉浮紧或脉浮缓等风寒表证。部分药物还可以治疗风热表证、水肿、咳喘、麻疹、风湿痹痛及疮疡等。

麻黄(麻黄草)

为麻黄科植物草麻黄、中麻黄或木贼麻黄的干燥草质茎(图 2-1)。除去木质茎、残根及杂质，切段生用或蜜炙用。主产于山西、内蒙古、甘肃等地，以山西大同产者为佳。

【性味归经】温，辛、微苦。入肺、膀胱经。

【功效】发汗散寒，宣肺平喘，利水消肿。

【主治】外感风寒，咳喘，关节肿痛，水肿等。

【用量】马、牛 15～30 g；猪、羊 3～10 g；犬 3～5 g。

【附注】麻黄辛散，苦降温通，有发汗、平喘、利尿之功，为治风寒表证、肺实咳喘的要药。临诊配伍应用：①本品发汗作用较强，是辛温发汗的主药，适用于外感风寒引起的恶寒颤栗、发热无汗等，常与桂枝相须为用，以增强发汗之力，如麻黄汤。②能宣畅肺气，有较强的平喘作用。用于感受风寒、肺气壅遏所引起的咳嗽、气喘，常与杏仁、甘草等同用；对于热邪壅肺所致的咳嗽、气喘，则常与石膏、杏仁

图 2-1　麻黄

等配伍，如麻杏石甘汤。③又能利水，适用于水肿实证而兼有表证者，常与生姜、白术等同用。

麻黄根：性平，味甘。入肺经。专功止汗。无论气虚自汗、阴虚盗汗，均可应用。具有使心脏收缩减弱，血压下降，末梢血管扩张等作用。

【主要成分】含麻黄碱、假麻黄碱等多种生物碱，以及挥发油等。

【药理研究】①麻黄碱能松弛支气管平滑肌，且其作用较缓和而持久，并有兴奋心脏、收缩血管、升高血压及兴奋中枢神经等作用；②假麻黄碱有显著的利尿作用，并能缓解支气管平滑肌痉挛；③挥发油具有解热、降温和发汗作用，并对流感病毒有抑制作用。

【药性歌诀】麻黄辛温，发汗散寒，利水消肿，宣肺平喘；

风寒表实，水湿肿满，咳喘痹痛，阴疽结痰。

桂枝(桂尖)

为樟科植物肉桂的干燥嫩枝(图 2-2)。切成薄片或小段后入药。主产于广西、广东、云南等地，尤以广西为多。

【性味归经】温，辛、甘。入心、肺、膀胱经。

【功效】发汗解肌、温通经脉，助阳化气。

【主治】外感风寒，水肿，风寒湿痹等。

【用量】马、牛 15～45 g；猪、羊 3～10 g；犬 3～5 g；兔、禽 0.5～1.5 g。

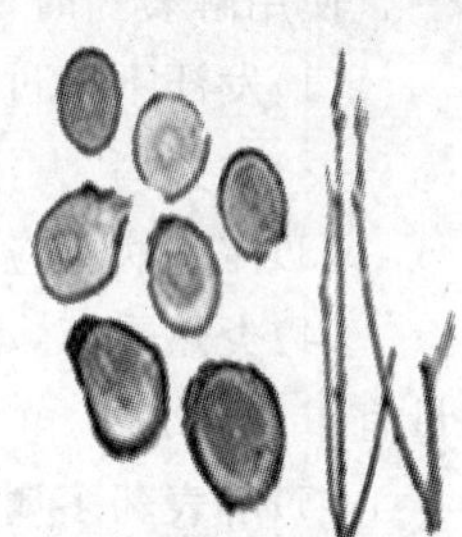

图 2-2　桂枝

【附注】桂枝辛能发散，甘温助阳，能温通一身之阳气，善于解肌发汗，温通血脉，为治风寒表证，水湿内停的要药。临诊配伍应用：①本品善祛风寒，其作用较为缓和，可用于风寒感冒、发热恶寒，不论无汗或有汗均可使用。如治风寒表证，发热无汗，常与麻黄等同用，可促使发汗；用治感受风寒、表虚自汗等，则常与白芍等配伍，并具有调和营卫的作用，如桂枝汤。②温经散寒，通痹止痛。配附子、羌活、防风等，治寒湿痹痛，尤其是前肢关节、肌肉的麻木疼痛，常作为前肢的引经药。③善通阳气，化阴寒。对于脾阳不振，水湿内停而致的痰饮等，常配茯苓、白术等；若膀胱失司，尿不利，则可用桂枝协助利水药以利尿，常和猪苓、泽泻等配伍，如五苓散。

【主要成分】含有挥发油 0.2%～0.9%，主要是桂皮醛和桂皮油，其中桂皮醛占 70%～80%。

【药理研究】①桂皮醛能刺激汗腺分泌，扩张皮肤血管，并通过发汗而散热。桂皮油能促进唾液及胃液分泌，帮助消化，故有健胃作用。此外，还能解除内脏平滑肌痉挛，故又能缓解腹痛。②乙醇浸出液在体外可抑制炭疽杆菌、金黄色葡萄球菌、沙门氏菌等。煎剂在试管内对金黄色葡萄球菌、伤寒杆菌等有显著的抑制作用。

【药性歌诀】桂枝辛温，发汗解肌，温经散寒，通阳化气；

肩胛痹痛，风寒表虚，胸痹痰饮，癥瘕经闭。

防风(屏风)

为伞形科植物防风的干燥根(图 2-3)。切片生用或炒用。主产于黑龙江、吉林、内蒙古、辽宁等地。

【性味归经】微温，辛、甘。入膀胱、肝、脾经。

【功效】祛风解表，祛湿解痉。

【主治】外感表证，风寒湿痹，破伤风等。

【用量】马、牛 15～60 g；猪、羊 5～15 g；犬 3～8 g；兔、禽 3～5 g。

图 2-3 防风

【附注】防风祛风，辛温甘缓，为治风通用之品，兼能胜湿解痉，为治风寒感冒、风湿痹证及破伤风等之要药。临诊配伍应用：①本品能散风寒，其性甘缓不燥，善于通行全身，是一味祛风的要药。常与荆芥、羌活、前胡等配伍，用于治疗风寒感冒，如荆防败毒散。②祛风湿而止痛，适用于风寒湿邪侵袭所致的风湿痹痛，常与羌活、独活、附子、升麻等配伍，如防风散。③有祛风解痉之效，但力量较弱。常配天南星、白附子、天麻等，治疗破伤风。

【主要成分】含挥发油、香豆素、色原酮、聚炔、多糖、有机酸等。

【药理研究】①煎剂和浸剂有解热、镇痛作用。②新鲜汁对绿脓杆菌及金黄色葡萄球菌有一定的抑制作用；煎剂对多种痢疾杆菌、溶血性链球菌有不同程度的抑制作用。

【药性歌诀】防风甘温，祛风止痛，散风通窍，止痒杀虫；

额窦鼻咽，鼻渊头风，麻风痒疮，齿痛痹证。

荆芥

为唇形科植物荆芥的全草或花穗（图 2-4）。切段生用、炒黄或炒炭用。主产于江苏、浙江、江西等地。

【性味归经】温，辛。入肺、肝经。

【功效】祛风解表，透疹疗疮，止血。

【主治】外感表证，风疹，湿疹，便血、衄血等。

【用量】马、牛 15～60 g；猪、羊 5～10 g；犬 3～5 g；兔、禽 3～5 g。

图 2-4 荆芥

【附注】荆芥辛而不烈，温而不燥，性较平和。既散风寒，又疏风热，并能解痉，为治外感风寒、风热之要药。炒炭则能止血，用于鼻衄、便血等证。临诊配伍应用：①本品轻扬、芳香而散，既有发汗解表之力，又能祛风，其作用较为缓和，无论风寒、风热均可应用。如配防风、羌活等，治风寒感冒；配薄荷、连翘等，治风热感冒。②炒炭能入血分而有止血作用。可用于衄血、便血、尿血、子宫出血等，常配伍其他止血药。③荆芥还有透疹、疗疮、解痉的作用。

【主要成分】含右旋薄荷酮、消旋薄荷酮及少量右旋柠檬烯等挥发油。

【药理研究】①煎剂或浸剂，对实验性动物发热具有解热作用。②能促进皮肤血液循环，增强汗腺分泌以及缓解平滑肌痉挛。③煎剂体外对金黄色葡萄球菌有较强的抑制作用。④荆芥炭能缩短出血和凝血的时间。

【药性歌诀】荆芥辛温，解表祛风，透疹消疮，止血炭用；

寒热感冒，疮疡咽痛，疹癣血晕，吐衄便崩。

紫苏

为唇形科植物紫苏的干燥叶（图 2-5）。切细生用。茎单用名苏梗，种子亦入药，名苏子。

全国各地均产。

【性味归经】温,辛。入肺、脾经。

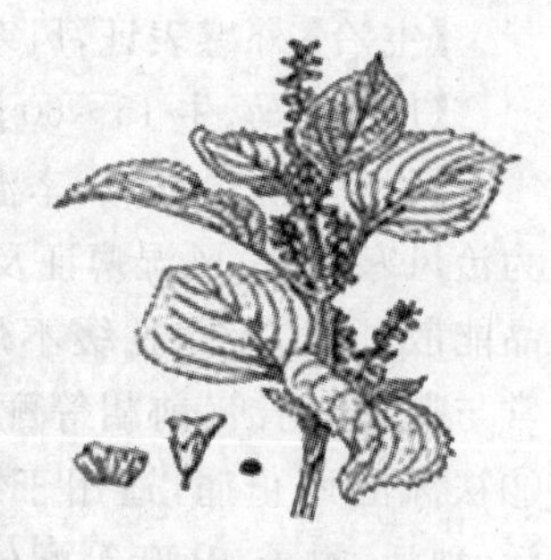
图 2-5 紫苏

【功效】发散表寒,行气和胃。

【主治】外感风寒,脾胃气滞,呕吐等。

【用量】马、牛 15～60 g;猪、羊 5～15 g;犬 3～8 g;兔、禽 3～5 g。

【附注】紫苏辛散风寒,行气宽中,还可安胎,适用于风寒表证、脾胃气滞和胎动不安等病证。临诊配伍应用:①本品能发散风寒,开宣肺气,发汗力较强。常与杏仁、前胡、桔梗等同用,治疗风寒感冒兼有咳嗽者。②本品气味芳香,能行气醒脾。用于脾胃气滞引起的肚腹胀满,食欲不振,呕吐等,常配伍藿香等。

【主要成分】全草含挥发油约 0.5%,内含紫苏醛约 55%,左旋柠檬烯 30%及 α-蒎烯少量;非挥发性成分中含有精氨酸和葡萄糖苷等。

【药理研究】①煎剂能扩张皮肤血管,刺激汗腺分泌,故能发汗解热。此外,还可促进消化液的分泌和增强胃肠蠕动,以及减少支气管分泌物,缓解支气管痉挛。②紫苏酮有较强的防腐作用。③水浸液在体外对葡萄球菌、痢疾杆菌、大肠杆菌等均有抑制作用。

【药性歌诀】紫苏叶温,发汗散寒,行水宽中,利肺消痰;

风寒感冒,呕恶胸满,喘嗽胎动,鱼蟹毒解。

细辛

为马兜铃科植物北细辛、汉城细辛或华细辛的全草(图 2-6)。切段生用或蜜炙用。主产于辽宁、吉林、陕西、山东、黑龙江等地。

【性味归经】温,辛。入心、肺、肾经。

图 2-6 细辛

【功效】发散表寒,祛风止痛,温肺化痰。

【主治】外感风寒,风湿痹痛,气逆咳喘等。

【用量】马、牛 10～15 g;猪、羊 1.3～5 g;犬 0.8～1.5 g。

【附注】细辛温散风寒,通窍止痛,多用于风寒感冒、鼻塞不通、风湿痹痛、肺寒咳喘等证。临诊配伍应用:①本品既能疏散外风,又可驱逐里寒。用治风寒感冒,尤其对阳虚而又感受寒邪的病畜更为适宜。多与麻黄、附子等配伍。②辛散温通,既可发散风寒,又有较强的止痛作用。常用于风寒湿邪所致的风湿痹痛,多与羌活、川乌等配伍。③温肺散寒而化痰饮。主要用于肺寒气逆,痰多咳喘等,多与干姜、半夏等配合。

【主要成分】含蒎烯、甲基丁香酚、细辛酮等挥发油。

【药理研究】①小剂量挥发油有镇静作用,其水煎剂还有镇痛、镇咳和解热作用;大剂量的挥发油可使动物最初引起兴奋,继则出现麻痹、随意运动及呼吸运动逐渐减弱、反射消失,终因呼吸麻痹而死亡。②有局部麻醉作用和对子宫有抑制作用。③体外试验对革兰氏阳性菌、痢疾杆菌及伤寒杆菌等,有显著抑制作用。

【药性歌诀】细辛辛温,温肺化痰,祛风止痛,利窍散寒;

阴虚感冒,痰饮咳喘,齿痛口疮,鼻痛鼻渊。

白芷(香白芷)

为伞形科植物白芷或杭白芷的干燥根(图 2-7)。切片入药。主产于四川、东北、浙江、江西、河北等地。

【性味归经】温,辛。入肺、胃经。

【功效】祛风止痛,消肿排脓,通鼻窍。

【主治】风寒感冒,风湿痹痛,疮黄肿痛等。

【用量】马、牛 15～30 g;猪、羊 5～10 g;犬、猫 3～5 g。

【附注】白芷辛温芳香,辛能发散,温可除寒,芳香通窍,故能散风寒,化湿浊,通鼻窍。为治风寒引起的头痛、牙疼、鼻塞等头面诸痛之要药。临诊配伍应用:①本品能发散风寒,祛风止痛。配羌活、防风、蔓荆子等,治风寒感冒;配独活、桑枝、秦艽等,治风湿痹痛。②散结消肿,排脓止痛。用于疮黄肿痛,初起能消散,溃后能排脓,为外科常用之品。如配瓜蒌、贝母、蒲公英等,治乳痈初起;若脓成而不溃破者,与金银花、天花粉、穿山甲、皂角刺同用。③其性上行,善通鼻窍。多用于鼻炎、副鼻窦炎等,常与辛夷、苍耳子、薄荷等配伍。

图 2-7 白芷

【主要成分】含白芷素、白芷醚、白芷毒素及挥发油等。

【药理研究】①少量白芷毒素可以兴奋呼吸中枢、血管运动中枢、迷走神经中枢及脊髓,出现呼吸增强,血压上升,脉搏徐缓及反射亢进,并见唾液分泌增加,甚至呕吐;大量则发生惊厥、麻痹。②体外试验对大肠杆菌、痢疾杆菌、伤寒杆菌、绿脓杆菌等有抑制作用。

【药性歌诀】白芷辛温,解表祛风,止痛燥湿,通窍排脓;

风寒感冒,齿痛头痛,带下久泻,鼻渊痈肿。

辛夷

为木兰科植物望春花、玉兰或武当玉兰的干燥花蕾(图 2-8)。捣碎生用或炒炭用。主产于河南、安徽、四川等地。

【性味归经】温,辛。入肺、胃经。

【功效】散风寒,通鼻窍。

【主治】风寒鼻塞,脑颡鼻脓。

【用量】马、牛 15～45 g;猪、羊 5～15 g;犬 3～8 g。

【附注】辛夷辛散温降,散风邪,通鼻窍,常用于风寒感冒,脑颡等证。临诊配伍应用:本品能祛风散寒,其性升散,引诸药上行,善通鼻窍,为治鼻病的要药。常配知母、黄柏、沙参、木香、郁金等,用治感冒鼻塞、脑颡流鼻等证,如辛夷散。

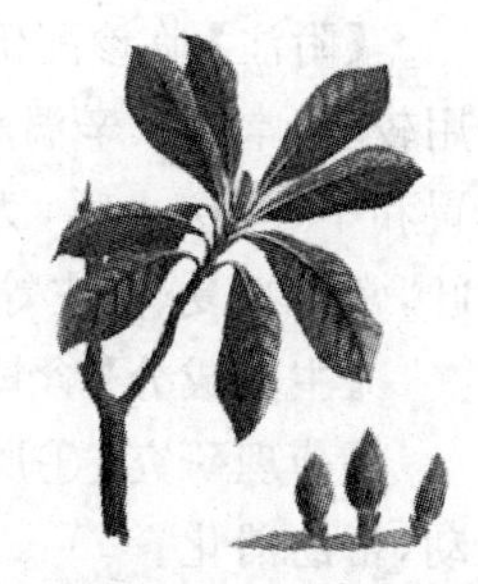

图 2-8 辛夷

【主要成分】含挥发油、生物碱和木脂素类等。

【药理研究】①有镇痛、镇静及收缩鼻黏膜血管的作用。②有降压和收缩子宫的作用。③对皮肤真菌有抑制作用。

【药性歌诀】辛夷微温,祛风散寒,善通鼻窍,局部收敛;

齿痛头痛,寒热鼻渊,额窦鼻窍,诸肿鼻炎。

苍耳子

为菊科植物苍耳的干燥成熟带总苞的果实(图 2-9)。生用或炙用。主产于山东、安徽、江苏、湖北等地。

【性味归经】温,甘、苦。有小毒。入肺经。

【功效】发汗通窍,祛风除湿。

【主治】风寒感冒,脑颡鼻脓。

【用量】马、牛 15～45 g;猪、羊 3～15 g;兔、禽 1～2 g。

【附注】苍耳子祛风湿,通鼻窍,解疮毒,常用于风湿肿痛、脑颡、疮疡瘙痒等病证。临诊配伍应用:①本品祛风通窍,常用治风寒感冒、鼻窍不通、浊涕下流、脑颡流鼻等,多与辛夷、白芷、薄荷等同用。②祛风湿兼能止痛,治风湿痹痛,常与威灵仙、苍术、羌活等配伍。此外,还可用于皮肤湿疹瘙痒等证。

图 2-9　苍耳子

【主要成分】含苍耳苷、脂肪油、维生素 C、生物碱、蛋白质等。

【药理研究】①对金黄色葡萄球菌有抑制作用。②苍耳果实含苷类物质,使血糖急剧下降而惊厥甚至死亡。③苍耳子有毒成分为苍耳子苷、生物碱、毒蛋白等,主要损害肝脏。

【药性歌诀】苍耳子温,祛风止痛,散风通窍,止痒杀虫;
额窦鼻炎,鼻渊头风,麻风痒疮,齿痛痹证。

生姜

为姜科植物姜的新鲜根茎(图 2-10)。切片生用或煨熟用。我国各地均产。

【性味归经】微温,辛。入脾、肺、胃经。

【功效】发散表寒,温中止呕,解毒。

【主治】外感风寒,胃寒呕吐。

【用量】马、牛 15～60 g;猪、羊 5～15 g;犬、猫 1～5 g;兔、禽 1～3 g。

【附注】临诊配伍应用:①本品能发散在表之寒,但其发汗作用较弱,常加入辛温解表剂中,可增强发汗效果,如桂枝汤。②温胃和中,降逆止呕,为止呕之要药,可用于呕吐诸证。治胃寒呕吐,常与半夏、陈皮等同用。③可以解半夏、天南星之毒。

图 2-10　生姜

【主要成分】含挥发油、树脂及淀粉等。

【药理研究】①所含挥发油能促进外周血液循环而致发汗。②能增加胃液分泌及肠管蠕动,帮助消化。

【药性歌诀】生姜微温,温中止呕,发汗解表,温肺解毒;
风寒表证,寒热呕吐,鱼药毒腥,肺寒痰嗽;
姜皮行气,水肿可投,中寒腹痛,煨姜可救。

二、辛凉解表药

薄荷

为唇形科植物薄荷的干燥全草(图 2-11)。切段生用。主产于江苏、江西、浙江等地。

【性味归经】凉,辛。入肺、肝经。

【功效】疏散风热,清利头目。

【主治】风热感冒,目赤肿痛,咽喉肿痛等。

【用量】马、牛 15～45 g;猪、羊 5～10 g;犬 3～5 g;兔、禽 0.5～1.5 g。

图 2-11 薄荷

【附注】薄荷辛能发散,凉能清热,善于疏散上焦风热,清头目,利咽喉,为治外感风热、咽喉肿痛之要药。临诊配伍应用:①本品轻清凉散,为疏散风热的要药,有发汗作用,治风热感冒,常配荆芥、牛蒡子、金银花等辛凉解表药,如银翘散。②善于疏散上部之风热,用于风热上犯所致的目赤、咽痛等,常与桔梗、牛蒡子、玄参等同用。

【主要成分】新鲜薄荷含挥发油 0.8%～1%,干茎叶含 1.3%～2%。主要为薄荷醇、薄荷酮、莰烯、柠檬烯和蒎烯等。

【药理研究】①少量内服能兴奋中枢神经,使皮肤血管扩张,促进汗腺分泌,故能发汗解热。②可促使咽喉部黏膜局部血管收缩,减轻肿胀和疼痛。③外用能麻痹神经末梢,止痛、止痒。(4)煎剂对人型结核杆菌有抑制作用,对伤寒杆菌亦有明显的抑制作用。

【药性歌诀】薄荷辛凉,清上利咽,疏风散寒,透疹疏肝;
头痛目赤,风热外感,咽痛气滞,疹透迟缓。

柴胡

为伞形科植物柴胡或狭叶柴胡的干燥根(图 2-12)。前者习称北柴胡,后者习称南柴胡。切片生用或醋炒用。北柴胡主产于辽宁、甘肃、河北、河南等地;南柴胡主产于湖北、江苏、四川等地。

【性味归经】微寒,苦。入肝、胆、心包、三焦经。

【功效】和解退热,疏肝理气,升阳举陷。

【主治】外感发热,寒热往来,久泻脱肛,子宫脱垂等。

【用量】马、牛 15～45 g;猪、羊 5～10 g;犬 3～5 g;兔、禽 1～3 g。

图 2-12 柴胡

【附注】柴胡苦平,可升可散,善解半表半里之邪,又能疏肝理气,升举清阳,为治邪入少阳、肝郁不舒、中气下陷等证的要药。临诊配伍应用:①本品轻清升散,退热作用较好,为和解少阳经之要药。常与黄芩、半夏、甘草等同用,治疗寒热往来等证。②性善疏泄,具有良好的疏肝解郁作用,是治肝气郁结的要药。配当归、白芍、枳实等,治疗乳房肿胀、胸胁疼痛等。③长于升举清阳之气,适用于气虚下陷所致的久泻脱肛、子宫脱垂等,常配伍黄芪、党参、升麻等，如补中益气汤。

【主要成分】含挥发油、有机酸、植物甾醇等。

【药理研究】①有解热、镇静、镇痛、利胆和抗肝脏损伤的作用。②对疟原虫、结核杆菌、流感病毒有抑制作用。③柴胡注射液、复方柴胡注射液可治疗感冒、流感等。

【药性歌诀】柴胡苦凉，疏肝升阳，透表邪热，利胆滑肠；

感冒疟疾，少阳邪伤，胁痛经痛，宫垂脱肛。

升麻(周麻)

为毛茛科植物大三叶升麻、兴安升麻或升麻的干燥根茎(图 2-13)。切片生用或炙用。主产于辽宁、黑龙江、湖南、山西等地。

【性味归经】微寒，甘、辛。入肺、脾、胃、大肠经。

【功效】发表透疹，清热解毒，升阳举陷。

【主治】风热感冒，咽喉肿痛，泻痢，脱肛，子宫脱垂等。

【用量】马、牛 15～30 g；猪、羊 3～10 g；兔、禽 1～3 g。

图 2-13 升麻

【附注】升麻升散上行，既能疏散风邪，又能升举清阳，还可透疹解毒，为治风热表证、中气下陷以及咽喉肿痛的良药。临诊配伍应用：①本品升散力弱，一般表证较少应用，但能透发痘疹，可用于禽痘、羊痘透发不畅等，多与葛根同用。②善解阳明热毒。用于胃火亢盛所致的口舌生疮、咽喉肿痛，多与石膏、黄连配伍。③长于升举脾胃清阳之气。其作用与柴胡相似，适用于气虚下陷所致的久泻脱肛、子宫脱垂等，常与黄芪、党参、柴胡等同用。

【主要成分】含苦味素、微量生物碱、水杨酸、齿阿米素等。

【药理研究】①有解热、镇静、降压及抗惊厥作用。②能兴奋肛门及膀胱括约肌。③对结核杆菌、皮肤真菌、疟原虫有抑制作用。

【药性歌诀】升麻辛凉，发表升阳，清热解毒，透疹疗疮；

龈烂喉痛，斑疹疮疡，热病气降，宫垂脱肛。

蝉蜕(蝉衣)

为蝉科昆虫黑蚱的若虫羽化时脱落的皮壳(图 2-14)。晒干入药。全国各地均产。

【性味归经】寒，甘、咸。入肺、肝经。

【功效】散风热，退目翳，定惊痫。

【主治】外感风热，目赤肿痛，破伤风。

【用量】马、牛 15～30 g；猪、羊 3～10 g。

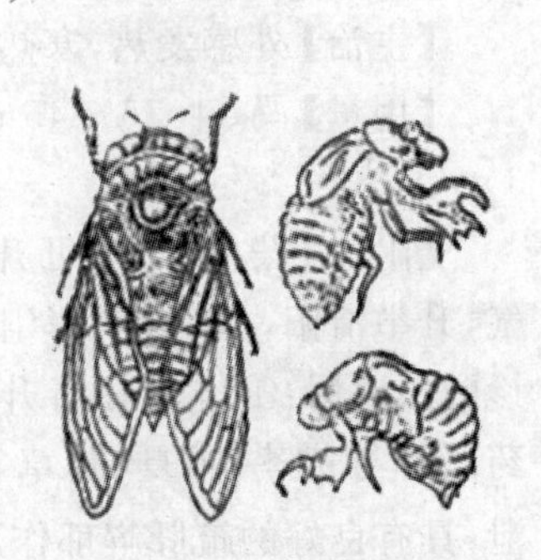

图 2-14 蝉蜕

【附注】蝉蜕甘寒清热，轻浮宣散，有疏散风热，明目退翳，祛风解痉之功效。多用于外感风热、目赤翳障及破伤风等。临诊配伍应用：①本品为疏散风热的主药，用于风热感冒、咽喉肿痛、皮肤瘙痒等证，常与薄荷、连翘等同用。②能退目翳，用治肝经风热所致的目赤、翳障，常与菊花、谷精草、白蒺藜等配伍。③熄内风而定惊痫，如破伤风出现的四肢抽搐，可与全蝎、天南星、防风等同用。

【主要成分】含甲壳质及氮。

【药理研究】动物实验有镇静、阻断神经信号传导、降低横纹肌紧张度的作用。

【药性歌诀】蝉蜕甘寒，入肝肺经，明目退翳，熄风止痉；

麻疹初期，疹出不畅，风热目赤，破伤风证。

葛根(甘葛、干葛)

为豆科植物野葛或甘葛藤的干燥根(图 2-15)。切片晒干，生用或煨用。以浙江、广东、江苏等地产量较多。

【性味归经】凉，甘、辛。入脾、胃经。

【功效】发表解肌，生津止渴，升阳止泻。

【主治】风热表证，热病伤津，脾虚泄泻。

【用量】马、牛 20～60 g；猪、羊 5～15 g；犬 3～5 g；兔、禽 1.3～5 g。

【附注】葛根轻扬升散，有解肌退热，生津止渴，升举清阳的作用，为治温病发热、胃热口渴、脾虚泄泻之良药。临诊配伍应用：①本品能发汗解表，解肌退热，又能缓解颈项强直和疼痛。适用于外感发热，尤善于治表证而兼有项背强硬者，常与麻黄、桂枝、白芍等配伍；若治风热表证，则和柴胡、黄芩等同用。②能升发阳气，鼓舞脾胃阳气上升而止泻。如配党参、白术、藿香等，可治脾虚泄泻。此外，还有透发痘疹的作用，多与升麻配伍。

图 2-15 葛根

【主要成分】含黄酮苷及多量淀粉。

【药理研究】①能增加脑部血管及冠状动脉的血流量。②有一定的退热、镇静和解痉作用。③能降低血糖及具有缓和的降压作用。

【药性歌诀】葛根甘凉，解肌退热，透疹生津，升阳止泻；

热病消渴，泻痢疹疟，表证项强，心脑缺血。

桑叶(霜桑叶)

为桑科植物桑的干燥叶(图 2-16)。生用或蜜炙用。全国各地均产。

【性味归经】寒，苦、甘。入肺、肝经。

【功效】疏风散热，清肝明目。

【主治】风热感冒，肺热咳嗽，目赤肿痛等。

【用量】马、牛 15～30 g；猪、羊 5～10 g；犬 3～8 g；兔、禽 1.5～2.5 g。

【附注】桑叶甘寒清润，散风热，润肺燥，清肝明目，为治风热感冒、燥热肺伤之良药。临诊配伍应用：①本品轻清发散，善治在表之风热和泄肺热，用于外感风热、肺热咳嗽、咽喉肿痛等证，常与菊花、金银花、薄荷、桔梗等配伍，如桑菊饮。②清泻肝火，常用于肝经风热引起的目赤肿痛，多与菊花、决明子、车前子等配合。此外，尚有凉血止血作用。

图 2-16 桑叶

【主要成分】含黄酮苷、酚类、氨基酸、有机酸等。

【药理研究】①具有解热、祛痰和利尿作用。②对伤寒杆菌有明显的抑制作用，并能抑制葡萄球菌生长。

【药性歌诀】桑叶甘寒，润燥凉血，清肝明目，疏风清热；

目赤昏花，肺热燥咳，风热外感，象皮肿捷。

【附药】桑枝

为桑科植物桑的干燥嫩枝。切片生用。主产于广东、浙江等地。

【性味归经】微寒，甘、苦。入肝经。

【功效】清热，祛风通络。

【主治】风湿痹痛证。

【用量】马、牛 30～80 g；猪、羊 15～45 g。

【附注】对风湿热痹在四肢关节者，尤为适宜。因其性善祛风，通利关节，苦寒又能清热，可单味重用（以老桑枝为好），亦可配伍防己、海桐皮、丝瓜络等。此外，常为前肢的引经药。

【主要成分】含丁二酸、鞣质、维生素 B_1 等。

【药理研究】①有显著的降压作用。②桑枝浸出液对家兔及绵羊皆有显著的养毛效果。

【附药】桑白皮

为桑科植物桑的干燥根皮。切丝生用或蜜炙用。主产于浙江、广东、江苏、四川、山东等养蚕地区。

【性味归经】寒，甘。入肺经。

【功效】泻肺平喘，利水消肿。

【主治】肺热咳喘，小便不利，水肿。

【用量】马、牛 15～60 g；猪、羊 6～12 g；兔、禽 1～2 g。

【附注】桑白皮清泻肺热，降气平喘，利水消痰，多用于肺热咳喘、胸腹积水等证。临诊配伍应用：①本品能泻肺热而下气平喘，泻肺行水而消痰。用治肺热咳喘，配地骨皮、甘草，如泻白散。②利水消肿。用治水肿实证、尿不利等证，常与茯苓皮、大腹皮、生姜皮、陈皮配伍，如五皮饮。

【主要成分】除含挥发油、葡萄糖苷、果酸外，还含桑皮素、桑皮色烯素、环桑皮色烯素、桦木酸等。

【药理研究】有一定的降压及利尿作用。

【药性歌诀】桑白皮寒，泻肺平喘，利水消肿，清热化痰；

热痰喘咳，肺气肿满，皮水肿胀，眩晕肾炎。

【附药】桑椹

为桑树成熟的果穗。

【性味归经】性寒，味甘、苦。归肝、肾经。

【功效】滋阴补血、生津止渴、润肠通便。

【主治】阴血亏虚，口渴，肠燥便秘。

菊花(白菊、杭菊)

为菊科植物菊的干燥头状花序(图 2-17)。烘干或蒸后晒干入药。主产于浙江、安徽、河南、四川、山东等地。

【性味归经】微寒,甘、苦。入肺、肝经。

【功效】疏散风热,清肝明目,解毒。

【主治】外感风热,目赤肿痛,疮疡肿毒等。

【用量】马、牛 15～60 g;猪、羊 5～15 g;犬 3～8 g;兔、禽 3～5 g。

【附注】菊花芳香疏泄,甘凉益阴,有疏散风热,清肝明目的功效,常用于风热感冒、目赤肿痛之证。临诊配伍应用:①本品体轻达表,气清上浮,性凉能清热,但疏风力较弱,而清热力较佳。用治风热感冒,多配桑叶、薄荷等,如桑菊饮。②清肝明目。无论因风热或肝火所致的目赤肿痛,均可使用,常与桑叶、夏枯草等同用。③有较强的清热解毒作用,主要用于热毒疮疡,红肿热痛等证,对疮黄肿毒更为适宜,既可内服,又可外用,常与金银花、甘草等配合应用。

图 2-17　菊花

野菊花 为菊科植物野菊的头状花序。性凉,味苦、辛。功效与菊花相似,但清热解毒作用优于菊花,适用于风火目赤、咽喉肿痛、疮痈肿毒等。

【主要成分】含菊苷、腺嘌呤、氨基酸、胆碱、水苏碱、黄酮类等。全草含挥发油。

【药理研究】①有抗菌、消炎、解热和降血压的作用。②对葡萄球菌、链球菌、痢疾杆菌、绿脓杆菌、流感病毒等,均有抑制作用。

【药性歌诀】菊花微寒,明目清肝,解毒利脉,风热疏散;
疮疔目赤,风热外感,真心痛证,阳亢眩晕。

牛蒡子

为菊科植物牛蒡的干燥成熟果实(图 2-18)。生用或炒用。主产于河北、东北、浙江、四川、湖北等地。

【性味归经】寒,辛、苦。入肺、胃经。

【功效】疏散风热,解毒消肿。

【主治】外感风热,咽喉肿痛,疮黄肿毒。

【用量】马、牛 15～30 g;猪、羊 5～15 g;犬、猫 2～5 g。

【附注】牛蒡子疏散风热,利咽消肿,为治外感风热、咽喉肿痛的良药。临诊配伍应用:①本品有疏散风热,清肺利咽之功,适用于外感风热、咽喉肿痛等,常与薄荷、荆芥、甘草等配伍。②解毒消肿。对热毒内盛所致的疮黄肿毒,可与清热解毒药配合应用。

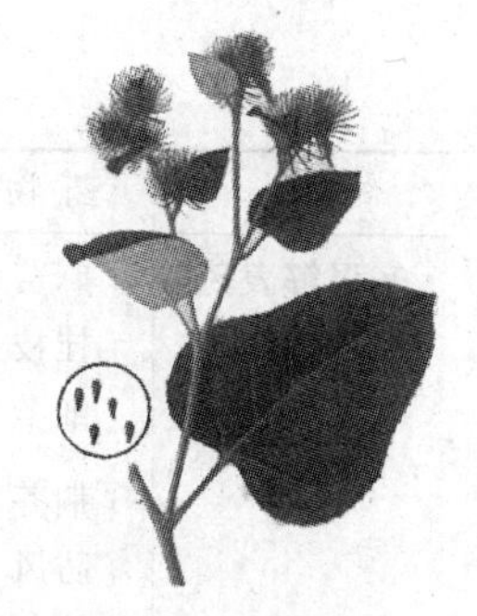

图 2-18　牛蒡子

【主要成分】含牛蒡苷、脂肪油、生物碱及维生素 A、维生素 B 等。

【药理研究】①有利尿、解毒作用。牛蒡叶外用,有消炎、止痛作用。②对金黄色葡萄球菌、皮肤真菌有抑制作用。

【药性歌诀】牛子寒凉,风热能疏,宣透滑肠,清热解毒;
风热便秘,斑疹难透,未溃痈疮,咽痛热嗽。

蔓荆子

为马鞭草科植物蔓荆或单叶蔓荆的干燥成熟果实(图 2-19)。生用、炒用或蒸用。主产于山东、江西、福建等地。

【性味归经】微寒,辛、苦。入肺、膀胱、肝经。

【功效】散风热,清头目。

【主治】目赤肿痛,风湿痹痛。

【用量】马、牛 15～45 g;猪、羊 5～10 g;兔、禽 0.5～2.5 g。

图 2-19 蔓荆子

【附注】蔓荆子气味辛凉,疏散头风,明目去翳,为疏散太阳风热之主药。临诊配伍应用:①本品主散头部风热,适用于目赤多泪等外感风热证,常与防风、菊花、草决明等配伍。②用治风湿痹痛、肢体拘挛等,常与秦艽、防风、木瓜等同用。

【主要成分】含紫花牡荆素、挥发油、生物碱、脂肪油及维生素 A 样物质。

【药理研究】有镇静止痛作用,并能抑制体温中枢而有退热作用。

【药性歌诀】蔓荆子凉,散热疏风,清利头目,除湿止痛;

风热感冒,头痛牙肿,目赤多泪,肢挛痹症。

其他解表药见表 2-1,解表药功能比较见表 2-2。

表 2-1 其他解表药

药名	药用部位	性味归经	功效	主治
芫荽	全草	温,辛。入肺、胃经	发表透疹,开胃消食	痘疹初期,胃寒不食
葱白	茎	温,辛。入肺、胃经	发汗解表,散寒通阳	外感风寒初起,四肢厥冷,阴寒腹痛
淡豆豉	种子	寒,甘、辛、微苦。入肺胃经	疏散风热,解毒去烦	风热感冒

表 2-2 解表药功能比较

类别	药物	相同点	不同点
辛温解表药	麻黄 桂枝 细辛	发散风寒 解表祛风	麻黄辛开苦泄,开腠理而透毛窍,发汗作用较强,且能宣肺平喘,利水消肿;桂枝辛甘温,善于温通经络,通达阳气以解表,发汗之力较缓弱;细辛尚能止痛,温肺化痰
	荆芥 防风 紫苏	解表祛风	荆、防发散之力均不如麻、桂,作用较缓和;荆、防两药相比,则荆芥发汗力较强,炒炭又能止血,防风兼有甘味而不燥,祛风止痛作用较好,紫苏辛温之性大于荆、防,发表散寒之力较强,又能理气和中
	白芷 辛夷 苍耳子	散风寒 通鼻窍	白芷主要散头部风寒而通鼻窍,又能止痛,消肿排脓;辛夷则宣肺而通鼻窍,一般伤风感冒很少用,苍耳子祛风湿又能止痛

续表 2-2

类别	药 物	相同点	不同点
辛凉解表药	生姜 葱白	表散风寒	生姜长于止呕；葱白善于通阳气而散阴寒
	薄荷 牛蒡子 蝉蜕 葛根	疏散风热	薄荷发汗作用较强，牛蒡子次之；薄荷善清头目风热，又能理气消食，牛蒡子长于宣肺利咽，透表解毒；蝉蜕则以定惊去翳见长，葛根还能生津止渴，升阳止泻
	桑叶 菊花	疏散风热 清肝明目	桑、菊疏散之力均不及薄荷；桑叶发散作用要比菊花强，且长于宣肺气而清肺燥；菊花则清肝明目作用强于桑叶，又可解毒
	柴胡 升麻	解表升阳	二者均能升举阳气，但柴胡升举之力不及升麻；柴胡善于和解退热，又能疏肝理气；升麻长于解表透疹，并可解毒

【阅读资料】

表 2-3 常见的解表方

任务八 清热药

凡以清解里热为主要作用的药物，称为清热药。

清热药性属寒凉，具有清热泻火、解毒、凉血、燥湿、解暑等功效，主要用于高热、热痢、湿热黄疸、热毒痈肿、热性出血以及暑热等里热证。

根据清热药的主要性能，可分为以下五类。

(1)清热泻火药　能清气分实热，有泻火泄热的作用。适用于急性热病，症见高热、汗出、口渴贪饮、尿液短赤、舌苔黄燥、脉象洪数等。

(2)清热凉血药　主入血分，能清血分热，有清热凉血的作用。主要用于血分实热证，温热病邪侵入营血导致的血热妄行等病证，症见舌绛、狂燥、斑疹隐现、各种出血甚至神昏等。

(3)清热燥湿药　性味苦寒，苦能燥湿，寒能胜热，有清热燥湿的作用，主要用治湿热证，如肠胃湿热所致的泄泻、痢疾，肝胆湿热所致的黄疸，下焦湿热所致的尿淋漓等。

(4)清热解毒药　有清热解毒作用，常用于瘟疫、毒痢、疮黄肿毒等热毒病证。

(5)清热解暑药　有清热解暑作用，用于暑热、暑湿等。

现代药理研究证明，清热药分别具有下列作用：抑制体温中枢而解热；降低神经系统的兴奋性，制止抽搐；对病原体（包括病毒、细菌、真菌、寄生虫等）的直接抑制和杀灭；增强吞噬细胞的吞噬功能，提高机体的抗病力；改善微循环，促进炎症的吸收；降低血管的通透性，防止出血；调整机体因疾病而致的功能紊乱；排出病原体产生的代谢产物；补充机体在病态时缺乏的物质等。

使用清热药时应注意以下几点：

(1)一般应在表证已解，而热已入里，或里热炽盛时用。

(2)清热药性多寒凉，易伤脾胃，影响运化，对脾胃虚弱的患畜，宜适当辅以健脾助运的药物。

(3)清热燥湿药，其性多燥，易伤津液，故对阴虚的患畜，要注意辅以养阴药。

(4)清热药性多寒凉，多服久服能伤阳气，故对阳气不足、脾胃虚寒、食少、泄泻的患畜要慎用。

(5)对于真寒假热证禁用。

一、清热泻火药

石膏(白虎)

为硫酸盐类矿物质硬石膏族石膏，主含含水硫酸钙($CaSO_4 \cdot 2H_2O$)。粉碎成粗粉，生用或煅用。分布很广，主产于湖北、甘肃、四川等地，以湖北、安徽产者为佳。

【性味归经】大寒，辛、甘。入肺、胃经。

【功效】清热泻火，收敛生肌。

【主治】高热口渴，肺热咳嗽，咽喉肿痛，牙龈肿痛，火伤，湿疹等。

【用量】马、牛 30～120；猪、羊 15～30 g；犬、猫 3～5 g；兔、禽 1～3 g。

【附注】石膏性大寒，能清热泻火，味辛甘，入肺、胃经。生用内服为治气分湿热的要药。煅后外用则有收湿敛疮之功。临诊配伍应用：①本品大寒，具有强大的清热泻火作用，善清气分实热。用于肺胃大热，高热不退等实热亢盛证，常与知母相须为用，以增强清解里热的作用，如白虎汤。②清泄肺热。用于肺热咳嗽、气喘、口渴贪饮等实热证，常配麻黄、杏仁以加强宣肺止咳平喘之功，如麻杏甘石汤。③泄胃热。用于胃火亢盛等证，常与知母、生地等同用。(4)煅石膏末有清热、收敛、生肌作用，外用于湿疹、烫伤、疮黄溃后不敛及创伤久不收口等，常与黄柏、青黛等配伍。

【主要成分】生石膏为含水硫酸钙，煅石膏为脱水硫酸钙。

【药理研究】①生石膏可抑制发热中枢而起解热作用，并能抑制汗腺分泌。②生石膏内服，经胃酸作用，一部分变为可溶性钙盐被吸收，增加血钙浓度，抑制骨骼肌的兴奋性，起镇静、解痉作用。同时，还能降低血管的通透性而有消炎作用。

【药性歌诀】石膏辛寒，止渴除烦，清热泻火，煅则收敛；
胃火齿痛，温热毒斑，温疹烫伤，肺热咳喘。

知母(肥知母)

为百合科植物知母的干燥根茎(图 2-20)。切片生用、盐炒或酒炒用。主产于河北、山西及山东等地。

【性味归经】寒,苦。入肺、胃、肾经。

【功效】清热,滋阴,润肺,生津。

【主治】热病口渴,肺热咳嗽,盗汗,肠燥便秘等。

【用量】马、牛 20～60 g;猪、羊 5～15 g;犬 3～8 g;兔、禽 1～2 g。

图 2-20 知母

【附注】知母质柔而润,苦寒降火。生用入气分,泄肺热而清胃火,并能润燥滑肠;盐炒入下焦,滋肾水而养阴。临诊配伍应用:①本品苦寒,既泻肺热,又清胃火,适用于肺胃实热病证。常与石膏同用,以增强石膏的清热作用,如白虎汤;若用于肺热痰稠,可配黄芩、瓜蒌、贝母等。②滋阴润肺,生津。用于阴虚潮热、肺虚燥咳、热病贪饮等。清虚热,常与黄柏等同用,如知柏地黄汤;润肺燥,常与沙参、麦冬、川贝等同用;用治热病贪饮,常与天花粉、麦冬、葛根等配伍。

【主要成分】含知母皂苷、黄酮苷、黏液质、糖类、烟酸等。

【药理研究】①体外试验对痢疾杆菌、伤寒杆菌、大肠杆菌、霍乱杆菌、绿脓杆菌等革兰氏阴性菌及葡萄球菌、溶血性链球菌、肺炎双球菌等革兰氏阳性菌以及常见致病性皮肤真菌有抑制作用。②有解热、祛痰及利尿作用。③大剂量可导致呼吸、心跳停止。

【药性歌诀】知母苦寒,清热祛痰,滋阴降火,润燥通便;

温病高热,虚热盗汗,热痰消渴,淋浊便坚。

栀子(山栀子、枝子)

为茜草科植物栀子的干燥成熟果实(图 2-21)。生用、炒用或炒炭用。产于长江以南各地。

【性味归经】寒,苦。入心、肝、肺、胃经。

【功效】清热泻火,凉血解毒。

【主治】热病狂躁,湿热黄疸,热淋尿血,疮疡肿毒等。

【用量】马、牛 15～60 g;猪、羊 5～10 g;犬 3～6 g;兔、禽 1～2 g。

图 2-21 栀子

【附注】栀子苦寒清降,既清热泻火,又清降利湿,尚能凉血解毒,为通泻三焦火之良药。临诊配伍应用:①本品有清热泻火作用,善清心、肝、三焦经之热,尤长于清肝经之火热。多用于目赤肿痛以及多种火热证,常与黄连等同用。②清三焦火而利尿,兼利肝胆湿热。常用于湿热黄疸,尿液短赤,多与茵陈、大黄同用,如茵陈蒿汤。③凉血止血。适用于血热妄行、衄血及尿血,多与黄芩、生地等配伍。

【主要成分】含栀子素(黄酮类)、果酸、鞣酸、藏红花酸、栀子苷、栀子次苷等。

【药理研究】①能增加胆汁分泌量,有利胆作用,并能抑制血液中胆红素升高。②抑制体温中枢而有解热作用;③有降压、镇静、止血作用。④水浸液(1∶23)在试管内对多种皮肤真菌有抑制作用。

【药性歌诀】栀子苦寒,泻火除烦,凉血解毒,利湿清肝;

热病烦闷,吐衄血便,伤肿目赤,热淋黄疸。

夏枯草

为唇形科植物夏枯草的干燥果穗(图 2-22)。产于我国各地。

图 2-22　夏枯草

【性味归经】寒，苦、辛。入肝、胆经。

【功效】清肝火，散郁结。

【主治】目赤肿痛，疮疡肿毒，乳痈。

【用量】马、牛 15～60 g；猪、羊 5～10 g；犬 3～5 g；兔、禽 1～3 g。

【附注】夏枯草味辛能散，苦寒泄热，功善宣泻肝胆之余火，故可治疗肝火上炎所致的眼目疾病。临诊配伍应用：①本品能清泄肝火，善治肝热传眼、目赤肿痛之证。常与菊花、决明子、黄芩等同用。②散郁结。用治疮黄肿毒、乳痈等，常与玄参、贝母、牡蛎、昆布等配伍。

【主要成分】含夏枯草苷（水解后生成乌苏酸）、生物碱、无机盐及维生素 B_1 等。

【药理研究】①利尿作用明显。②有降压作用。③初步实验证实能抑制动物某些移植性肿瘤（如小白鼠子宫颈癌）的生长。

【药性歌诀】夏枯草苦，清热散结，瘰疬瘿瘤，清肝明目；

破瘕散结，风湿痹证，肝郁乳痈，肝火头痛。

淡竹叶

为禾本科植物淡竹叶的干燥茎叶（图 2-23）。生用。产于浙江、江苏、湖南、湖北、广东等地。

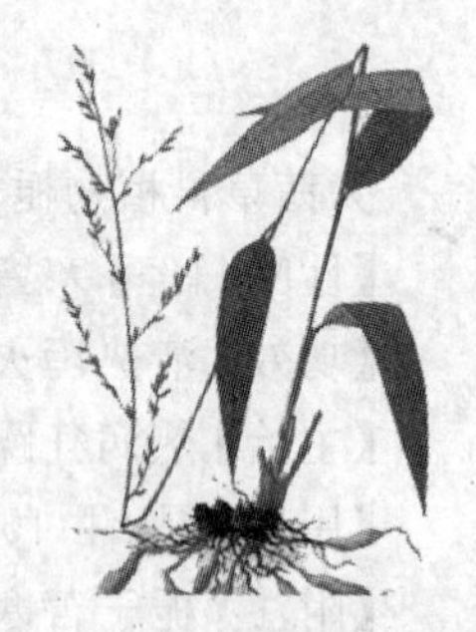
图 2-23　淡竹叶

【性味归经】寒，甘、淡。入心、胃、小肠经。

【功效】清热，利尿。

【主治】口舌生疮，小便短赤。

【用量】马、牛 15～45 g；猪、羊 5～15 g；兔、禽 1～3 g。

【附注】淡竹叶甘淡寒，上清心经之火，下导膀胱湿热，功能清热利尿。临诊配伍应用：①本品上清心热，下利尿液。用于心经实热、口舌生疮、小便短赤等，常与木通、生地等同用。②清胃热，用治胃热，常与石膏、麦冬等同用。若治外感风热，常与薄荷、荆芥、金银花等配伍。

【主要成分】含三萜类和甾类物质芦竹素等。

【药理研究】①有利尿解热作用。②对金黄色葡萄球菌、绿脓杆菌有抑制作用。

【药性歌诀】性寒甘淡淡竹叶，清热除烦功效捷，

温病烦渴牙龈肿，口疮淋浊及尿血。

芦根（芦茅根、苇根、芦头）

为禾本科植物芦苇的新鲜或干燥根茎（图 2-24）。切段生用。各地均产。

图 2-24　芦根

【性味归经】寒，甘。入肺、胃经。

【功效】清热生津。

【主治】肺热咳嗽，内热口渴。

【用量】马、牛 30～60 g；猪、羊 10～20 g；犬 5～6 g。

【附注】芦根多汁，中空体轻，味甘气寒，既能清泻肺胃之热，

又能养阴生津而止渴，有寓补于清，祛邪而不伤正之功，为清肺胃热之要药。故凡肺胃热盛，阴亏津虚之证皆可用之。临诊配伍应用：①善清肺热，用于肺热咳嗽、痰稠、口干等，常与黄芩、桑白皮等同用。尚能清胃热以止呕，用于胃热呕逆，可与竹茹等配伍。治肺痈常与冬瓜仁、薏苡仁、桃仁等同用，如苇茎汤。②生津止渴，用于热病伤津、烦热贪饮、舌燥津少等。常与天花粉、麦冬等同用。

【主要成分】含天门冬素、蛋白质、葡萄糖、薏苡素等。

【药理研究】①能溶解胆结石。②体外试验对β-溶血性链球菌有抑制作用。

【药性歌诀】芦根甘寒，利尿止呕，清热生津，肺胃热疹；

热病烦渴，胃热呕吐，肺痿肺痈，河豚鱼毒。

胆汁

为猪科动物猪、牛科动物牛的新鲜胆汁。

【性味归经】寒，苦。入心、肝、胆经。

【功效】清热解毒，润肠通便。

【主治】目赤肿痛，肠燥便秘，烫伤。

【用量】马、牛 60～250 mL；猪、羊 10～20 mL。

【附注】胆汁苦寒清降，长于清肝明目，并能润燥滑肠。外敷能治恶疮、烫伤。

【主要成分】猪胆汁含胆酸、胆色素、胆脂、无机盐类和解毒素等。

【药理研究】用猪胆汁提炼的脱氧胆酸，有降低血液中胆固醇的作用。

二、清热凉血药

生地黄

为玄参科植物地黄的新鲜或干燥块根(图 2-25)。切片生用。新鲜者，习称鲜地黄；慢火焙至约八成干者，习称生地黄。主产于河南、河北、东北及内蒙古。全国大部分地区都有栽培。

【性味归经】寒，甘、苦。入心、肝、肾经。

【功效】清热凉血，养阴生津。

【主治】身热口干，津亏便秘，血热出血，阴虚发热等。

【用量】马、牛 30～60 g；猪、羊 5～15 g；犬 3～6 g；兔、禽 1～2 g。

图 2-25　生地黄

【附注】鲜地黄、干地黄、熟地黄同为一物，但功效各异。鲜地黄为清热凉血、养阴生津的常用药，善治热入营血、血热妄行、津少口渴等。而干地黄滋阴之功大于鲜地黄。熟地黄善于补血滋阴，为补益肝肾阴血之要药。临诊配伍应用：①本品具有清热凉血及养阴的作用。用治血分实热证，多与玄参、水牛角等同用，如清营汤；用治热甚伤阴、津亏便秘，多与玄参、麦冬等配伍，如增液汤；用治阴虚内热，多与青蒿、鳖甲、地骨皮等同用。②凉血止血。用于血热妄行而致的出血证，常与侧柏叶、茜草等同用。③生津止渴。可用于热病伤津、口干舌红或口渴贪饮，常与麦冬、沙参、玉竹等配伍。鲜生地作用与干生地相似，而凉血、生津效果更好。适用于热病伤阴，血热妄行之衄血、尿血等。

【主要成分】含梓醇、地黄素、甘露醇、葡萄糖、维生素 A 等。

【药理研究】①能促进血液凝固而有止血作用。②有强心利尿作用，利尿的原因与强心作用和扩张肾脏血管有关。③有升高血压和降低血糖的作用。④对皮肤真菌有抑制作用。⑤大剂量可使心脏中毒。

【药性歌诀】生地甘寒，滋阴补肾，凉血止血，清热生津；
温病高热，吐衄斑疹，消渴肠燥，骨蒸伤阴。

牡丹皮

为毛茛科植物牡丹的干燥根皮(图 2-26)。切片生用或炒用。主产于安徽、山东、湖南、四川、贵州等地。

【性味归经】微寒，苦、辛。入心、肝、肾经。

【功效】清热凉血，活血散淤。

【主治】血热出血，淤血阻滞，跌打损伤等。

【用量】马、牛 20～45 g；猪、羊 6～12 g；犬 3～6 g；兔、禽 1～2 g。

【附注】牡丹皮苦寒而凉血，味辛而行散，止血不留淤，活血而不致过妄，为治血分疾病的常用药。生用凉血，酒制散淤，炒炭止血。临诊配伍应用：①本品具有清热凉血作用，适用于热入血分所致的衄血、便血、斑疹等，常与生地、玄参等同用。②活血行淤，可用于淤血阻滞、跌打损伤等，常与桂枝、桃仁、当归、赤芍、乳香、没药等配伍。

图 2-26　牡丹皮

【主要成分】含牡丹酚原苷、丹皮酚、挥发油、甾醇、生物碱等。

【药理研究】①有降压作用。②牡丹皮酚有解热、镇静、止痛、抗惊厥、抗过敏等作用。③能降低毛细血管的通透性。④能使子宫内膜充血。⑤对痢疾杆菌、伤寒杆菌、副伤寒杆菌、大肠杆菌、变形杆菌、绿脓杆菌及葡萄球菌、肺炎球菌等有抑制作用。

【药性歌诀】丹皮微寒，凉血除热，清热止血，散淤通经；
经痹癥瘕，吐衄疮痈，骨蒸无汗，热病入营。

地骨皮

为茄科植物枸杞或宁夏枸杞的干燥根皮(图 2-27)。切段生用。主产于宁夏、甘肃、河北等地。

【性味归经】寒，甘。入肺、肾、肝经。

【功效】清热凉血，退虚热。

【主治】血热妄行，阴虚发热，肺热咳嗽。

【用量】马、牛 15～60 g；猪、羊 5～15 g；兔、禽 1～2 g。

【附注】地骨皮寒以清热，甘以生津，能凉血清肺，退虚热，为治阴虚发热之良药。临诊配伍应用：①本品入血分而清热凉血。用治血热妄行所致的各种出血证，常与白茅根、侧柏叶等配伍。②退虚热。用治阴虚发热，常与青蒿、鳖甲等配伍。③清泄肺热。用于肺热咳喘，可与桑白皮等配伍。

图 2-27　地骨皮

【主要成分】含甜菜碱、皂苷、鞣酸等。

【药理研究】①能扩张血管而降压，并有降低血糖的作用。②有解热作用。③对动物离体子宫有显著的兴奋作用。(4)对葡萄球菌有抑制作用。

【药性歌诀】地骨皮寒，强阴凉血，清泄肺热，虚热功捷；

血淋吐衄，肺热喘咳，有汗骨蒸，消凉渴热。

白头翁

为毛茛科植物白头翁的干燥根(图 2-28)。生用。主产于东北、内蒙古及华北等地。

【性味归经】寒，苦。入大肠、胃经。

【功效】清热解毒，凉血止痢。

【主治】湿热泄泻，下痢脓血，里急后重等。

【用量】马、牛 15～60 g；猪、羊 6～15 g；犬、猫 1～5 g；兔、禽 1.3～5 g。

图 2-28　白头翁

【附注】白头翁苦能燥湿，寒能清热，尤以除肠胃湿热见长，为治热痢、血痢之良药。临诊配伍应用：①本品既能清热解毒，又能入血分而凉血，为止痢的要药，主要用于肠黄作泻、下痢脓血、里急后重等。常与黄连、黄柏、秦皮等同用，如白头翁汤。②常与元胡、黄芩、黄柏、当归配伍治疗便血。

【主要成分】含白头翁素、白头翁酸等。

【药理研究】①对肠黏膜有收敛作用，故能止泻、止血。②去根的白头翁全草有强心作用，并可提取一种似洋地黄作用的成分。③对绿脓杆菌、金黄色葡萄球菌、枯草杆菌、痢疾杆菌有抑制作用，大剂量能抑制阿米巴滋养体生长。④白头翁素有镇静、止痛及抗痉挛的作用。⑤有抗白血病作用。

【药性歌诀】白头翁寒，治痢功专，清热凉血，结毒能散；

瘰疬瘿瘤，癥瘕痃疝，湿热疫疠，赤痢效痊。

玄参

为玄参科植物玄参的干燥根(图 2-29)。切片生用。主产于浙江、湖北、安徽、山东、四川、河北、江西等地。

【性味归经】寒，甘、苦、咸。入肺、胃、肾经。

【功效】清热养阴，润燥解毒。

【主治】阴虚内热，咽喉肿痛，阴虚便秘。

【用量】马、牛 15～45 g；猪、羊 5～15 g；犬、猫 2～5 g；兔、禽 1～3 g。

图 2-29　玄参

【附注】玄参甘苦咸寒，苦寒泄火，甘寒滋阴，咸能润降，故有滋阴降火，凉血解毒，清利咽喉，滑肠通便之功，为治阴虚内热、咽喉肿痛、肠燥便秘之良药。临诊配伍应用：①本品既能清热泻火，又可滋养阴液，标本兼顾，无论热毒实火、阴虚内热均可使用。多与生地、麦冬、黄连、金银花等配伍，如清营汤。②润燥解毒，用治虚火上炎引起的咽喉肿痛、津枯燥结等，常与生地、麦冬等配伍。

【主要成分】含生物碱、挥发性生物碱、糖类、甾醇、氨基酸、脂肪酸等。

【药理研究】①少量玄参流浸膏对动物心脏有轻度强心作用，剂量稍大，可使心脏中毒。②有扩张血管、降低血压和血糖的作用。③对绿脓杆菌有抑制作用。

【药性歌诀】玄参苦寒，散结软坚，滋阴降火，解毒除烦；

瘰疬痰核，热病毒斑，烦渴喉痹，痨热盗汗。

紫草

为紫草科植物紫草、新疆紫草或内蒙紫草的干燥根(图 2-30)。切片生用。主产于辽宁、湖南、湖北、新疆、内蒙古等地。

【性味归经】寒，甘。入心、肝经。

【功效】凉血活血，解毒透疹。

【主治】痈疮肿毒，出血，烫伤。

【用量】马、牛 15～45 g；猪、羊 5～10 g；兔、禽 0.5～1.5 g。

【附注】紫草寒能清热，入血分，能凉血活血，解毒透疹，兼可利尿滑肠，外用治烧伤、烫伤。临诊配伍应用：本品有清润之力，入血分，长于凉血活血，又能解毒透疹，适用于血热毒盛，郁滞于内，痘疮、斑疹透发不畅等，可与赤芍、蝉蜕等同用。

图 2-30 紫草

【主要成分】含乙酰紫草素(水解后生成紫草醌，是萘酮衍生物，结构类似维生素 K、色素紫草红)。

【药理研究】①有强心、解热、降压作用。②有对抗垂体促性腺激素及绒毛膜促性腺激素的作用。③对绒毛膜上皮癌有一定的控制作用。④对枯草杆菌、金黄色葡萄球菌、大肠杆菌、流感病毒有抑制作用。

【药性歌诀】紫草甘寒，透疹化斑，凉血活血，解毒通便；

血痢热秘，斑疹迟暗，疮痈烧伤，湿疹皮炎。

水牛角

为牛科动物水牛的角(图 2-31)。镑片或锉成粗粉。南方各地均产。

【性味归经】寒，苦。入心、肝经。

【功效】凉血止血，清心安神，泻火解毒。

【主治】血热出血，心神不宁。

【用量】马、牛 90～150 g；猪、羊 20～50 g；犬、猫 3～10 g。

【附注】水牛角咸寒泄降，入血分，解心热，定诸惊，善清血分实热而凉血解毒，为解血分实热之良药。临诊配伍应用：①本品有凉血止血作用，可用于血热妄行的出血证，常与生地、玄参、丹皮等同用。②清心热，定心神。多用于温热病壮热不退、神昏抽搐等，常与生地、芍药、丹皮配伍，如犀角地黄汤。③泻火解毒，凉血消斑。可用于斑疹及丹毒等，常与丹皮、紫草等同用。

图 2-31 水牛角

【主要成分】含碳酸钙、磷酸钙及角质等。

【药理研究】水牛角的药理作用与犀角相似，其煎剂和提取物对离体动物的心脏有兴奋作用。提取物能降低末梢血管血液的血细胞总数，并使淋巴组织增生。

【药性歌诀】水牛角寒，清热除烦，善入血分，凉血消斑；

泻火解毒，可治丹毒，加大十倍，效似犀角。

白茅根

为禾本科植物白茅的干燥根茎（图 2-32）。切段生用。各地均产。

【性味归经】寒，甘。入肺、胃经。

【功效】凉血止血，生津止渴，利尿。

【主治】血热出血，热淋，热病伤津。

【用量】马、牛 30～60 g；猪、羊 10～20 g；犬 3～6 g。

【附注】白茅根甘能生津，寒以清热，功能凉血止血，泻肺胃火，生津止渴，并能利尿通淋。临诊配伍应用：①本品有止血和清热凉血之效，常用于衄血、尿血等，常与仙鹤草、蒲黄、小蓟等同用。②清热利尿。适用于热淋、水肿、黄疸、尿不利等，常与车前草、木通、金钱草等配伍。③清肺胃热，兼能生津。适用于热病贪饮、肺胃有热等，多与芦根等配伍。

图 2-32　白茅根

【主要成分】含有多量的钾盐、葡萄糖、果糖、蔗糖、柠檬酸、草酸、苹果酸等。

【药理研究】①有显著的利尿作用，与含多量钾盐有关。②白茅根的水浸剂有缩短凝血时间及出血时间的作用，并能降低血管通透性。③对金黄色葡萄球菌、痢疾杆菌有抑制作用。

【药性歌诀】茅根甘寒，止渴生津，凉血止血，利尿通淋；

热淋吐衄，热病渴饮，水肿黄疸，尿血善珍。

三、清热燥湿药

黄连（川连）

为毛茛科植物黄连、三角叶黄连或云连的干燥根茎（图 2-33）。生用、姜汁炒或酒炒用。主产于四川、云南及我国中部、南部各地。

【性味归经】寒，苦。入心、肝、胃、大肠经。

【功效】清热燥湿，泻火解毒。

【主治】湿热泻痢，黄疸，目赤肿痛，热毒痈肿，口舌生疮等。

【用量】马、牛 15～30 g；猪、羊 5～10 g；犬 3～8 g；兔、禽 0.5～1 g。

【附注】黄连泻火解毒，清热燥湿之力最强，为治湿热痢疾之要药。黄连生用泻心火，姜炒清胃止呕，酒炒清上焦心肺火，盐水炒清下焦火，胆汁炒清肝胆实火。临诊配伍应用：①本品为清热燥湿要药。凡属湿热诸证，均可应用，尤以肠胃湿热壅滞之证最宜，如肠黄作泻、热痢后重等。治肠黄可配郁金、诃子、黄芩、大黄、黄柏、栀子、白芍，如郁金散。②清热泻火作用较强，用治心火亢盛、口舌

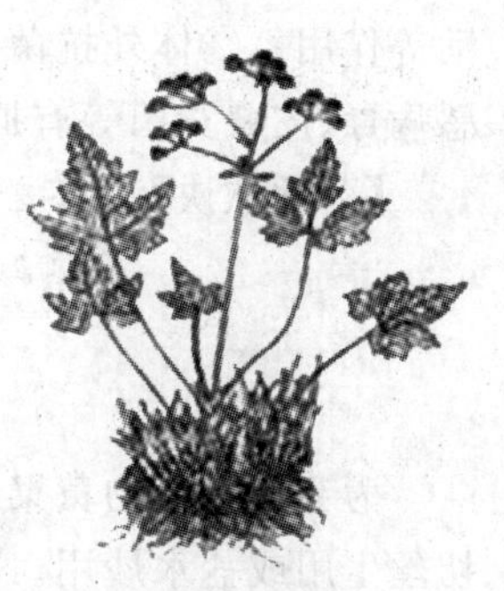
图 2-33　黄连

生疮、三焦积热和衄血等。治心热舌疮,可与黄芩、黄柏、栀子、天花粉、牛蒡子、桔梗、木通等同用,如洗心散。③善于清热解毒,用治火热炽盛、疮黄肿毒,常配黄芩、黄柏、栀子,如黄连解毒汤。

【主要成分】含小檗碱及黄连碱、甲基黄连碱、棕榈碱等多种生物碱,其中以小檗碱为主,为5%~8%。

【药理研究】①对痢疾杆菌、伤寒杆菌、大肠杆菌、绿脓杆菌、葡萄球菌、溶血性链球菌、肺炎双球菌、流感病毒、钩端螺旋体、阿米巴原虫以及皮肤真菌均有抑制作用。②增强白细胞的吞噬能力,并有利胆、扩张末梢血管、降压以及和缓的解热作用。

【药性歌诀】黄连寒苦,泻火解毒,清热燥湿,杀虫明目;

热病昏痴,疫痢热呕,火眼痈疮,口疮吐衄。

黄芩(条芩、枯芩)

为唇形科植物黄芩的干燥根(图2-34)。切片生用或酒炒用。主产于河北、山西、内蒙古、河南及陕西等地。

【性味归经】寒,苦。入肺、胆、大肠经。

【功效】清热燥湿,泻火解毒,安胎。

【主治】肺热咳嗽,湿热下痢,黄疸,热毒痈疮,胎动不安等。

【用量】马、牛20~60 g;猪、羊5~15 g;犬3~5 g;兔、禽1.5~2.5 g。

图2-34 黄芩

【附注】黄芩有条芩和枯芩之分,条芩(为生长年少的子根)善泻下焦湿热,枯芩善清肺火。湿热黄疸、痈肿疮毒等宜生用;目赤肿痛、淤血、肺热咳嗽等宜酒炒;胎动不安、出血等宜炒炭。临诊配伍应用:①本品长于清热燥湿,主要用于湿热泻痢、湿热黄疸、热淋等。治泻痢,常配伍大枣、白芍等;治黄疸,多配伍栀子、茵陈等;治湿热淋证,可配伍木通、生地等。②清泻上焦实火,尤以清肺热见长。用于肺热咳嗽,可与知母、桑白皮等配伍;用泻上焦实热,常与黄连、栀子、石膏等同用;用治风热犯肺,与栀子、杏仁、桔梗、连翘、薄荷等配伍。③亦能清热解毒,常与金银花、连翘等同用,治疗热毒疮黄等。④还能清热安胎,常与白术同用,治疗热盛,胎动不安。

【主要成分】含黄芩苷、黄芩素、汉黄芩素、汉黄芩苷和黄芩新素等。

【药理研究】①动物实验有解热、镇静、降压、利尿和降低毛细血管的通透性,抑制肠管蠕动等作用。②体外抗菌试验对伤寒杆菌、痢疾杆菌、绿脓杆菌、葡萄球菌、溶血性链球菌、流感病毒、皮肤真菌等有抑制作用。

【药性歌诀】黄芩苦寒,解毒泻火,凉血安胎,燥湿清热;

湿热泻痢,黄疸热咳,目赤痈疮,血证淋浊。

黄柏(黄檗)

为芸香科植物黄檗或黄皮树的干燥树皮(图2-35)。前者习称关黄柏,后者习称川黄柏。切丝生用或盐水炒用。产于东北、华北、内蒙古、四川、云南等地。

【性味归经】寒,苦。入肾、膀胱、大肠经。

【功效】清湿热，泻火毒，退虚热。

【主治】湿热泻痢，热淋，黄疸，疮痈肿毒，阴虚发热等。

【用量】马、牛 10～45 g；猪、羊 5～10 g；犬 5～6 g；兔、禽 0.5～2 g。

【附注】黄柏苦寒泄降，功能清热燥湿，解毒疗疮，长于清下焦及膀胱湿热，多用于下焦湿热、疮毒及阴虚盗汗之证。临诊配伍应用：①本品具有清热燥湿之功。其清湿热作用与黄芩相似，但以除下焦湿热为佳，用于湿热泄泻、黄疸、淋证、尿短赤等。治疗泻痢，可配白头翁、黄连，如白头翁汤。②退虚热，用治阴虚发热，常与知母、地黄等同用，如知柏地黄汤。

图 2-35　黄柏

【主要成分】含小檗碱 1.4%～4%，并含少量掌叶防己碱、黄柏碱、棕榈碱等多种生物碱，以及无氮结晶物质及脂肪油、黏液质、甾醇类等。

【药理研究】①对血小板有保护作用，外用可促进皮下渗血的吸收。②黄柏酮有降低血糖作用。③有利胆、利尿、扩张血管、降血压及退热作用，但其作用不及黄连。④抗菌谱与抗菌效力和黄连相似。对某些皮肤真菌也有抑制作用，但效力较黄连弱。

【药性歌诀】黄柏苦寒，解毒泻火，清热燥湿，虚热功著；

泻痢黄疸，带淋痿足，湿疹疮肿，黄疸带证。

龙胆草(龙胆、胆草)

为龙胆科植物龙胆条叶龙胆或三花龙胆的干燥根及根茎(图 2-36)。切段生用。我国南北各地均产。

【性味归经】寒，苦。入肝、胆、膀胱经。

【功效】清热燥湿，泻肝火。

【主治】黄疸，湿疹，目赤肿痛等。

【用量】马、牛 15～45 g；猪、羊 6～15 g；犬、猫 1～5 g；兔、禽 1.3～5 g。

【附注】龙胆草苦寒沉降，清热燥湿，善清肝胆实火与下焦湿热。长于治疗目赤肿痛、湿热黄疸。临诊配伍应用：①本品能清热燥湿，多用于湿热黄疸、尿短赤、湿疹等。治黄疸，常与茵陈、栀子等同用；治尿短赤、湿疹等，常与黄柏、苦参、茯苓等配伍。②泻肝经实火，清肝经湿热，为治肝经病证之要药。用于肝经风热、目赤肿痛等，常与栀子、黄芩、柴胡、木通等同用，如龙胆泻肝汤；用于肝经热盛、热极生风、抽搐痉挛等，多与钩藤、牛黄、黄连等配伍。

图 2-36　龙胆草

【主要成分】含龙胆苦苷、龙胆三糖、龙胆碱、黄色龙胆根素等。

【药理研究】①少量内服，可反射性促进胃液分泌，并能增加其中游离盐酸，帮助消化，增进食欲，有健胃作用，但过多则刺激胃壁引起呕吐。②水浸剂(1∶4)有抗皮肤真菌的作用。③对绿脓杆菌、痢疾杆菌、金黄色葡萄球菌等有抑制作用。

【药性歌诀】龙胆苦寒，重泻肝心，清热燥湿，下焦功多；

胁痛目赤，惊厥肝热，黄疸湿热，阴肿带浊。

苦参(野槐、苦骨)

为豆科植物苦参的干燥根(图 2-37)。切片生用。主产于山西、河南、河北等地。

【性味归经】寒,苦。入心、肝、胃、大肠、膀胱经。

【功效】清热燥湿,祛风杀虫,利尿。

【主治】湿热泻痢,黄疸,皮肤瘙痒,疮肿湿毒,疥癣等。

【用量】马、牛 15～60 g;猪、羊 6～15 g;犬 3～8 g;兔、禽 0.3～1.5 g。

图 2-37 苦参

【附注】苦参苦寒,功能清热燥湿,杀虫止痒,长与治疗热痢、疮毒、湿疹瘙痒。临诊配伍应用:①本品能清热燥湿,用治湿热所致黄疸、泻痢等。治黄疸,常与栀子、龙胆草等同用;治泻痢,常与木香、甘草等配合。②祛风杀虫,用治皮肤瘙痒、肺风毛燥、疥癣等证。治肺风毛燥,常与党参、玄参等同用;治疥癣,可与雄黄、明矾等配合。③清热利尿,用治湿热内蕴、尿不利等,常与当归、木通、车前子等同用。

【主要成分】含金雀花碱及苦参碱。

【药理研究】①对葡萄球菌、绿脓杆菌及多种皮肤真菌有抑制作用。②苦参碱有明显的利尿作用。

【药性歌诀】苦参苦寒,止痒祛风,清热利尿,燥湿杀虫;
肠风泻痢,疥癣癞痢,滴虫阴痒,黄疸带证。

胡黄连

为玄参科植物胡黄连的干燥根茎(图 2-38)。切片生用。主产于西藏、云南等地。

【性味归经】寒,苦。入心、肝、胃、大肠经。

【功效】清热燥湿,退虚热,杀虫。

【主治】湿热泻痢,阴虚发热。

【用量】马、牛 15～30 g;猪、羊 3～10 g;兔、禽 0.5～1.5 g。

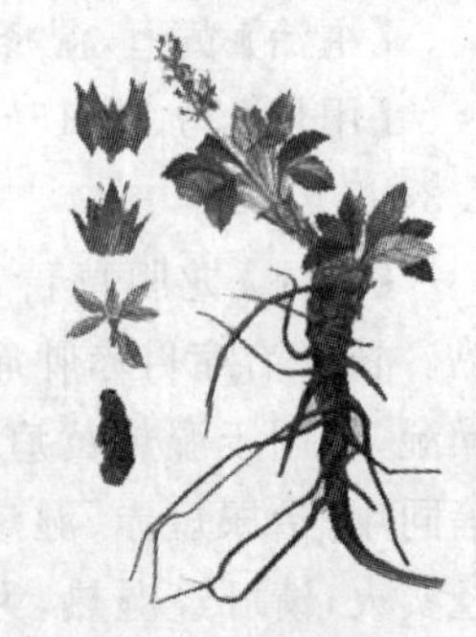
图 2-38 胡黄连

【附注】胡黄连苦能燥湿,寒能清热,为治湿热下痢、食积不化、阴虚发热的常用药。临诊配伍应用:①本品有类似黄连除湿热和解毒的功效,可用于肠黄作泻、疮黄肿毒等。②退虚热,可用于阴虚发热。常与银柴胡、地骨皮等同用。③杀虫,常与使君子等配伍。

【主要成分】含胡黄连素、小檗碱等。

【药理研究】①能改善消化功能,为苦味健胃药。②对皮肤真菌、结核杆菌有抑制作用。

【药性歌诀】胡黄连寒,凉血消疳,清热燥湿,骨蒸热蠲;
痔漏吐衄,疳热惊痫,骨蒸盗汗,久疟阴伤。

秦皮

为木犀科植物白蜡树、苦枥白蜡树、宿柱白蜡树或尖叶白蜡树的干燥树皮(图 2-39)。切丝生用。主产于陕西、河北、河南、辽宁、吉林等地。

【性味归经】寒,苦。入肝、胆、大肠经。

【功效】清热燥湿，清肝明目。

【主治】湿热下痢，目赤肿痛。

【用量】马、牛 15～60 g；猪、羊 5～10 g；犬 3～6 g；兔、禽 1～1.5 g。

【附注】秦皮苦寒泻火，涩能收敛，功能泻火止痢，清肝明目。临诊配伍应用：①本品能清热燥湿，可治湿热泻痢，常与白头翁、黄连等同用，如白头翁汤。②清肝明目，用治肝火上炎所致的目赤肿痛、睛生翳障等，常与黄连、竹叶等配伍。

图 2-39　秦皮

【主要成分】含七叶树苷及其苷元、七叶树内酯、秦皮苷、秦皮素等。

【药理研究】①有祛痰、止咳、平喘作用。②有止痛、镇静和抗惊厥作用。③有类似肾上腺皮质激素样的抗风湿作用。④对痢疾杆菌、伤寒杆菌、肺炎双球菌、甲型溶血性链球菌有较强抑制作用，并有杀阿米巴原虫的作用。

【药性歌诀】秦皮苦寒，泻火清肝，燥湿涩肠，祛痰平喘；
目赤翳障，鼻痛可蠲，银屑疫痢，久咳喘痰。

四、清热解毒药

金银花(二花、双花)

为忍冬科植物忍冬、红腺忍冬、山银花或毛花柱忍冬的干燥花蕾(图 2-40)。生用或炙用。除新疆外，全国均产。主产于河南、山东等地。

【性味归经】寒，甘。入肺、胃、大肠经。

【功效】清热解毒，凉血止痢。

【主治】外感风热，温病初起，痈疮肿毒，热毒血痢等。

【用量】马、牛 15～60 g；猪、羊 5～10 g；犬、猫 3～5 g；兔、禽 1～3 g。

图 2-40　金银花

【附注】金银花芳香疏散，善清上焦之风热，有良好的清热解毒之功，尤善去热毒，可用于各种热毒疮疡初起而见红肿热痛者，为治疗一切热毒痈肿疮疡之要药。临诊配伍应用：①本品具有较强的清热解毒作用，多用于热毒痈肿，有红、肿、热、痛症状属阳证者，常与当归、陈皮、防风、白芷、贝母、天花粉、乳香、穿山甲等配伍，如真人活命饮。②兼有宣散作用，可用于外感风热与温病初起，常与连翘、荆芥、薄荷等同用，如银翘散。③治热毒泻痢，常与黄芩、白芍等配伍。

忍冬藤：为忍冬的茎叶，又名银花藤。秋冬割取带叶的嫩枝，晒干生用。其性味功效与金银花相似，可作为金银花的代用品，解毒作用不及金银花，但有祛风活络作用，可消除经络风热而止痛，故常用于风湿热痹关节肿痛，屈伸不利等病证。

【主要成分】含氯原酸、异氯原酸、木犀草素等。

【药理研究】对痢疾杆菌、伤寒杆菌、大肠杆菌、绿脓杆菌、葡萄球菌、链球菌、肺炎双球菌等有抑制作用，并有抗流感病毒的作用。

【药性歌诀】银花甘寒，清热解毒，气血两清，疏表宜透；

热毒血痢，痈疡痔漏，热毒外感，喉痹坏疽。

连翘(连召)

为木犀科植物连翘的干燥成熟果实(图 2-41)。生用。主产于山西、陕西、河南等地，甘肃、河北、山东、湖北亦产。

【性味归经】微寒，苦。入心、肺、胆经。

【功效】清热解毒，消肿散结。

【主治】外感风热，温病初起，痈疮肿毒等。

【用量】马、牛 20～30 g；猪、羊 10～15 g；犬 3～6 g；兔、禽 1～2 g。

图 2-41 连翘

【附注】连翘既能清心火，解疮毒，又善散气血凝聚，兼有消痈散结之功，故有“疮家圣药”之称。用于热入心包、热淋、瘰疬、疮肿等。临诊配伍应用：①本品能清热解毒，广泛用于治疗各种热毒和外感风热或温病初起，常与金银花等同用，如银翘散。②既能清热解毒，又可消痈散结，常用于治疗疮黄肿毒等，多与金银花、蒲公英等配伍。

【主要成分】含连翘酚、齐墩果(醇)酸、皂苷、香豆精类，还有丰富的维生素 P 及少量挥发油。

【药理研究】①连翘酚对金黄色葡萄球菌、志贺氏痢疾杆菌、溶血性链球菌、肺炎双球菌、伤寒杆菌以及流感病毒有抑制作用。②齐墩果(醇)酸有强心利尿作用，维生素 P 可降低血管通透性及脆性，防止渗血；煎剂有止呕作用，能抗洋地黄及阿朴吗啡引起的呕吐；还有抗肝损伤的作用。③有显著的解热作用。

【药性歌诀】连翘苦寒，清热解毒，散结消肿，轻清上浮；

温病斑疹，痈疡肌衄，淋闭瘰疬，疮家必书。

紫花地丁

为堇菜科植物紫花地丁的干燥或新鲜全草(图 2-42)。干用或鲜用。主产于江苏、福建、云南及长江以南各省。

【性味归经】寒，苦、辛。入心、肝经。

【功效】清热解毒。

【主治】痈疮肿毒，乳痈。

【用量】马、牛 60～80 g；犬 3～6 g；猪、羊 15～30 g。

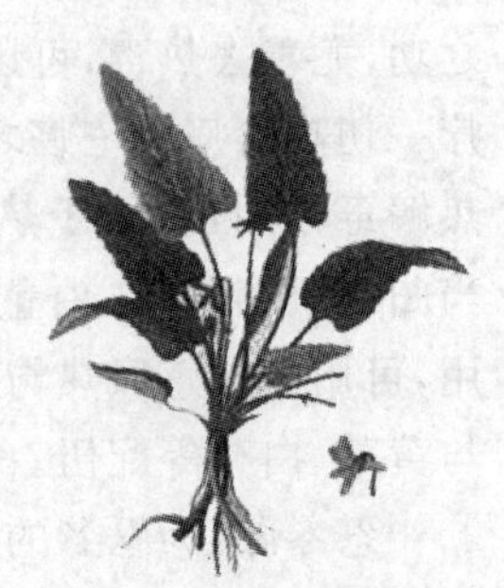

图 2-42 紫花地丁

【附注】紫花地丁苦寒辛散，有清热解毒，凉血消肿之功，为治痈肿疮毒的常用药。临诊配伍应用：①本品有较强的清热解毒作用，多用于疮黄肿毒、丹毒、肠痈等。常与蒲公英、金银花、野菊花等同用，如五味消毒饮。②可解蛇毒，用治毒蛇咬伤。

【主要成分】含苷类、黄酮类、蜡等。

【药理研究】对结核杆菌、金黄色葡萄球菌、甲型链球菌、肺炎双球菌及皮肤真菌有抑制作用。

【药性歌诀】紫花地丁，辛苦寒性，清热解毒，凉血消肿；

喉痹瘰疬，火毒疔疮，蛇伤疫痢，乳痈肠痈。

蒲公英(公英、黄花地丁)

为菊科植物蒲公英、碱地蒲公英或同属数种植物的干燥全草(图 2-43)。生用。全国各地均产。

【性味归经】寒,苦、甘。入肝、胃经。

【功效】清热解毒,消肿散结。

【主治】乳痈,疮黄,黄疸,尿血热淋等。

【用量】马、牛 30～90 g;猪、羊 15～30 g;犬、猫 3～6 g;兔、禽 1.3～5 g。

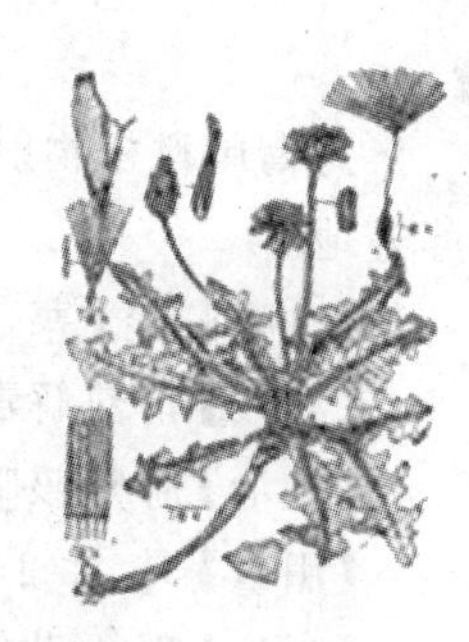

图 2-43 蒲公英

【附注】蒲公英甘而寒,有清热解毒,凉血消肿之功,为治痈疮肿毒的常用药。临诊配伍应用:①本品清热解毒的作用较强,常用治痈疽疔毒、肺痈、肠痈、乳痈等。治痈疽疔毒,多与金银花、野菊花、紫花地丁等同用;治肺痈,多配鱼腥草、芦根等;治肠痈,多与赤芍、紫花地丁、丹皮等配伍;治乳痈,可与金银花、连翘、通草、穿山甲等配伍,如公英散。②兼有利湿作用。用治湿热黄疸,多与茵陈、栀子配伍;用治热淋,常与白茅根、金钱草等同用。

【主要成分】含蒲公英甾醇、蒲公英素、蒲公英苦素、菊糖、果胶、胆碱等。

【药理研究】①对金黄色葡萄球菌、溶血性链球菌、肺炎双球菌、绿脓杆菌、痢疾杆菌、伤寒杆菌等有抑制作用。②有利胆和利尿作用。

【药性歌诀】公英甘寒,消痈散结,清热解毒,利尿缓泻;
乳肺肠痈,疔毒疮疖,痢淋黄疸,喉痹毒热。

板蓝根(板兰根、大青根)

为十字花科植物菘蓝的干燥根(图 2-44)。切片生用。主产于江苏、河北、安徽、河南等地。

【性味归经】寒,苦。入心、肺经。

【功效】清热解毒,凉血利咽。

【主治】各种热毒证,瘟疫,痈肿疮毒,咽喉肿痛,口舌生疮等。

【用量】马、牛 30～100 g;猪、羊 15～30 g;犬、猫 3～5 g;兔、鸡 1～2 g。

图 2-44 板蓝根

【附注】板蓝根苦寒,清热解毒,凉血利咽,为治外感风温时毒、热毒血斑、咽喉肿痛之要药。临诊配伍应用:①本品有较强的清热解毒作用,用治各种热毒、瘟疫、疮黄肿毒、大头黄等,常与黄芩、连翘、牛蒡子等同用,如普济消毒饮。②能凉血,用治热毒斑疹、丹毒、血痢肠黄等,常与黄连、栀子、赤芍、升麻等同用。③兼有利咽作用,用治咽喉肿痛、口舌生疮等,多与金银花、桔梗、甘草等配伍。

大青叶:为板蓝根的叶,生用。功效与板蓝根相似。能清热解毒,凉血消斑。用于各种丹毒、痈肿、瘟疫、斑疹、咽喉肿痛等,常与黄连、栀子、金银花等同用。

青黛:为大青叶的加工品,系用大青叶加水打烂后,再加入石灰水等,捞取浮在上面的靛蓝粉末,晒干而成。其功效与大青叶相似。多外用治口舌生疮。

【主要成分】含靛苷、β-谷甾醇、靛红、板蓝根乙、丙、丁素及氨基酸、树脂、糖类等。

【药理研究】水煎剂对革兰氏阳性菌和阴性菌均有抑制作用，对流感病毒亦有抑制作用。

【药性歌诀】板蓝根寒，凉血消肿，清热解毒，温病首选；

痄腮头瘟，乳蛾火眼，时疫热病，热毒疹斑。

射干

为鸢尾科植物射干的干燥根茎(图2-45)。切片生用。主产于浙江、湖北、河南、安徽、江苏等地。

【性味归经】寒，苦。入肺经。

【功效】清热解毒，祛痰利咽。

【主治】肺热咳喘，咽喉肿痛。

【用量】马、牛15～45 g；猪、羊5～10 g。

【附注】射干苦寒，泻火解毒，利咽祛痰。为治咽喉肿痛之良药。临诊配伍应用：①本品能解毒利咽，并兼有祛痰作用。用治热毒郁肺，结于咽喉而致的咽喉肿痛，常与黄芩、牛蒡子、山豆根、甘草等配伍。②既能清肺热，又能降逆祛痰，适用于肺热咳嗽痰多者，常与前胡、贝母、瓜蒌等同用。

图2-45　射干

【主要成分】含射干苷、鸢尾苷、射干素等。

【药理研究】①有消除上呼吸道炎性渗出物及解热、止痛的作用。②对皮肤真菌有抑制作用。

【药性歌诀】射干苦寒，泻肺利咽，清热解毒，散血消痰；

咽喉肿痛，肺热痰喘，经闭癥结，痈疮皮炎。

山豆根

为豆科植物越南槐的干燥根及根茎(图2-46)。切片生用。主产于广西、广东、湖南、贵州等地。

【性味归经】寒，苦。入心、肺经。

【功效】清热解毒，利咽消肿。

【主治】咽喉肿痛。

【用量】马、牛15～45 g；猪、羊6～12 g；犬3～5 g；兔、禽1～2 g。

【附注】山豆根苦寒，清热解毒，常用于治疗咽喉和齿龈肿痛。临诊配伍应用：本品能清热解毒，利咽喉，是治咽喉肿痛的要药。用治热毒肺火所致之咽喉肿痛，常与射干、玄参、桔梗等同用。

【主要成分】含苦参碱、氧化苦参碱、臭豆碱、甲基金雀花碱等多种生物碱及β-谷甾醇、酚性成分、异黄酮等。

图2-46　山豆根

【药理研究】①山豆根总碱可使心率加快、增强心肌收缩力，可显著增加冠脉流量。②总碱对正常家兔外周血白细胞有升高作用。③对结核杆菌、霍乱弧菌、麻风杆菌、皮肤真菌及钩端螺旋体等病原体均有一定的杀灭作用。④水提取液对恶性肿瘤有一定的抑制作用。

【药性歌诀】山豆根寒，泻火利咽，解毒止痛，散结破坚；

螺旋体病，宫糜黄疸，喉肝肺癌，喉痹疥癣。

黄药子(黄药)

为薯蓣科植物黄独的干燥块茎(图 2-47)。切片生用。主产于湖北、湖南、江苏、江西、山东、河北等地。

【性味归经】平,苦。有小毒。入心、肺、脾经。

【功效】清热凉血,解毒消肿。

【主治】肺热咳喘,咽喉肿痛,疮黄肿毒等。

【用量】马、牛 15～60 g;猪、羊 5～15 g;犬 3～8 g;兔、禽 1～3 g。

【附注】黄药子凉血解毒,消肿散结,为治诸疮肿毒、咽喉肿痛之良药。临诊配伍应用:①本品性平味苦,具有清热凉血,解毒消肿的作用,用治肺热咳喘、咽喉肿痛、衄血、疮黄肿毒、毒蛇咬伤等。②治疮黄肿毒,常与栀子、黄芩、黄连、白药子等同用,如消黄散。③治咽喉肿痛,常与山豆根、射干、牛蒡子等同用。(4)治衄血,常与栀子、生地等同用。(5)治毒蛇咬伤,可与半边莲等配伍。

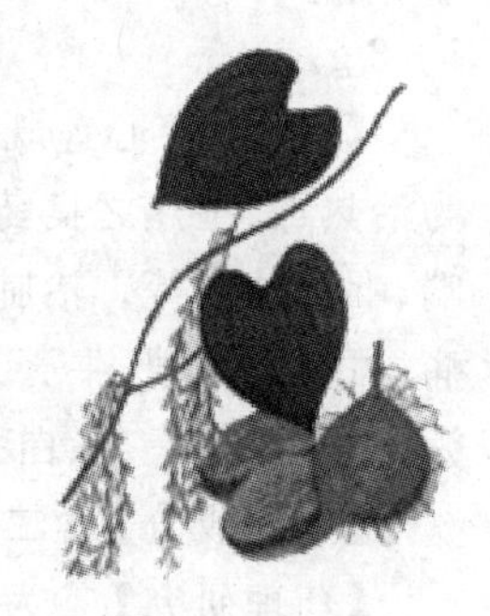

图 2-47　黄药子

【主要成分】主要含多种甾体、皂苷等。

【药理研究】①对地方甲状腺肿和一些原因不明的甲状腺肿均有一定的治疗作用。②有止血作用,对心肌、肠平滑肌有抑制作用,并能引起子宫强直性收缩。③有一定的抗菌消炎作用。

【药性歌诀】黄药苦平,入心肺脾,肺家实热,血热出血;

咽喉肿痛,甲状腺肿,疮黄热毒,用之效灵。

白药子

为防己科植物头花千金藤的干燥块根(图 2-48)。切片生用。主产于江西、湖南、湖北、广东、浙江、陕西、甘肃等地。

【性味归经】寒,苦。入肺、心、脾经。

【功效】清热解毒,凉血止血,散淤消肿。

【主治】肺热咳喘,诸疮肿毒。

【用量】马、牛 30～60 g;猪、羊 5～15 g;犬 3～8 g;兔、禽 1～3 g。

【附注】白药子清热凉血,解毒消肿,为治肺热咳嗽、咽喉肿痛、诸疮肿毒之良药,常与黄药子同用。

【主要成分】含头花藤碱、小檗胺、氧甲基异根毒碱、西克来宁碱、小檗胺甲醚、头花诺林碱、异粉防己碱、高千金藤碱等多种生物碱。

图 2-48　白药子

【药理研究】对结核杆菌有抑制作用。

【药性歌诀】白药子寒,肺热咳喘,与黄药配,散淤消肿;

内部热重,用黄药子,外部热毒,用白药子。

穿心莲(一见喜)

为爵床科植物穿心莲的干燥地上部分(图 2-49)。切段,晒干生用或鲜用。华南、西南、华东等地均有栽培。

【性味归经】寒，苦。入肺、胃、大肠、小肠经。

【功效】清热解毒，燥湿止痢。

【主治】急性热痢，肠黄，外感发热，咽喉肿痛，肺热咳喘等。

【用量】马、牛 60～120 g；猪、羊 30～60 g；犬、猫 3～10 g；兔、禽 1～3 g。

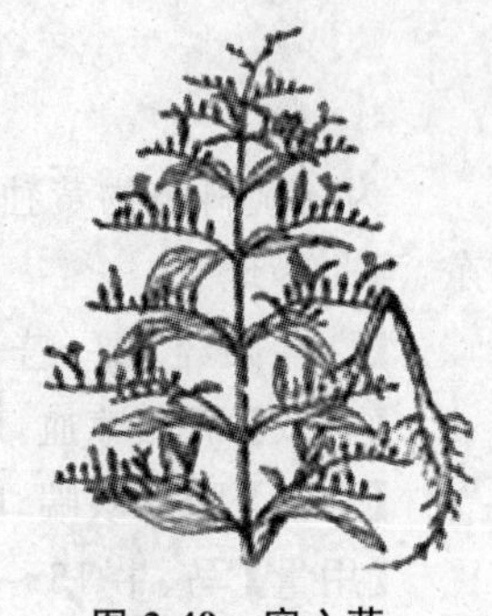
图 2-49　穿心莲

【附注】穿心莲既能清肺胃之热毒，又可苦燥大肠、膀胱之湿热，为治热毒、湿热之良药。临诊配伍应用：①能清热解毒，用治肺热咳喘、咽喉肿痛等。治肺热咳喘，常与桑白皮、黄芩等同用；治咽喉肿痛，可与山豆根、牛蒡子等配伍。②又能清热燥湿，用治肠黄作泻、泻痢等，可与秦皮、白头翁等同用。

【主要成分】含二萜类内酯、穿心莲内酯、新穿心莲内酯等。

【药理研究】①为广谱抗菌药，对钩端螺旋体亦有抑制作用。②能抗病毒和提高白细胞对细菌的吞噬能力。

【药性歌诀】穿心莲寒，凉血消肿，清热解毒，燥湿多功；
喉痹伤感，热咳肺痈，痢淋疮癣，螺旋体病。

五、清热解暑药

香薷(香茹)

为唇形科植物石香薷的干燥全草(图 2-50)。切段生用。主产于江西、安徽、河南等地。

【性味归经】微温，辛。入肺、胃经。

【功效】祛暑解表，利湿行水。

【主治】暑湿外感，腹痛吐泻，水肿等。

【用量】马、牛 15～45 g；猪、羊 3～10 g；犬 2～4 g；兔、禽 1～2 g。

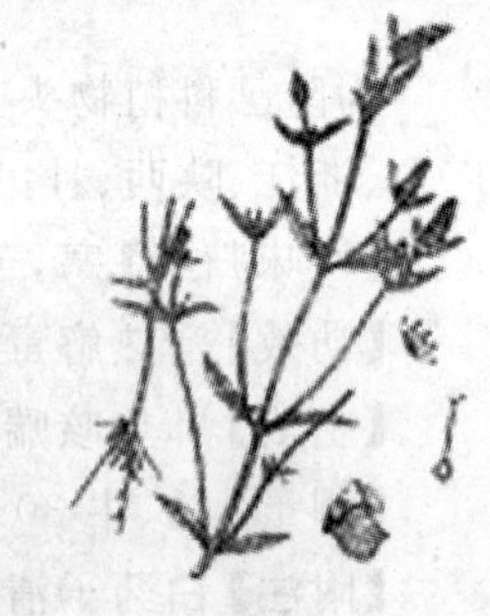
图 2-50　香薷

【附注】香薷辛散芳香，性微温，外能发汗祛暑，内能化湿和中，尚有利水消肿之功，为解暑之要药。临诊配伍应用：①本品能祛暑解表，多用于外感风邪、暑湿、兼脾胃不和之证。治牛、马伤暑，常与黄芩、黄连、天花粉等同用，如香薷散；治疗暑湿，常与扁豆、厚朴等配伍。②通利水湿，用于水肿、尿不利等，常与白术、茯苓等同用。

【主要成分】含香薷酮及倍半萜烯类化合物等挥发油。

【药理研究】有发汗、解热、利尿作用。

【药性歌诀】香薷微温，发汗解表，祛暑化湿，消肿利尿；
暑湿吐泻，夏寒感冒，水肿癃闭，暑月要药。

荷叶

为睡莲科植物莲的干燥叶(图 2-51)。生用或晒干用。主产于浙江、江西、湖南、江苏、湖北等地。

【性味归经】平，苦。入肝、脾、胃经。

【功效】解暑清热，升发清阳。

【主治】暑热泄泻，脾虚气陷，出血。

【用量】马、牛 30～90 g；猪、羊 10～30 g；犬 6～9 g。

【附注】荷叶苦能燥湿，涩以止血。有解暑利湿，升阳止血之功。临诊配伍应用：①本品味苦性平，其气清芳。新鲜者，善清夏季之暑邪，用治暑热、尿短赤等，常与藿香、佩兰等同用。②升发脾阳，用治暑热泄泻、脾虚气陷等，常与白术、白扁豆等配伍。③兼能散淤止血，用治衄血、便血等。

图 2-51　荷叶

【主要成分】含荷叶碱、莲碱、黄酮苷类、荷叶苷、槲皮黄酮苷及异槲皮黄酮苷等。

【药理研究】①浸剂和煎剂在动物实验中能直接扩张血管而降低血压。②荷叶碱对平滑肌有解痉作用。

【附药】藕节

为睡莲科植物莲的根茎节部。生用或炒炭用。

【性味归经】平，甘、涩。入肺、胃经。

【功效】收敛止血，兼能消淤。

【主治】咳血、衄血、便血、尿血、子宫出血等，常与白及、茜草等配伍。又因其既能收敛，又能化淤，止血而无留淤之弊，为多种出血证常用的辅助药。

【用量】马、牛 20～60 g；猪、羊 10～15 g。

【主要成分】含鞣质、天门冬酰胺、淀粉、维生素 C 等。

【药理研究】能缩短血凝时间。

青蒿（香蒿、黄花蒿）

为菊科植物青蒿和黄花蒿的干燥茎叶（图 2-52）。切段生用。各地均产。

【性味归经】寒，苦。入肝、胆经。

【功效】清热解暑，退虚热，杀虫。

【主治】外感暑热，阴虚发热，鸡、兔球虫病等。

【用量】马、牛 20～45 g；猪、羊 6～12 g；犬 3～5 g。

【附注】青蒿苦寒清热，芳香透散，长于清热解暑，退虚热，适用于暑热外感、阴虚发热。临诊配伍应用：①本品气味芳香，虽苦寒而不伤脾胃，并有清解暑邪，宣化湿热的作用，用治外感暑热和温热病等。治外感暑热，常与藿香、佩兰、滑石等配伍；治温热病，常与黄芩、竹茹等同用。②退虚热。用治阴虚发热，常与生地、鳖甲、知母、丹皮同用，如青蒿鳖甲汤。

图 2-52　青蒿

【主要成分】含青蒿酮、侧柏酮、樟脑、青蒿素等挥发油。

【药理研究】①对艾美尔属鸡球虫病有一定的治疗作用。②对牛双芽巴贝斯焦虫病和牛环形泰勒焦虫病有较好疗效。③青蒿素有抑制疟原虫的作用。

【药性歌诀】青蒿苦寒，解热凉血，抗疟解暑，虚热效捷；
暑火温病，衄症诸疟，血虚骨蒸，瘙痒效切。

其他清热药见表 2-4，清热药功能比较见表 2-5。

表 2-4 其他清热药

药名	药用部位	性味归经	功 效	主治
马齿苋	全草	寒、酸。入心、大肠经	清热解毒，消肿止血	湿热下痢，疮痈肿毒，出血
鱼腥草	地上部分	微寒，辛。入肺经	清热解毒，消肿排脓，利尿通淋	肺痈，肠黄，痢疾，乳痈，淋浊
败酱草	全草	凉，辛、苦。入胃、大肠、肝经	清热解毒，祛淤止痛，消肿排脓	肠黄痢疾，目赤肿痛，疮黄疔毒
马勃	子实体	平、辛。入肺经	清肺利咽，止血	咽喉疼痛，鼻衄，外伤出血
绿豆	果实	寒，甘。入心、胃经	清热解毒，消暑止渴	疮痈肿毒，伤暑中暑
白薇	全草	寒，咸、苦。入肝、胃经	清热凉血，利尿通淋，解毒疗疮	低烧不退，产后发热，血淋、热淋，肺热咳喘，疮痈肿毒
银柴胡	根	微寒，苦。主入肝、胃、肾经	清虚热	低烧不退，潮热盗汗

表 2-5 清热药功能比较

类别	药 物	相同点	不同点
清热泻火药	石膏 知母 芦根 栀子 夏枯草 淡竹叶 胆汁	清热泻火，生津除烦；都用于肺、胃大热，津伤烦渴等	石膏、知母二者常相须为用，但石膏清热之力较大，重在清肺胃热，知母质润，重在滋阴润燥滑肠；芦根则偏于清热生津；栀子苦寒，可泻三焦之热，并能清肝胆湿热，又入血分而凉血；夏枯草清肝泻火，多用于肝经风热目赤肿痛；淡竹叶清热利尿，用治心经实热，尿短赤；胆汁主要用于肝火上炎
清热凉血药	丹皮 地骨皮	清热凉血，均用于阴虚发热	丹皮苦寒而辛，有行散作用，适用于无汗阴虚发热，又可活血散淤；地骨皮甘寒，无行散作用，适用于有汗的阴虚发热，又可清肺火
	生地 白头翁 白茅根 紫草 玄参 水牛角	清热凉血	生地以滋阴凉血为特长；白头翁能凉血止痢，善除胃肠湿热蕴结，而治血痢；白茅根为清血热的平和药，凡血热证皆可应用；紫草凉血解毒作用较好，且能滑肠用治热毒便涩；玄参又可滋养阴液，标本兼顾；水牛角凉血止血，可用于热盛血溢，还能定惊
清热燥湿药	黄连 黄芩 黄柏	苦寒，均能清热燥湿，泻火解毒	黄连泻心火解毒，燥湿之力最强，为治痢疾的要药；黄芩善清肺热，且有安胎作用；黄柏善清下焦湿热，并退虚热
	龙胆 苦参 胡黄连 秦皮	清热燥湿	龙胆苦寒，清肝泻火力强，又能清利湿热；苦参燥湿作用较强，并有杀虫止痒作用；胡黄连苦寒性比黄连弱，偏泻肝胆之火；秦皮用治湿热泻痢，还能清肝明目

续表 2-5

类别	药 物	相同点	不同点
清热解毒药	金银花 连翘 紫花地丁 蒲公英 穿心莲	清热解毒，消肿散结	金银花长于解热毒；连翘则善于散结，蒲公英兼散气滞，用治乳痈；紫花地丁凉血解毒力较强，为治热毒疮疡之要药；穿心莲兼能燥湿，可治湿热泻痢
	射干 山豆根 黄药子 白药子 板蓝根	清热解毒，皆为治咽喉肿痛要药 清热解毒，消肿	射干并能降气祛痰，用于热结血淤；山豆根大苦大寒，用于热毒甚者；黄、白药子常同用，但黄药子苦平，适用于清内热，且可治毒蛇咬伤；白药子苦寒，适用于肌表热重；板蓝根又可凉血止血，用于咽喉肿痛，血热发斑等
清热解暑药	香薷 荷叶 青蒿	清化暑湿	香薷为清暑发汗的妙品，且有利水消肿作用；荷叶能升发清气，用治脾虚气陷；青蒿还能退虚热，用治阴虚发热

【阅读资料】

表 2-6　常见的清热方

任务九　泻下药

凡能攻积、逐水，引起腹泻或润肠通便的药物，称为泻下药。

泻下药用于里实证，其主要功能有以下三个方面：①清除胃肠道内的宿食、燥粪以及其他有害物质，使其从粪便排出。②清热泻火，使实热壅滞通过泻下而得到缓解或消除。③逐水退肿，使水邪从粪尿排出，以达到祛除水饮、消退水肿的目的。

根据泻下药的作用强度和应用范围，一般可分为攻下药、润下药、峻下逐水药三类。

(1)攻下药　具有较强的泻下作用，适用于宿食停积、粪便燥结引起的里实证。又有清热泻火作用，故尤以实热壅滞、粪便燥结者为宜。常辅以行气药，以加强泻下作用，并消除肚腹胀满证候。

(2)润下药　多为植物种子或果仁，富含油脂，具有润燥滑肠的作用，故能缓下通便。适用于津枯、产后血亏、病后津液未复及亡血的肠燥便秘等。

(3)峻下逐水药　本类药物作用峻烈，既能引起剧烈腹泻，又有利尿作用，使大量水湿从二便排出。适用于水肿、胸腔积水及痰饮结聚、喘满壅实等。

现代药理研究证明：泻下药能加强胆囊收缩，促进胆汁分泌有利于胆结石排出；能改善局部血液循环，促进组织器官代谢，有利于炎症的消除，使病态机体恢复正常；能刺激肠黏膜，增加肠蠕动，一方面促进血液循环和淋巴循环，另一方面能排出水分使胸水腹水消退。此外，有的药物还具有抗菌消炎、镇痛、解痉、润肠及调整胃肠的作用。

使用泻下药应注意以下几点。

(1)泻下药的使用，以表邪已解，里实已成为原则。如表证未解，当先解表，然后攻里，若表邪未解而里实已成，则应表里双解，以防表邪入里。

(2)攻下药、峻下逐水药攻逐力较猛，易伤正气，凡虚证及孕畜不宜使用，如必要时可适当配伍补益药，攻补兼施。此外，这类药物多具有毒性，应注意剂量，防止中毒。

(3)泻下药的作用与剂量有关，量小则力缓，量大则力峻。与配伍也有关，如大黄配厚朴、枳实则力峻；大黄配甘草则力缓。又如大黄是寒下药，如与附子、干姜配合，又可用于寒实闭结之症。因此，应根据病情掌握用药的剂量与配伍。

一、攻下药

大黄(川军、生军)

为蓼科植物掌叶大黄或唐古特大黄的干燥根及根茎(2-53)。生用或酒制、蒸熟、炒黑用。主产于四川、甘肃、青海、湖北、云南、贵州等地。

【性味归经】寒，苦。入脾、胃、大肠、肝、心包经。

【功效】攻积导滞，泻火凉血，活血祛淤。

【主治】热结便秘，目赤肿痛，热毒疮肿，湿热黄疸，烧烫伤等。

【用量】马、牛 20～90 g；猪、羊 6～12 g；犬、猫 3～5 g；兔、禽 1.3～5 g。

图 2-53　大黄

【附注】大黄苦寒沉降，峻下实热，有将军之称，功能破积导滞，泄热解毒，凉血祛淤，为治热结便秘、湿热黄疸、热毒疮肿的要药。酒制泻下力缓，主清上部火热；生用清热消肿，凉血解毒，用治烫伤、火毒疮痈。临诊配伍应用：①本品善于荡涤肠胃实热、燥结积滞，为苦寒攻下之要药。用治热结便秘、腹痛起卧、实热壅滞等，多与芒硝、枳实、厚朴同用，如大承气汤。②既能泻下，又可清热。用治血热妄行的出血，以及目赤肿痛、热毒疮肿等属血分实热壅滞之证，常与黄连、龙胆草、丹皮等同用。③活血祛淤。适用于淤血阻滞诸证，常与黄芩、黄连、丹皮等同用。用治跌打损伤、淤阻作痛，可与桃仁、红花等配伍。此外，大黄又可清化湿热而用治黄疸，常与茵陈、栀子同用，如茵陈蒿汤；还可作烫伤、热毒疮疡的外敷药，以清热解毒；如与陈石灰炒至桃红色，去大黄后研末为桃花散，撒布伤口，能治创伤出血等。

【主要成分】含蒽醌衍生物(包括大黄酚、芦荟大黄素、大黄酸、大黄素甲醚)及鞣质(主要为葡萄糖没食子鞣苷、儿茶鞣质、游离没食子酸)。

【药理研究】①对葡萄球菌、链球菌、肺炎双球菌、伤寒杆菌、痢疾杆菌、绿脓杆菌、大肠杆菌以及多数皮肤真菌有抑制作用。②蒽醌是致泻的主要成分，经口服后能刺激结肠，使其蠕动增加而致泻。③大黄含鞣质，有收敛作用，因此可产生继发性便秘。④有利胆、止血、利尿、解痉、降低血压和胆固醇等作用。⑤对小鼠黑色素瘤、淋巴肉瘤有明显的抑制作用。⑥有类似雌激素的作用。

【药性歌诀】大黄苦寒，泄热通肠，凉血解毒，行淤退黄；
热结便秘，黄疸毒疡，吐衄目赤，淤阻烫伤。

芒硝(朴硝、皮硝)

为硫酸盐类矿物质芒硝族芒硝，经精制而成的结晶体。主含含水硫酸钠($Na_2SO_4 \cdot 10H_2O$)。煎炼后结于盆底凝结成块者，称为朴硝；结于上面的细芒如针者，称为芒硝。芒硝与萝卜同煮，待溶解后，去萝卜，倾于盆中，冷却后所形成的结晶称为玄明粉。主产于河北、河南、山东、江西、江苏及安徽等地。

【性味归经】大寒，苦、咸。入胃、大肠经。

【功效】软坚泻下，清热泻火。

【主治】实热便秘，百叶干，咽喉肿痛，口舌生疮等。

【用量】马 200～500 g；牛 300～800 g；羊 40～100 g；猪 25～50 g；犬、猫 5～15 g；兔、禽 2～4 g。

【附注】芒硝咸以软坚，苦寒清热，能泄热通便，润燥软坚，为治胃肠实热积滞之要药。临诊配伍应用：①本品有润燥软坚，泻下清热的功效，为治里热燥结实证之要药。适用于实热积滞、粪便燥结、肚腹胀满等，常与大黄相须为用，配木香、槟榔、青皮、牵牛子等治马属动物结症，如马价丸。②外用，清热泻火，解毒消肿。用治热毒引起的目赤肿痛、口腔溃疡及皮肤疮肿。如玄明粉配硼砂、冰片，共研细末，为冰硼散，用治口腔溃疡。

【主要成分】硫酸钠以及少量的氯化钠、硫酸镁等。

【药理研究】硫酸钠口服后，在肠中不易吸收，形成高渗盐溶液，促使肠道内水液增多，肠内容积增大，刺激肠黏膜，反射性地引起肠蠕动亢进而致泻。

【药性歌诀】芒硝咸寒，润燥软坚，清热泻火，堕胎通便；
热结便阻，口糜喉烂，乳痈肠痈，死胎火眼。

番泻叶

为豆科植物狭叶番泻或尖叶番泻的干燥小叶(图 2-54)。生用。狭叶番泻叶主产于印度、埃及、苏丹，尖叶番泻叶主产于埃及。

【性味归经】寒，甘、苦。入大肠经。

【功效】泻热导滞。

【主治】热结便秘，腹痛，水肿。

【用量】马、牛 30～60 g；猪、羊 5～10 g；犬 3～5 g；兔、禽 1～2 g。

【附注】番泻叶泻热通便，行水消胀，专用于热结便秘或食积便秘。临诊配伍应用：①本品有较强的泻热通便作用，用于热结便秘、腹痛起卧等，常与大黄、枳实、厚朴等同用。②配槟榔、大黄、山楂等，用治消化不良、胃肠积食。③配牵牛子、大腹皮等，可治腹水。

图 2-54　番泻叶

【主要成分】含番泻苷甲、乙，及少量游离蒽醌衍生物如芦荟大黄素、大黄酸等；黄酮衍生物山柰酚、山柰苷、异鼠李糖等。

【药理研究】①番泻苷能刺激肠管使其蠕动加快而致泻下。②用量过大，可因刺激性强而引起腹痛，盆腔充血和呕吐等反应。若配伍香附、藿香可减少以上副作用。③1∶4的水浸剂对皮肤真菌有一定的抑制作用。

【药性歌诀】番泻叶寒，泻热通便，行水消肿，导滞除满；
热结便秘，产褥便难，水肿臌胀，便秘习惯。

巴豆

为大戟科植物巴豆的干燥成熟种子（图 2-55）。生用、炒焦用或制霜用。主产于四川、广东、福建、广西、云南等地。

【性味归经】热，辛。有大毒。入胃、大肠、肺经。

【功效】泻寒积，逐水肿，祛痰，蚀疮。

【主治】寒食积滞，粪便秘结，水肿，疮痈。

【用量】马、牛 10～15 g；猪、羊 1.3～5 g；犬 0.2～0.5 g。

【附注】巴豆辛热有大毒，生用能峻下寒积，逐水消肿；制霜则药力较缓，温通去积；外用可治恶疮疥癣。临诊配伍应用：①本品药性猛烈，为温通峻下药，适用于里寒冷积所致的便秘、腹痛等证，常与干姜、大黄等同用。②逐水退肿，有强烈的泻下作用，可消除水肿，适用于实证水肿，可与杏仁等配伍。③能祛痰，用治痰壅咽喉、气急喘促、窒息者，可与胆南星等同用。④外用有腐蚀作用，可用治疮疡脓熟而未溃破者，能促使疮疡溃破，常与乳香、没药等配合。

图 2-55　巴豆

【主要成分】含巴豆油、毒性蛋白、巴豆树脂、生物碱、巴豆苷等。

【药理研究】①巴豆油至肠内遇碱性肠液析出巴豆酸，刺激肠道使分泌和蠕动增加而产生泻下作用。②巴豆油对皮肤黏膜有强烈的刺激作用，可使局部红肿。③所含毒性蛋白是一种细胞原浆毒，能溶解红细胞，使局部细胞变性、坏死。

【药性歌诀】巴豆辛热，逐水祛痰，泻下冷积，蚀疮利咽；
寒积便秘，水湿肿满，疮脓未溃，喉风痰喘。

二、润下药

火麻仁（麻子仁、大麻仁）

为桑科植物大麻的干燥成熟果实。去壳生用。主产于东北、华北、西南等地。

【性味归经】平，甘。入脾、胃、大肠经。

【功效】润肠通便，滋养益津。

【主治】肠燥便秘，百叶干，虚劳等。

【用量】马、牛 120～180 g；猪、羊 10～30 g；犬、猫 2～6 g。

【附注】火麻仁润燥滑肠，专用于津亏便秘。临诊配伍应用：①本品多脂，润燥滑肠，性质平和，兼有益津作用，为常用的润下药。用于邪热伤阴、津枯肠燥所致的粪便燥结，常与大黄、杏仁、白芍等同用，如麻子仁丸。②若用治病后津亏及产后血虚所致的肠燥便秘，常与当归、生地等配伍。

【主要成分】含脂肪油、蛋白质、挥发油、植物甾醇、亚麻酸、葡萄糖醛酸、卵磷脂、维生素 E和维生素 B 等。

【药理研究】所含的脂肪油有润滑作用，同时在肠中遇碱性肠液后，产生脂肪酸，刺激肠壁使肠分泌和蠕动增强，故有缓泻作用。

【药性歌诀】火麻仁平，润燥滑肠，通淋活血，补虚滋养；
热淋消渴，燥秘津伤，难产缺乳，疖肿癞疮。

郁李仁

为蔷薇科植物欧李、郁李或长柄扁桃的干燥成熟种子(图 2-56)。去皮捣碎用。南北各地均有分布，多系野生，主产于河北、辽宁、内蒙古等地。

【性味归经】平，辛、甘。入大肠、小肠经。

【功效】润肠通便，利水消肿。

【主治】大便燥结，小便不利，水肿等。

【用量】马、牛 20～60 g，猪、羊 5～10 g；犬 3～6 g；兔、禽 1～2 g。

【附注】郁李仁苦降质润，导大肠之燥结，利周身之水气，为治津亏肠燥便秘、水肿胀满的良药。临诊配伍应用：①本品富含油脂，体润滑降具有润肠通便之功效，适用于老弱病畜之肠燥便秘，多与火麻仁、瓜蒌仁等同用。②利水消肿，用于四肢浮肿和尿不利等证，常与薏苡仁、茯苓等配伍。

图 2-56　郁李仁

【主要成分】含李苷、苦杏仁苷、脂肪油等。

【药理研究】①郁李仁酊剂有显著降压作用。②有利尿作用。③李苷有明显的泻下作用。

【药性歌诀】郁李仁平，利水消肿，润肠通便，降泻有功；
水肿癃闭，脚气喘壅，气滞肠燥，大便能通。

蜂蜜

为蜜蜂科昆虫中华蜜蜂或西方蜜蜂所酿的蜜。各地均产。

【性味归经】平，甘。入肺、脾、大肠经。

【功效】润肺，滑肠，解毒，补中。

【主治】肠燥便秘，肺燥干咳，虚劳，烫火伤，皮炎，湿疹等。

【用量】马、牛 120～240 g；猪、羊 30～90 g；犬 5～15 g；兔、禽 3～10 g。

【附注】蜂蜜润肺滑肠解毒生津。蜂蜜甘平无毒，生用或炼用。临诊配伍应用：①本品甘而滋润，滑利大肠，用治体虚不宜用攻下药的肠燥便秘等。②润肺止咳，用治肺燥干咳、肺虚久咳等。如枇杷叶等，常用蜂蜜拌炒(即蜜炙)，以增强润肺之功。③有解毒作用，用于缓解乌头、附子等的毒性。④甘而滋润，补中益气，可用于脾虚胃弱等证。

【主要成分】含果糖、葡萄糖、蔗糖、无机盐、酶、有机酸、糊精、蛋白质、树胶样物质、蜡、色素、芳香性物质及花粉粒。

【药理研究】①有祛痰和缓泻作用。②对创面有收敛、营养和促进愈合的作用。③有杀菌作用，如痢疾杆菌、化脓球菌置于 5%的蜜汁中 5 min 后停止活动，20 min 即被杀灭。

【药性歌诀】蜂蜜甘平，滋养补中，润肺滑肠，解毒止痛；
脘痛便秘，慢衰久病，痨嗽燥咳，烫伤疮肿。

食用油

为植物油和动物油，如菜籽油、芝麻油、花生油、豆油及猪脂等。

【性味归经】寒，甘。入大肠经。

【功效】润燥滑肠。

【主治】肠燥便秘。

【用量】马、牛 250～500 mL；猪、羊 90～120 mL；犬 45～60 mL。

【附注】本品滑利而润肠，用治肠津枯燥、粪便秘结，单用或与其他泻下药同用。

【主要成分】含棕榈酸、油酸、亚麻酸等脂肪酸。

三、峻下逐水药

牵牛子(二丑、黑丑、白丑)

为旋花科植物裂叶牵牛或圆叶牵牛的干燥成熟种子(图 2-57)，又称二丑或黑白丑。生用。各地均产。

【性味归经】寒，苦。有毒。入肺、肾、大肠经。

【功效】泻下去积，逐水消肿。

【主治】水肿腹胀，二便不通，虫积腹痛。

【用量】马、牛 15～35 g；猪、羊 3～10 g；犬 2～4 g；兔、禽 0.5～1.5 g。

图 2-57 牵牛子

【附注】牵牛子苦寒峻下，能通利二便，杀虫消积，为治食滞便秘、虫积腹痛及实证水肿的良药。临诊配伍应用：本品泻下力强，又能利尿，可使水湿从粪尿排出而消肿，适用于肠胃实热壅滞、粪便不通及水肿腹胀等证。治水肿胀满等实证，常与甘遂、大戟、大黄等同用。

【主要成分】含牵牛子苷(树脂苷类)、脂肪油、有机酸等。

【药理研究】牵牛子苷在肠内遇到胆汁及肠液分解出牵牛子素，能刺激肠黏膜，使肠道分泌增多，蠕动增加而产生泻下作用。

【药性歌诀】牵牛子寒，逐水退肿，泻下攻积，下气杀虫；
水肿腹水，二便不通，痰饮喘满，虫积腹痛。

续随子

为大戟科植物续随子的干燥成熟种子(图 2-58)，又称千金子。打碎生用或制霜用。主产于浙江、河北、河南等地。

【性味归经】温，辛。有毒。入肝、肾经。

【功效】泻下逐水，破血散淤。

【主治】粪便秘结，水肿，血淤。

【用量】马、牛 15～30 g；猪、羊 3～6 g；犬 1～3 g。

【附注】续随子辛温峻下，逐水消肿，多用于粪便秘结、水肿等证。临诊配伍应用：①本品泻下逐水的作用较强，且能利尿，可用于二便不利的水肿实证，常与大黄、大戟、牵牛子、木通等同用。②又能破血散淤，用于血淤之证，常与桃仁、红花等配伍。

【主要成分】含黄酮苷、大戟双香豆素、白瑞香素、瑞香素、脂肪油、大戟醇、大戟甲烯醇等。

【药理研究】①对胃肠有刺激作用，可致腹泻。②白瑞香素和瑞香素有镇静、止痛和抗炎作用。

【药性歌诀】续随子温，逐水退肿，破血祛痰，攻毒杀虫；

腹水便秘，水肿实证，血癌癥瘕，蛇毒闭经。

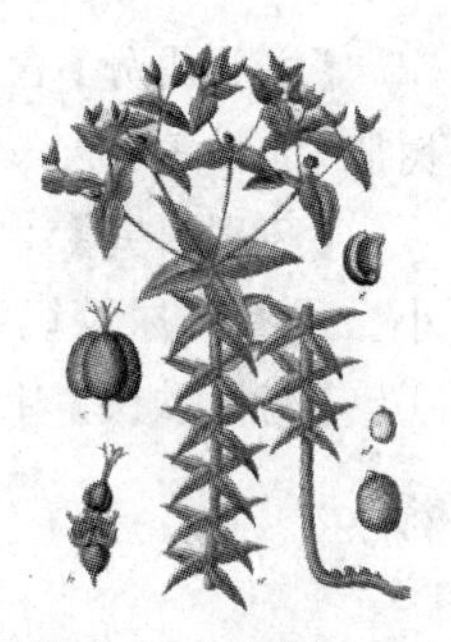

图 2-58 续随子

大戟

为大戟科植物大戟或茜草科植物红芽大戟的干燥根(图 2-59)。前者习称京大戟，后者习称红大戟。切片生用、醋炒或与豆腐同煮后用。主产于广西、云南、广东等地。

【性味归经】寒，苦。有毒。入肺、大肠、肾经。

【功效】泻水逐饮，消肿散结。

【主治】水肿喘满，宿草不转，胸腹积水等。

【用量】马、牛 10～15 g；猪、羊 2～6 g；犬 1～3 g。

【附注】大戟通利二便，消肿散结，为治宿水停脐、痰饮积聚、宿草不转之品。临诊配伍应用：①京大戟泻水逐饮的功效较好，适用于水饮泛溢所致的水肿喘满、胸腹积水等。治牛水草肚胀，可与甘遂、牵牛子等配伍，如大戟散。②消肿散结，以红大戟较好，适用于热毒壅滞所致的疮黄肿毒等。

图 2-59 大戟

【主要成分】红大戟含游离及结合性蒽醌类。京大戟含大戟苷(多为三萜醇的复合体，有类似巴豆油和斑蝥素的刺激作用，与醋酸作用后，其刺激作用消失)。

【药理研究】①有泻下作用。京大戟的泻下作用和毒性作用均比红大戟强。②红大戟对痢疾杆菌、肺炎双球菌、溶血性链球菌有抑制作用。③毒性大，中毒后腹痛、腹泻，重者可因呼吸麻痹死亡。

【药性歌诀】大戟苦寒，逐水利便，消痈散结，实证当咽；

胸腹积水，水肿喘满，痰饮瘰疬，毒痈癫痫。

甘遂

为大戟科植物甘遂的干燥块根(图 2-60)。切片生用、醋炒用、甘草汤炒用或煨用。主产于陕西、山西、河南等地。

【性味归经】寒，苦。有毒。入肺、肾、大肠经。

【功效】泻水逐饮，消肿散结。

【主治】胸腹积水，二便不通，痈疮肿毒。

【用量】马、牛 15～25 g；猪、羊 0.2～1.5 g；犬 0.1～0.5 g。

【附注】甘遂苦能降泻，寒能清热，为泻下逐饮之峻药，多用于牛百叶干、胸腹积水、宿水停脐等病证。临诊配伍应用：①本品为泻水逐饮之峻下药，尤长于泻胸腹积水，适用于水湿壅盛所致的宿水停脐、水肿胀满、二便不利等，常与大戟、芫花等同用。②外用消肿散结，用于湿热肿毒等。

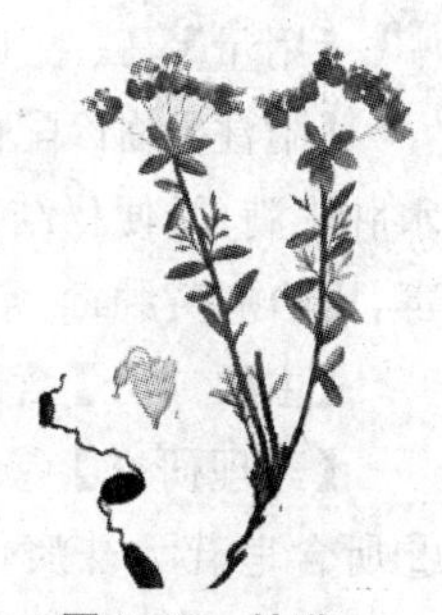

图 2-60 甘遂

【主要成分】含三萜(α-大戟醇、γ-大戟醇、大戟二烯醇等)、棕榈酸、柠檬酸、草酸、鞣酸、树脂、淀粉等。

【药理研究】①甘遂生用泻下作用较强,毒性亦大,经醋制后其毒性及泻下作用均相应减小。②有利尿及镇痛作用。

【药性歌诀】甘遂苦寒,通利二便,泻水逐饮,结肿可蠲;

胸腹积水,水肿癫痫,结胸泻秘,湿热毒患。

芫花

为瑞香科植物芫花的干燥花蕾(图 2-61)。生用或醋炒、醋煮用。主产于陕西、安徽、江苏、浙江、四川、山东等地。

【性味归经】寒,苦。有毒。入肺、大肠、肾经。

【功效】泻水逐饮,杀虫。

【主治】胸腹积水,疥癣,疮毒。

【用量】马、牛 15~25 g;猪、羊 2~6 g;犬 1~3 g。

【附注】本品泻水逐饮之功效与大戟、甘遂类似,而作用稍缓,以泻胸胁之水饮积聚见长,适用于胸胁积水、水草肚胀等,常与大戟、甘遂、大枣等同用治疗胸水。外用还能杀虫治癣。

图 2-61　芫花

【主要成分】含芫花苷、芹菜素、芫根苷等多种黄酮类,以及 β-甾固醇、苯甲酸等。

【药理研究】①能刺激肠黏膜,使肠蠕动增加而致泻。②有利尿作用。③芫花与甘草同用,其利尿、泻下作用减弱,并能增强其毒性。④醋制有止咳、祛痰作用。⑤对金黄色葡萄球菌、痢疾杆菌、伤寒杆菌、绿脓杆苗、大肠杆菌、皮肤真菌等有抑制作用。

【药性歌诀】芫花辛温,泻火消肿,逐饮涤痰,治疮杀虫;

水肿胀满,悬饮胁痛,秃疮冻疮,咳喘癣用。

商陆

为商陆科植物商陆或垂序商陆的干燥根(图 2-62)。生用或醋炒用。主产于河南、安徽、湖北等地。

【性味归经】寒,苦。入肺、大肠、肾经。

【功效】泻下利水,消肿散结。

【主治】水肿,宿水停脐,痈疮肿毒。

【用量】马、牛 15~30 g;猪、羊 2~5 g。

【附注】临诊配伍应用:①本品苦寒沉降,通利二便,长于行水,用于水肿胀满、粪便秘结、尿不利等实证,常与甘遂、大戟等同用。②消散肿毒,用治疮黄肿毒,常以新鲜商陆捣烂外敷。

【主要成分】含三萜皂苷、甾族化合物、生物碱及大量硝酸钾等。

【药理研究】①有利尿作用,但用量过大可引起心脏功能减弱。②所含皂苷无祛痰作用,但生物碱部分有止咳作用。③1∶4水浸剂对一些皮肤真菌有抑制作用。

图 2-62　商陆

泻下药功能比较见表 2-7。

表 2-7　泻下药功能比较

类别	药物	相同点	不同点
攻下药	大黄 芒硝 番泻叶	泻热通便	大黄泻下力最强，荡涤积滞，又能清血分实热，解毒破淤；芒硝味咸，偏于润燥软坚，通便；番泻叶泻下功效可靠，寒秘、热秘皆可应用
	巴豆	泻下寒积	主治寒积便秘
润下药	火麻仁 郁李仁 蜂 蜜	润燥滑肠	三者均用于肠燥便秘。郁李仁润下之力较强，兼能利水消肿；火麻仁润下之力较缓，但有滋养补虚作用；蜂蜜尚有润肺止咳，清热解毒之功效
逐水药	大戟 甘遂 芫花	峻下逐水	大戟偏泄脏腑水湿，通利二便并治疮黄；甘遂逐水之力最猛，泻胸腹积水，疗效最速；芫花善治胸腔积水，用治胸满气喘，并能杀虫
	牵牛子 商陆 续随子	泻下逐水	牵牛子通利二便，并能杀虫；商陆泻水利尿，专除水肿，续随子尚能破血散淤

【阅读资料】

表 2-8　常见的泻下方

任务十　消导药

凡能健运脾胃，促进消化，具有消积导滞作用的药物，称为消导药，也称消食药。

消导药适用于消化不良、草料停滞、肚腹胀满、腹痛腹泻等。在临床应用时，常根据不同病情而配伍其他药物，不可单纯依靠消导药物取效。如食滞多与气滞有关，故常与理气药同用；便秘，则常与泻下药同用；脾胃虚弱，可配健胃补脾药；脾胃有寒，可配温中散寒药；湿浊内阻，可配芳香化湿药；积滞化热，可配清热药。

现代药理研究证明，消食药大多能促进胃液分泌和胃肠蠕动，增加胃液消化酶，激发酶活性，防止过度发酵，恢复消化吸收功能，故能开胃消滞而治消化不良之症。

山楂(红果子、酸楂)

为蔷薇科植物山楂或山里红的成熟干燥果实(2-63)。生用或炒用。主产于河北、江苏、浙江、安徽、湖北、贵州、广东等地。

【性味归经】微温，酸、甘。入脾、胃、肝经。

【功效】消食健胃，活血化淤。

【主治】食积不化，伤食泄泻，肚腹胀满，产后淤血等。

【用量】马、牛 20～45 g；猪、羊 10～15 g；犬、猫 3～6 g；兔、禽1～2 g。

【附注】山楂健脾开胃，消食化积，行气散淤，为治宿食停滞、伤食泻痢的良药。临诊配伍应用：①本品能消食健胃，尤以消化肉食积滞见长，用治食积不消、肚腹胀满等，常与行气消滞药木香、青皮、枳实等同用。治食积停滞，配神曲、半夏、茯苓等，如保和丸。②活血化淤，用治淤血肿痛、下痢脓血等。如治淤滞出血，可与蒲黄、茜草等配伍。

图 2-63　山楂

【主要成分】含枸橼酸、苹果酸、抗坏血酸、糖和蛋白质等。

【药理研究】①能扩张血管、降低血压、降低胆固醇、强心、收缩子宫、促进消化腺分泌、增加胃液中酶类的活性。②水煎剂对痢疾杆菌、绿脓杆菌有抑制作用。

【药性歌诀】山楂微温，消食化积，止泻止痢，破气散淤；

肉积癥瘕，腹泻疫痢，经产淤痛，疝气心痹。

麦芽(大麦芽、麦蘖)

为禾本科植物大麦的成熟果实经发芽干燥而成。生用或炒用。各地均产。

【性味归经】平，甘。入脾、胃经。

【功效】消食和中，回乳。

【主治】草料积滞，食欲不振，乳房肿胀等。

【用量】马、牛 20～60 g；猪、羊 10～15 g；犬 5～8 g；兔、禽 1.5～5 g。

【附注】麦芽甘温，健脾开胃，行气消食，尚能回乳，多用于宿食停滞、脾胃虚弱之证。临诊配伍应用：①本品有消食和中的作用，尤以消草食见长，用治草料停滞、肚腹胀满、脾胃虚弱、食欲不振等。②治消化不良，常与山楂、陈皮等同用；治脾胃虚弱，常与白术、砂仁、甘草等配伍。又能回乳，用于乳汁郁积引起的乳房肿胀。

【主要成分】含淀粉酶、转化糖酶、蛋白质分解酶、维生素 B 和维生素 C、脂肪、卵磷脂、麦芽糖、葡萄糖等。

【药理研究】嫩短的芽含酶量较高，微炒时对酶无影响，但炒焦后则酶的活力降低。

【药性歌诀】麦芽甘平，下气和中，醒胃消食，回乳宽膨；

面食乳积，宿滞内停，乳闭痛胀，吐血气冷。

神曲(建曲、六曲)

为面粉和其他药物混合后经发酵而成的加工品(图 2-64)，又称六曲或建曲。本品原主产于福建，现各地均能生产，而制法规格稍有不同，大致以大量麦粉、麸皮与杏仁泥、赤豆粉，以及鲜青蒿、鲜苍耳、鲜辣蓼自然汁，混合拌匀，使不干不湿，做成小块，放入筐内，覆以麻叶或楮叶(构树叶)，保温发酵 1 周，长出菌丝(生黄衣)后，取出晒干即成。生用或炒至略具有焦香气味入药(名焦六曲)。

【性味归经】温，甘、辛。入脾、胃经。

【功效】消食化积，健胃和中。

图 2-64　神曲

【主治】草料积滞，消化不良，食欲不振，肚腹胀满，脾虚泄泻等。

【用量】马、牛 20～60 g；猪、羊 10～15 g；犬 5～8 g。

【附注】神曲辛能行气，甘温和中，有健脾开胃，行气消食之功，适用于草料积滞、脾虚慢草、肚腹胀满、脾虚泄泻等病证。临诊配伍应用：适用于草料积滞、消化不良、食欲不振、肚腹胀满、脾虚泄泻等，常与山楂、麦芽等同用，如曲蘖散。

【主要成分】本品为酵母制剂，含有维生素 B 复合体、酶类、麦角固醇、蛋白质、脂肪等。

【药理研究】能帮助蛋白质、脂肪、淀粉的消化，特别对单纯性消化不良效果较好。另有回乳及下胎之效，故哺乳及孕畜慎用。

【药性歌诀】神曲辛温，开胃健脾，回乳解表，化金消食；
　　　　　　食滞胀满，呕吐泻痢，胃肠感冒，金药使剂。

鸡内金

为雉科动物家鸡的干燥砂囊内壁（图 2-65）。剥离后，洗净晒干。研末生用或炒用。

【性味归经】平，甘。入脾、胃、小肠、膀胱经。

【功效】消食健脾，化石通淋。

【主治】食积停滞，脾虚泄泻，石淋等。

【用量】马、牛 15～30 g；猪、羊 3～9 g；兔、禽 1～2 g。

图 2-65　鸡内金

【附注】鸡内金甘平，能健胃消食，多用于宿食停滞，脾虚泄泻等证。临诊配伍应用：①本品消积作用较强，而又具健脾之功，多用于草料停滞而兼有脾虚证。治食积不化、肚腹胀满，常与山楂、麦芽等同用；治脾虚腹泻，常与白术、干姜等配合。②化石通淋，用治砂淋、石淋等，多与金钱草、海金沙、牛膝等同用。

【主要成分】含胃激素、胆汁三烯、胆绿素、蛋白质及多种氨基酸等。

【药理研究】内服能使胃液分泌量及酸度增加，胃的运动机能增加，排空加速。

【药性歌诀】鸡内金平，涩精止遗，理气健脾，化食消积；
　　　　　　食积肝炎，泻痢结痞，尿胆结石，遗尿遗精。

莱菔子

为十字花科植物萝卜的干燥成熟种子，又称萝卜子（图 2-66）。生用或炒用。各地均产。

【性味归经】平，辛、甘。入肺、脾经。

【功效】消食导滞，理气化痰。

【主治】食积气滞，痰饮咳喘。

【用量】马、牛 20～60 g；猪、羊 5～15 g；犬 3～6 g；兔、禽 1.5～2 g。

【附注】莱菔子消食除胀，降气化痰，多用食积气滞、痰饮咳喘等证。临诊配伍应用：①本品生用具有消食除胀的作用。用治食积气滞

图 2-66　莱菔子

的肚腹胀满、嗳气酸臭、腹痛腹泻等，常与神曲、山楂、厚朴等同用。②熟用则祛痰降气。多用治痰涎壅盛，气喘咳嗽等证，常与苏子等配伍。

【主要成分】含脂肪油，油中有芥酸甘油酯及微量挥发油。

【药理研究】①1∶3的莱菔子水浸液对皮肤真菌有抑制作用。②从莱菔子分离出的一种芥子油，对链球菌、葡萄球菌、肺炎球菌、大肠杆菌有抑制作用。③有健胃作用。

【药性歌诀】辛甘性平莱菔子，下气定喘消痰食；

咳喘气滞痰食积，胸闷腹胀赤白痢。

消导药功能比较见表2-9。

表2-9　消导药功能比较

类别	药 物	相同点	不同点
消导药	神曲 山楂 麦芽 鸡内金 莱菔子	消食导滞，治草料停滞，消化不良	神曲健脾和中可治脾虚泄泻；山楂行气散淤可治淤血肿痛，下痢脓血；麦芽有回乳作用，治乳房肿痛；鸡内金化石通淋，可治砂淋、石淋；莱菔子理气化痰，治气喘、咳嗽

【阅读资料】

表2-10　常见的消导方

任务十一　止咳化痰平喘药

凡能消除痰涎，制止或减轻咳嗽气喘的药物，称为止咳化痰平喘药。

此类药物味多辛、苦，入肺经。辛能散能通，故具有宣通肺气之功，肺气宣通，则咳止而痰化。许多医家认为痰是津液停聚而成，指出治痰之要在于调气。故有“治咳嗽者，治痰为先，治痰者，下气为上”和“善治痰者，不治痰而治气，气顺则一身之津液亦随气而顺矣”（见《丹溪心法》）的说法。苦能泄能降，故具有降泄肺气之效，肺气肃降，则喘息自平，所以调气又为治喘的一个重要方法。

临床上，咳嗽每多挟痰，而痰多亦可导致咳嗽。因此，在治疗上止咳和化痰往往配合应用。如化痰药常与止咳药同用，而止咳药也常与化痰药同用。

引起咳嗽的原因很多，临证时，必须辨明引起发病的原因，根据不同的病情，适当地配合其他药物。如外感风寒引起的咳嗽，就应配合辛温解表药；如外感风热引起的咳嗽，就应配合辛凉解表药；如因虚劳引起的咳嗽，就应配合补养药，才可收到较好的效果。

现代药理研究表明，本类药物有扩张支气管，促进或抑制黏膜分泌，镇咳，抗惊厥，镇静，抗菌，抗病毒及抗肿瘤，促进病理产物的吸收等作用。

由于咳、喘症状不同，治疗原则也不同。如喘急宜平，气逆宜降，燥咳宜润，热咳宜清等。因此，根据化痰止咳平喘药的不同性味和功效，可将其分为如下三类。

(1)温化寒痰药　凡药性温燥，具有温肺祛寒、燥湿化痰作用的药物，称为温化寒痰药。适用于寒痰、湿痰所致的咳嗽气喘，鼻液稀薄等。临床应用时，常与燥湿健脾药物配伍。因其性燥烈，故阴虚燥咳、热痰壅肺等情况慎用。

(2)清化热痰药　凡药性偏于寒凉，以清化热痰为主要作用的药物，称为清化热痰药。适用于热痰郁肺所引起的呛咳气喘，鼻液黏稠等。临床应用时，应根据病情作适当的配伍。

(3)止咳平喘药　凡以止咳、平喘为主要作用的药物，称为止咳平喘药。由于咳喘有寒热虚实等的不同，故临床应用时，须选用适宜药物配伍。

一、温化寒痰药

半夏

为天南星科植物半夏的干燥块茎(图 2-67)。原药为生半夏，如用凉水浸泡至口尝无麻辣感，晒干加白矾共煮透，取出切片晾干者为清半夏；如与姜、矾共煮透，晾干切片入药者为姜半夏；以浸泡至口尝无麻辣感的半夏，与甘草煎汤泡石灰块的水混合液同浸泡至内无白心者称法半夏。主产于四川、湖北、安徽、江苏、山东、福建等地。

图 2-67　半夏

【性味归经】温，辛。有毒。入脾、胃经。

【功效】降逆止呕，燥湿祛痰，宽中消痞，下气散结。

【主治】痰喘咳嗽，胃寒吐草，肺寒吐沫等。

【用量】马、牛 15～45 g；猪、羊 3～10 g；犬、猫 1～5 g。

【附注】半夏辛温而燥，为燥湿化痰、温化寒痰和降逆止呕的要药，并能散结。姜半夏多用于降逆止呕；清半夏偏于燥湿化痰；法半夏介于姜半夏和清半夏之间，多长于燥湿化痰；生半夏有毒，多外用治痈疮肿毒。临诊配伍应用：①本品辛散温燥，降逆止呕之功显著，可用于多种呕吐证，对停饮和湿邪阻滞所致的呕吐尤为适宜。若属热性呕吐，尚须配合清热泻火的药物。②燥湿祛痰，为治湿痰之要药，适用于咳嗽气逆、痰涎壅滞等。属于湿痰者，常与陈皮、茯苓等配伍，如二陈汤。治马肺寒吐沫，与升麻、防风、枯矾、生姜同用，如半夏散。③又能宽中消痞，用治肚腹胀满，常与黄芩、黄连、干姜等同用。④并可下气散结，用治气郁痰阻的病证，可配厚朴、茯苓、苏叶、生姜等药。此外，生半夏有毒，多作外科疮黄肿毒之用，如半夏末、鸡蛋白调涂治褥疮。

【主要成分】含有 β-谷甾醇、葡萄糖苷及游离的 β-谷甾醇、微量挥发油、植物甾醇、皂苷、辛辣性醇类、生物碱等。

【药理研究】①有镇咳，镇吐作用。②动物实验证明半夏对咳嗽中枢和呕吐中枢有抑制作用。

【药性歌诀】半夏辛温，燥湿化痰，降逆止呕，结痞能散；

　　湿痰冷饮，胸膈胀满，梅核瘿瘤，诸呕结蠲。

天南星

为天南星科植物天南星、异叶天南星或东北天南星的干燥块茎(图 2-68)。生用或炙用。主产于四川、河南、河北、云南、辽宁、江西、浙江、江苏、山东等地

【性味归经】温,苦、辛。有毒。入肺、肝、脾经。

【功效】燥湿祛痰,祛风解痉,消肿毒。

【主治】湿痰咳嗽,风痰壅滞,癫痫,破伤风等。

【用量】马、牛 15～25 g;猪、羊 3～10 g;犬、猫 1～2 g。

【附注】天南星燥湿化痰,祛风定惊,消肿散结,为治风痰、顽痰、湿痰的良药;胆南星,功能清化热痰,熄风定惊,多用于痰热咳喘,惊痫抽搐。临诊配伍应用:①本品燥湿之功更烈于半夏,适用于风痰咳嗽、顽痰咳嗽及痰湿壅滞等,常与陈皮、半夏、白术同用。②祛风解痉,为祛风痰的主药,常用于癫痫、口眼歪斜、中风口紧、全身风痹、四肢痉挛、破伤风等,多与半夏、白附子等配伍。③尚能消肿毒,外敷疮肿,有消肿定痛的功效。

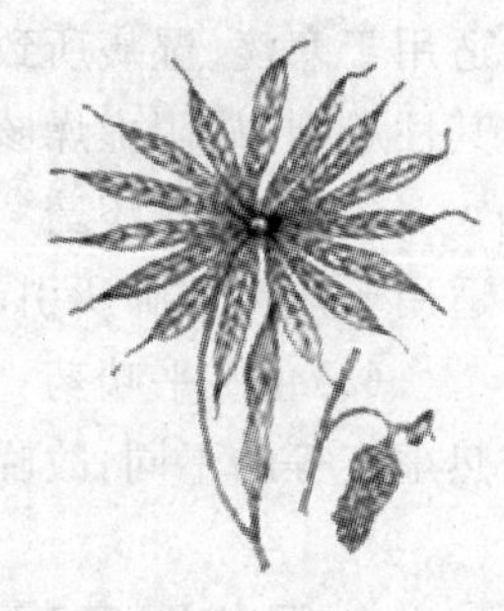
图 2-68 天南星

【主要成分】含 β-谷甾醇、三萜皂苷、安息香酸、氨基酸、淀粉及 D-甘露醇等。

【药理研究】①动物试验证明,其所含皂苷能刺激胃黏膜,反射性引起支气管分泌增加,而起祛痰作用。②水煎剂能提高电痉挛阈值,且有明显的镇静及抗惊作用,故可用于癫痫、破伤风、抽搐等。

【药性歌诀】南星苦温,祛风止痉,燥湿化痰,散结消肿;

风痰眩晕,疮痉中风,子宫颈癌,痰核疽痈。

旋覆花

为菊科植物旋覆花或欧亚旋覆花的干燥头状花序(图 2-69)。生用。主产于广西、广东、江苏、浙江等地。

【性味归经】微温,苦、辛、咸。入肺、大肠经。

【功效】降气平喘,消痰行水。

【主治】风寒咳嗽,痰饮停聚,呕吐。

【用量】马、牛 15～45 g;猪、羊 5～10 g;犬 3～6 g。

【附注】旋覆花善于降气止呕,消痰软坚。凡痰多咳喘,翻胃呕吐皆宜应用。临诊配伍应用:①本品能降气平喘,用于咳嗽气喘、气逆不降等,常与苏子等同用。②又能消痰行水,配桔梗、桑白皮、半夏、瓜蒌仁等,治疗痰壅气逆及痰饮蓄积所致的咳喘痰多等证。

图 2-69 旋覆花

【主要成分】含黄酮苷类等。

【药理研究】有镇吐、祛痰作用。

【药性歌诀】旋覆花温,消痰平喘,降气止呕,行气软坚;

嗳气呕逆,咳喘痰黏,水肿脘痞,胁下胀满。

白前

为萝藦科植物柳叶白前或芫花叶白前的干燥根茎及须根(图 2-70)。切段生用。主产于

浙江、山东、安徽、河南、广东、江苏等地。

【性味归经】微温，辛、甘。入肺经。

【功效】祛痰，降气止咳。

【主治】肺气壅实，痰多咳喘。

【用量】马、牛 15～45 g，猪、羊 5～15 g；兔、禽 1～2 g。

【附注】白前辛甘，温而不燥。专入肺经，长于降气祛痰，为治痰多咳嗽之良药。临诊配伍应用：本品既可祛痰以除肺气之壅实，又能止咳嗽以制肺气之上逆，颇有标本兼顾之长，凡肺气壅塞、痰多诸证，均可应用。偏寒者，常与紫菀、半夏同用；偏热者，常与桑白皮、地骨皮配伍；外感咳嗽，可与荆芥、桔梗、陈皮等同用，如止嗽散。

图 2-70　白前

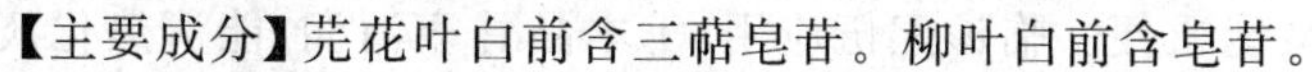

【主要成分】芫花叶白前含三萜皂苷。柳叶白前含皂苷。

【药理研究】所含皂苷有祛痰作用。

【药性歌诀】白前微温，泻肺降气，祛痰止咳，功专肃降；
痰鸣脉沉，肺实喘急，热嗽寒咳，胀满气逆。

二、清化热痰药

贝母

为百合科植物川贝母或浙贝母的干燥鳞茎(图 2-71)，又称大贝或尖贝。原药均生用，主产于四川、浙江、青海、甘肃、云南、江苏、河北等地。

【性味归经】川贝：微寒，苦、甘。浙贝：寒，苦。均入心、肺经。

【功效】止咳化痰，清热散结。

【主治】咳嗽，气喘，痰多，肺痈，疮痈肿毒等。

【用量】马、牛 15～30 g；猪、羊 3～10 g；犬、猫 1～2 g；兔、禽 0.5～1 g。

【附注】贝母偏于润肺化痰，并能解毒，消肿散结。川贝甘寒有润肺之功，善治阴虚及肺燥咳嗽；浙贝苦寒清火散结作用较强，善治外感风热、痰热郁肺咳嗽、痰多。临诊配伍应用：①止咳化痰，用于痰热咳嗽，常与知母同用。与杏仁、紫菀、款冬花、麦冬等止咳养阴药配伍，用于久咳；配百合、大黄、天花粉等，用治肺痈鼻脓，如百合散。②清热散结。浙贝母长于清火散结，故适用于瘰疬痈肿未溃者，多与清热散结、凉血解毒药物同用。如配伍天花粉、连翘、蒲公英、当归、青皮等，用治乳痈肿痛。

图 2-71　贝母

【主要成分】贝母含川贝母碱、炉贝母碱、青贝母碱等多种生物碱。浙贝母含有浙贝母碱、贝母酚、贝母新、贝母替丁等多种生物碱及浙贝碱苷、甾醇、淀粉等。

【药理研究】川贝母碱有降压、增强子宫收缩、抑制肠蠕动的作用，但大量则能麻痹中枢神经系统、抑制呼吸运动等。浙贝母有阿托品样作用，能松弛支气管平滑肌及降低血压，扩大瞳孔等作用。其散瞳作用比阿托品还强大而持久。

【药性歌诀】贝母微寒，开郁散结，止咳化痰，润肺清热；
瘰疬肺痿，虚嗽痨咳，乳痈肺痈，热痰咯血。

瓜蒌(栝楼)

图 2-72 瓜蒌

为葫芦科植物栝楼或双边栝楼的干燥成熟果实(图 2-72)。主产于山东、安徽、河南、四川、浙江、江西等地。

【性味归经】寒,甘。入肺、胃、大肠经。

【功效】清热化痰,宽中散结。

【主治】肺热咳喘,乳痈,肺痈,肠燥便秘。

【用量】马、牛 30～60 g;猪、羊 10～20 g;犬 6～8 g;兔、禽 0.5～1.5 g。

【附注】瓜蒌清热润燥,兼散结、通便,善治痰热咳喘、乳痈、便秘等。瓜蒌皮偏清化热痰而润肺止咳;瓜蒌仁偏润肠通便;瓜蒌根(天花粉)偏生津润肺;全瓜蒌则既化热痰,又能通便。临诊配伍应用:①本品甘寒清润,能清热化痰,用于肺热咳嗽,痰液黏稠等,常与贝母、桔梗、杏仁等同用。②下润大肠之燥而通便,用于粪便燥结,可与火麻仁等配伍。此外,还可用于乳痈初起,肿痛未成脓者,常与蒲公英、乳香、没药等配伍,有散结消肿的功效。

【主要成分】含三萜皂苷、有机酸、树脂、糖类、色素,种子内含脂肪油。

【药理研究】①有广谱的抗菌作用,如对大肠杆菌、伤寒杆菌等有抑制作用。②所含皂苷,有较强的镇咳和祛痰作用。③有一定的抗癌作用。

【药性歌诀】瓜蒌甘温,清热化痰,宽胸散结,润肠通便;
热痰咳嗽,结胸便干,胸痹痈肿,肺痿黄疸。

天花粉

图 2-73 天花粉

为葫芦科植物栝楼或双边栝楼的干燥根(图 2-73)。切片生用。主产于山东、安徽、河南、四川、浙江、江西等地。

【性味归经】寒,苦、酸。入肺、胃经。

【功效】清肺化痰,养胃生津。

【主治】肺热咳喘,胃热口渴。

【用量】马、牛 15～45 g;猪、羊 5～15 g;犬、猫 3～5 g;兔、禽 1～2 g。

【附注】天花粉苦以清热,甘以润肺,功能润肺生津,消肿排脓,为治肺燥咳嗽、胃热口渴之良药。临诊配伍应用:①本品能清肺化痰。用治肺热燥咳、肺虚咳嗽、胃肠燥热或痈肿疮毒等,常与麦冬、生地配伍。②又能养胃生津。用治热证伤津口渴者,常配生地、芦根等。

【主要成分】含皂苷、蛋白质及淀粉等。

【药理研究】①所含天花粉素蛋白质有引产作用。②对绒毛膜上皮癌有一定的疗效。

【药性歌诀】天花粉寒,消肿排脓,生津润燥,肺胃清热;
消渴黄疸,烦渴热病,燥咳咳血,恶胎疮痈。

桔梗

为桔梗科植物桔梗的干燥根(图 2-74)。切片生用。主产于安徽、江苏、浙江、湖北、河南等。

【性味归经】寒,苦、辛。入肺经。

【功效】宣肺祛痰,排脓消肿。

【主治】咳嗽痰多,咽喉肿痛等。

【用量】马、牛 15～45 g;猪、羊 3～10 g;犬 2～5 g;兔、禽 1～1.5 g。

【附注】桔梗苦辛升浮,开提肺气,定肺祛痰,利咽排脓。为治肺实咳喘痰多之要药。临诊配伍应用:①本品宣肺祛痰,长于宣肺而疏散风邪,为治外感风寒或风热所致咳嗽、咽喉肿痛等的常用药。用治肺热咳喘,常与贝母、板蓝根、甘草、蜂蜜等配伍,如清肺散。②排脓消肿。用治肺痈、疮黄肿毒,有排脓之效。此外,还能开提肺气,疏通胃肠,并为载药上行之主药。

图 2-74 桔梗

【主要成分】本品含有桔梗皂苷(水解后产生桔梗皂苷元)、菊糖、植物甾醇等。

【药理研究】①有促进支气管黏膜分泌及类固醇、胆酸分泌的作用。②有一定的消炎抗菌作用。③能溶血,不宜静脉注射。

【药性歌诀】桔梗苦平,祛痰排脓,开宣肺气,利咽提升;
寒热咳喘,肺痈胸痛,痢疾音哑,咽痛喉肿。

前胡

为伞形科植物紫花前胡或白花前胡的干燥根(图 2-75)。切片生用。主产于江苏、浙江、江西、广西、安徽等地。

【性味归经】微寒,苦、辛。入肺经。

【功效】降气祛痰,宣散风热。

【主治】气喘痰多,风热咳嗽。

【用量】马、牛 15～45 g;猪、羊 5～10 g;兔、禽 1～3 g。

【附注】前胡苦能下气祛痰,辛能宣肺散风,微寒以清热,为治外感风热咳喘的良药。临诊配伍应用:①本品能降气祛痰。适用于肺气不降的痰稠喘满及风热郁肺的咳嗽。②又能宣散风热。用治风热郁肺,发热咳嗽,可与薄荷、牛蒡子、桔梗等疏散风热药配伍。

图 2-75 前胡

【主要成分】紫花前胡含前胡苷、挥发油、鞣质、糖类等。白花前胡含多种香豆精类。

【药理研究】有显著增加呼吸道分泌作用,祛痰效力与桔梗相当,但煎剂无显著镇咳作用。

【药性歌诀】前胡微寒,降气祛痰,宣散风热,止呕定喘;
肺热咳嗽,痰稠喘满,风热感冒,痞闷能宽。

三、止咳平喘药

杏仁

为蔷薇科植物杏、西伯利亚杏或东北杏的干燥成熟种子(图 2-76)。除去核壳和种仁皮尖,生用或炒用。主产于我国北方各地。

图 2-76　杏仁

【性味归经】温，苦。有小毒。入肺、大肠经。

【功效】止咳平喘，润肠通便。

【主治】各种咳喘，肠燥便秘等。

【用量】马、牛 25～45 g；猪、羊 5～15 g；犬 3～8 g。

【附注】杏仁质润，苦降温散，止咳平喘，润肠通便，为治痰多咳喘、肠燥便秘之良药；苦杏仁多用于感冒咽喉痰多之证，甜杏仁适用于虚劳咳喘之证。临诊配伍应用：①本品苦泄降气，能止咳平喘，主要用于咳逆，喘促等证。配款冬花、枇杷叶、陈皮等，用治外感咳嗽；配麻黄、石膏、甘草等，用治肺热气喘，如麻杏甘石汤。②富含脂肪，能润燥滑肠。配桃仁、火麻仁、当归、生地、枳壳等，用治老弱病畜肠燥便秘和产后便秘。

【主要成分】含苦杏仁苷、苦杏仁酶、苦杏仁油等。

【药理研究】杏仁分苦、甜两种，一般入药多用苦杏仁。甜杏仁较少使用，偏于滋润，多用于肺虚咳嗽。苦杏仁苷水解后产生氢氰酸等，有镇咳和镇静作用。若过量服用，可引起中毒反应，甚至因呼吸麻痹而致死。

【药性歌诀】杏仁苦温，降气平喘，祛痰止咳，润燥通便；
风寒燥咳，诸咳喘满，肠燥气秘，虚咳用甜。

紫菀

为菊科植物紫菀的干燥根及根茎(图 2-77)。生用或蜜炙用。主产于河北、安徽、河南、东北等地。

【性味归经】温，辛、苦。入肺经。

【功效】化痰止咳，下气。

【主治】久嗽久咳，肺痈气喘，咽喉肿痛。

【用量】马、牛 15～45 g；猪、羊 3～6 g；犬 2～5 g。

图 2-77　紫菀

【附注】紫菀辛散苦降，温润不燥，不论外感内伤，属实属热，皆可施用，为化痰止咳之良药。临诊配伍应用：本品辛散苦泄，有下气化痰止咳的功效，为止咳的要药，用治劳伤咳喘、鼻流脓血等。如久咳不止，配冬花、百部、乌梅、生姜；阴虚咳嗽，配知母、贝母、桔梗、阿胶、党参、茯苓、甘草等；外感咳嗽痰多，与百部、桔梗、白前、荆芥等同用，如止嗽散。

【主要成分】含有紫菀皂苷、紫菀酮、有机酸(琥珀酸)、槲皮素、紫乙素、紫丙素等。

【药理研究】①实验证明所含的紫菀苷能增加呼吸道腺体的分泌作用，使痰液稀释，易于咳出。②体外实验，对多种革兰氏阴性杆菌及结核杆菌有抑制作用。③紫菀皂苷有很强的利尿作用。④有溶血作用。

【药性歌诀】紫菀微温，温肺化痰，下气止咳，通利小便；
劳咳痰血，风寒咳喘，咯痰不爽，诸咳溺难。

款冬花

为菊科植物款冬的干燥花蕾(图 2-78)。生用或蜜炙用。主产于河南、陕西、甘肃、浙江等地。

【性味归经】温，辛。入肺经。

【功效】润肺下气，止咳化痰。

【主治】气喘，咳嗽，痰多。

【用量】马、牛 15～45 g；猪、羊 3～10 g；犬 2～5 g；兔、禽 0.5～1.5 g。

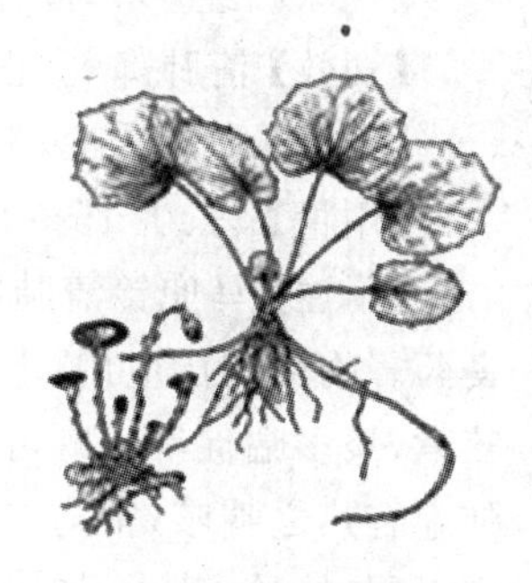
图 2-78 款冬花

【附注】款冬花辛散而润，凡一切咳嗽，不论外感内伤，属实属热，皆可施用，为化痰止咳之良药。临诊配伍应用：本品为治咳嗽之要药，可用于多种咳嗽。治劳伤咳嗽，常与紫菀等配伍；用治肺燥咳嗽，多与黄药子、僵蚕、郁金、白芍、玄参同用，如款冬花散。蜜炙用，可增强润肺功效。

【主要成分】含有款冬醇、植物甾醇、蒲公英黄色素（$C_{40}H_{56}O_4$）、鞣质、挥发油等。

【药理研究】①实验证明有显著镇咳作用，但祛痰作用不显著。②对结核杆菌、金黄色葡萄球菌等多种细菌有抑制作用。

【药性歌诀】款冬花温，止咳化痰，温肺润肺，下气平喘；
诸咳喘嗽，燥咳首选，久咳肺痈，寒饮喘满。

百部

为百部科植物蔓生百部、直立百部或对叶百部的干燥块根（图 2-79）。生用或蜜炙用。主产于江苏、安徽、山东、河南、浙江、福建、湖北、江西等地。

【性味归经】微温，甘、苦。有小毒。入肺经。

【功效】润肺止咳，杀虫灭虱。

【主治】咳嗽，蛲虫，外用治疥癣、虱、蚤。

【用量】马、牛 15～30 g；猪、羊 6～12 g；犬、猫 3～5 g。

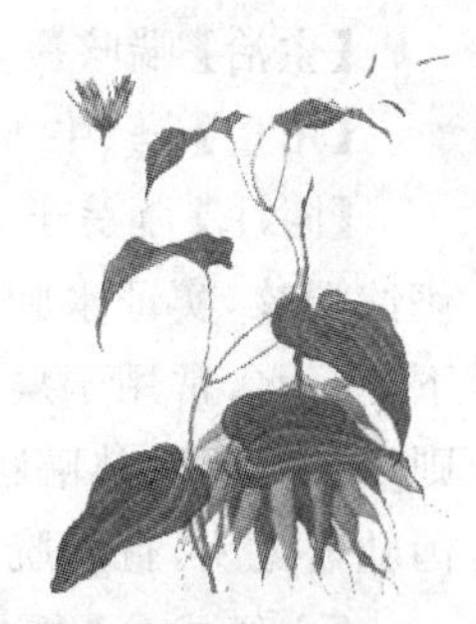
图 2-79 百部

【附注】百部甘润苦降，无寒热之偏性，寒热虚实咳喘均可应用。为治久咳良药，兼能杀虫。临诊配伍应用：①本品能润肺止咳，对新久咳嗽均有疗效。配麻黄、杏仁，治风寒咳喘；配紫菀、贝母、葛根、石膏、竹叶，治肺劳久咳。②杀虫灭虱。20%的醇浸液或 50%的水浸液外用，对畜、禽体虱、虱卵均具有杀灭力，并善杀蛲虫，外用内服均有效。

【主要成分】含百部碱。

【药理研究】①对结核杆菌、炭疽杆菌、金黄色葡萄球菌、白色葡萄球菌、肺炎杆菌等有抗菌作用。②所含生物碱能降低呼吸中枢的兴奋性，有助于抑制咳嗽，而起镇咳作用。③对猪蛔虫、蛲虫、虱有杀灭作用。④过量可引起中毒，重者导致呼吸中枢麻痹。

【药性歌诀】百部甘温，灭虱杀虫，润肺止咳，诸咳有功；
滴虫皮癣，痨嗽骨蒸，顿咳瘾疹，蛔蛲虫定。

马兜铃

为马兜铃科植物北马兜铃或马兜铃的干燥成熟果实（图 2-80）。生用或蜜炙用。主产于河北、山东、陕西、辽宁、江西、湖南、湖北等地。

【性味归经】寒，苦、微辛。入肺、大肠经。

【功效】清肺降气，止咳平喘。

【主治】肺热咳嗽，干咳无痰等。

【用量】马、牛 15～30 g；猪、羊 3～10 g；犬 2～5 g。

【附注】马兜铃清肺降气，止咳平喘，为治肺热咳喘和肺虚久咳之良药。临诊配伍应用：本品清肺降气，止咳平喘之功颇著，常用于肺热咳嗽、痰多喘促等。既可单用，也可配桑白皮、黄芩、杏仁等同用。用治肺虚有热之喘咳，常与杏仁、牛蒡子、阿胶等配伍。治肺燥咳嗽，鼻流脓涕，可与蛤蚧、苏子、知母、白药子等同用，如理肺散。

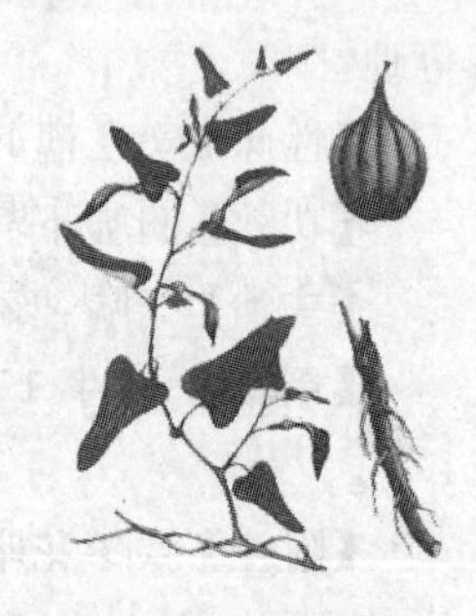

图 2-80 马兜铃

【主要成分】含马兜铃酸（为硝基化合物，是有毒成分）、马兜铃次酸及木兰花碱。

【药理研究】①有祛痰平喘作用。②对金黄色葡萄球菌、肺炎球菌、痢疾杆菌、皮肤真菌等有抑制作用。

【药性歌诀】马兜铃寒，开郁散结，止咳化痰，润肺清热；

瘿瘰肺痿，虚嗽老咳，乳肺痈疮，热痰咯血。

葶苈子

为十字花科植物独行菜或播娘蒿的干燥成熟种子（图 2-81）。前者习称北葶苈子，后者习称南葶苈子。微炒，蜜炙或隔纸焙用。主产于陕西、河北、河南、山东、安徽、江苏等地。

【性味归经】大寒，辛、苦。入肺、膀胱、大肠经。

【功效】祛痰定喘，泻肺行水。

【主治】喘咳痰多，胸腹积水，小便不利。

【用量】马、牛 15～30 g；猪、羊 6～12 g；犬 3～5 g。

【附注】葶苈子辛散苦泻，泻肺定喘，利水消肿。适用于肺气壅塞，痰饮喘咳，实证水肿等。临诊配伍应用：①本品苦寒下降，能祛痰定喘，下气行水，常用于痰涎壅滞，肺气喘促，咳逆实证，使气下则喘平，水行则痰去。治肺热喘粗，配板蓝根、浙贝母、桔梗等，如清肺散。②本品能泻肺气之闭，行膀胱之水，故又可用于实证水肿，胀满喘急，尿不利等。

图 2-81 葶苈子

【主要成分】播娘蒿种子含挥发油，油中含异硫氰酸苄酯、异硫氰酸丙酯、二硫化烯丙酯等。独行菜种子含脂肪油、芥子苷、蛋白质、糖类。

【药理研究】有强心利尿作用。

【药性歌诀】葶苈子寒，泻肺平喘，利水消肿，逐痰利便；

胸腹积水，痰壅喘满，肺源心病，心衰便难。

紫苏子

为唇形科植物紫苏的干燥成熟果实（图 2-82），又称苏子。生用或炒用。主产于湖北、江苏、河南等地。

【性味归经】温，辛。入肺经。

【功效】止咳平喘，降气祛痰，利膈宽肠。

【主治】痰壅咳喘，肠燥便秘。

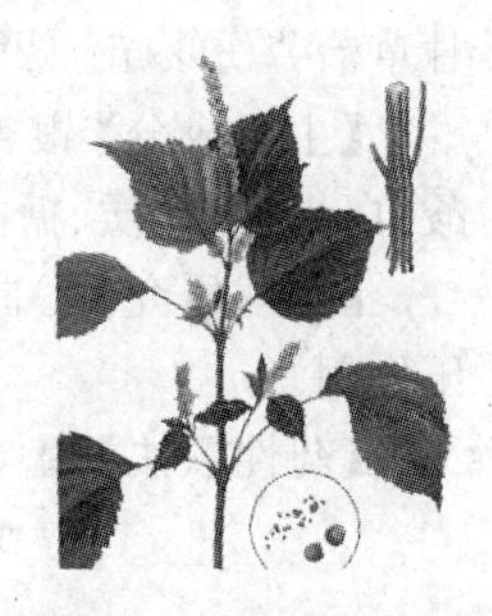
图 2-82　紫苏子

【用量】马、牛 15～60 g;猪、羊 5～10 g;犬 3～8 g;兔、禽 0.5～1.5 g。

【附注】苏子性润降，善于下气消痰定喘，并能利膈宽肠通便，适用于痰壅咳喘及肠燥便秘;苏叶、苏子皆能调气，但苏叶和中气，散表邪，而苏子降肺气润肠燥。临诊配伍应用:①本品性润下降，善于止咳平喘，降气祛痰，以缓和气壅痰滞之喘咳，常用于咳逆痰喘。配前胡、半夏、厚朴、陈皮、甘草、当归、生姜、肉桂，用治上实下虚的咳喘证，如苏子降气汤。②质润多油，有润肠的功效，可用于肠燥便秘，常与火麻仁、瓜蒌仁、杏仁等同用。

【主要成分】含有挥发油、维生素 B_1。

【药理研究】有止咳平喘作用。

【药性歌诀】苏子辛温，下气定喘，润肺滑肠，止咳消痰;
痰喘咳逆，胸膈闷满，气滞便秘，呕逆中寒。

枇杷叶

为蔷薇科植物枇杷的干燥叶(图 2-83)，刷去绒毛生用或蜜炙用。南方各地均产。

【性味归经】平，苦。入肺、胃经。

【功效】化痰止咳，和胃降逆。

【主治】肺热咳嗽，气粗喘促，胃热呕吐。

【用量】马、牛 30～60 g;猪、羊 10～20 g;兔、禽 1～2 g。

【附注】枇杷叶功能清肺止咳，和胃降逆;为治肺热咳喘、胃热呕逆之品。临诊配伍应用:①本品清泄肺热，化痰止咳，常用于肺热咳喘，多与黄连、桑白皮等配伍。用治肺燥咳嗽，多蜜炙用。②清胃热，止呕逆，为治胃热口渴、呕逆等的常用药，多与沙参、石斛、玉竹、竹茹等同用。

图 2-83　枇杷叶

【主要成分】本品含有苦杏仁苷、乌索酸、齐墩果酸、草果酸、柠檬酸、鞣质、维生素 B_1 等。

【药理研究】①因含有苦杏仁苷，可抑制呼吸中枢，而有止咳作用。②对金黄色葡萄球菌、肺炎球菌、痢疾杆菌等有抑制作用。

【药性歌诀】枇杷苦平，清肺化痰，和胃降逆，咳呕两蠲;
肺热咳喘，气逆痰喘，胃热呕哕，衄咳血患。

白果

为银杏科植物银杏的干燥成熟种子(图 2-84)。去壳，剥去黄色假种皮，捶碎使用。全国各地均产。

【性味归经】平，甘、苦、涩。有小毒。入肺经。

【功效】敛肺定喘，收涩除湿。

【主治】肺虚咳喘，湿热尿浊。

【用量】马、牛 15～45 g;猪、羊 5～10 g;犬、猫 1～5 g。

【附注】白果涩敛苦降，性平有小毒，上能敛肺定喘，下能止带缩尿，为治劳伤咳喘良药。临诊配伍应用:①本品能敛肺气，定喘咳，适用于久病或肺虚引起的咳喘。配麻黄、杏仁、黄芩、桑白皮、苏子、款冬花、半夏、

图 2-84　白果

甘草治劳伤咳喘。②收涩除湿，用于湿热、尿白浊等，常与芡实、黄柏等同用。

【主要成分】银杏种仁含脂肪油、淀粉、蛋白质、氢氰酸、组氨酸等；果肉（外种皮）含白果酸、白果酚、鞣质、糖类。

【药理研究】①白果酸在体外实验可抑制结核杆菌等多种细菌和一些皮肤真菌。②有降压作用。

【药性歌诀】白果有毒甘苦平，敛肺收涩是特性；
哮喘痰嗽赤白带，淋浊溲频遗滑精。

洋金花

为茄科植物白曼陀罗的干燥花（图 2-85）。切成丝或研末生用。主产于华北、华南各地。

【性味归经】温，辛。有毒。入肺经。

【功效】止咳平喘，镇痛。

【主治】慢性气喘，咳嗽气逆，寒湿痹痛。

【用量】马、牛 15～30 g；猪、羊 1.3～5 g。

【附注】洋金花辛温有毒，药性峻烈。功能平喘止咳，止痛麻醉，适用于寒痰喘咳及风湿痹痛。临诊配伍应用：①老弱久病所致的肺虚久咳，常配伍桑白皮、桔梗等同用。②本品有良好的止痛作用，单用或配川乌、姜黄等同用。③癫痫、惊风可配伍全蝎、天麻、天南星等同用。

图 2-85　洋金花

【主要成分】含有东莨菪碱及阿托品等多种生物碱。

【药理研究】其作用和阿托品相似。中毒后阻滞 M 胆碱反应系统，抑制或麻痹迷走神经和副交感神经，对中枢神经起抑制作用。

【药性歌诀】洋金花温，麻醉止痛，止咳平喘，止痉祛风；
术麻证广，痹痛伤肿，腹痛喘咳，癫痫慢惊。

其他止咳化痰平喘药见表 2-11，止咳化痰平喘药功能比较见表 2-12。

表 2-11　其他止咳化痰平喘药

药名	药用部位	性味与归经	功效	主治
桑白皮	根皮	寒，甘。入肺经	泻肺平喘，利水消肿	肺热喘咳，水肿腹胀，尿少
白芥子	种子	温，辛。入肺经	温肺祛痰，利气散结	咳喘，阴疽

表 2-12　止咳化痰平喘药功能比较

类别	药 物	相同点	不同点
温化寒痰药	半夏 天南星 旋覆花 白前	温化寒痰	半夏祛湿痰，并能降逆止呕，散结；天南星毒性大，善祛风痰并能解痉；旋覆花温散，化痰降气；白前温而不燥，长于祛痰，又能降气
清化热痰药	贝母 瓜蒌 天花粉 桔梗 前胡	清热化痰	贝母偏于润肺化痰，并能解毒，消肿散结，瓜蒌清热润燥，兼通便；天花粉偏于生津润肺，兼能养胃；桔梗、前胡均能宣肺祛痰，是外感咳嗽的常用药；桔梗又能排脓消肿，引药上行；前胡微寒，善于宣散外感风热之邪

续表 2-12

类别	药 物	相同点	不同点
止咳平喘药	杏仁 紫菀 款冬花 百 部 马兜铃 葶苈子 苏子 枇杷叶 白果 洋金花	止咳平喘	杏仁疏利开达，宜肺通肠，为治喘之主药；紫菀、款冬花、百部均为润燥之品，温而不燥，润肺下气，化痰止咳；紫菀善于祛痰，为止咳要药，偏治热重咳喘；款冬花偏治寒重咳喘；百部止咳并能杀虫；马兜铃苦、寒偏治肺热咳喘；葶苈子开泻肺气，通利水道、除痰饮喘满；苏子偏于降气，化寒湿之痰；枇杷叶清肺降气，化痰浊又能止呕；白果性涩而收，偏治久咳，肺虚气逆；洋金花止咳平喘，能祛风止痛

【阅读资料】

表 2-13　常见的止咳化痰平喘方

任务十二　温里药

凡以温里祛寒为主要作用的药物，称为温里药，亦称祛寒药。

本类药性味多辛、温。辛散温通，益火助阳，故可用于治疗里寒证。里寒包括两个方面：一为寒邪内侵，阳气受困，症见肚腹冷痛，肠鸣泄泻，食欲减退，呕吐，口色青白，脉沉迟等，治宜温中散寒；二为心肾阳虚，阴寒内生，症见汗出恶寒，口鼻俱冷，四肢厥逆，脉微欲绝等，治宜益火助阳，回阳救逆。

此外，有的温里药有健运脾胃、行气止痛作用，凡食欲不振、寒凝气滞、肚腹胀满疼痛等都可选用。

现代药理研究表明，温里药有增加胃液分泌、增强消化机能，排除消化道积气、减轻恶逆呕吐等作用。部分药有强心、升高血压、镇静、镇痛、抑菌等作用。

使用温里药应注意的事项：

(1)应用温里药时，可随证配伍用药，如里寒而兼表证者，则与解表药配伍；若脾胃虚寒，呕吐下痢者，当选用健运脾胃的温里药；寒湿内阻者，宜配芳香化湿或温燥祛湿药；气虚欲脱者，宜配补气药。

(2)温里药性温燥，容易耗损阴液，故阴虚火旺、阴液亏虚者慎用；孕畜应慎用；夏季天气炎热，剂量宜酌情减轻。

附子(附片、黑附片)

为毛茛科植物乌头的子根加工品(图 2-86)。主产于广西、广东、云南、贵州、四川等地。

【性味归经】大热,大辛。有毒。入心、脾、肾经。

【功效】温中散寒,回阳救逆,除湿止痛。

【主治】四肢厥冷,脉微欲绝,肾虚水肿,肚腹冷痛,冷泻,风寒湿痹等。

【用量】马、牛 15～30 g;猪、羊 3～10 g;犬、猫 1～3 g;兔、禽 0.5～1 g。

图 2-86 附子

【附注】附子为纯阳燥烈之品,归十二经,走而不守,上助心阳以通脉,中温脾阳以健运,下补肾阳以益火,又可逐在内之寒湿外达于皮毛,是温里扶阳的要药。临诊配伍应用:①本品辛热,温中散寒,能消阴翳以复阳气。凡阴寒内盛之脾虚不运、伤水腹痛、冷肠泄泻、胃寒草少、肚腹冷痛等,应用本品可收温中散寒、通阳止痛之效。②又能回阳救逆,用于脉微欲绝之证。对于大汗、大吐或大下后,四肢厥冷,脉微欲绝,或大汗不止,或吐利腹痛等虚脱危证,急用附子回阳救逆,如四逆汤、参附汤均用于亡阳证。③并有除湿止痛作用,用于风寒湿痹、下元虚冷等,常与桂枝、生姜、大枣、甘草等同用,如桂附汤。

【主要成分】为乌头碱、新乌头碱、次乌头碱及其他非生物碱成分。

【药理研究】①附子少量能兴奋迷走神经中枢,有强心、镇痛和消炎作用,同时能使心肌收缩力增强。由于毒性大,临床多须炮制,使乌头碱分解,减轻毒性后应用。若生用或大量用要慎用以防中毒。②另外据报道本品对垂体—肾上腺皮质系统有兴奋作用。③附子磷脂酸钙及 β-谷甾醇等脂类成分具有促进饱和脂肪酸和胆固醇新陈代谢的作用。

【药性歌诀】附子辛热,回阳补火,强心止痛,寒湿可却;

阴疮阴水,亡阳暴脱,格阳泄利,寒痹脚弱。

【附药】乌头

乌头和附子来源于同一种植物,乌头祛风湿和镇痛作用比附子好,但祛寒作用不如附子。乌头辛散温通,善于逐风邪、除寒湿,故能温经止痛,适用于寒证的疝痛及风寒湿痹等。如配胆南星、乳香、没药等为小活络丹。

乌头对呼吸中枢,血管运动中枢,反射功能等有麻痹作用,乌头中毒可以用阿托品解救。

干姜(干生姜、白姜)

为姜科植物姜的干燥根状茎(图 2-87)。切片生用。炒黑后称炮姜,主产于四川、陕西、河南、安徽、山东等地。

【性味归经】温,辛。入心、脾、胃、肾、肺、大肠经。

【功效】温中散寒,回阳通脉。

【主治】脾胃虚寒,四肢厥冷,胃冷吐涎,腹痛泄泻等证。

【用量】马、牛 15～30 g;猪、羊 3～10 g;犬、猫 1～3 g;兔、禽 0.3～1 g。

图 2-87 干姜

【附注】干姜主入脾胃,温中散寒,并有回阳通脉之功,为温中散寒的要药。临诊配伍应用:①本品善温暖胃肠,脾胃虚寒、伤水起卧、四肢厥冷、胃冷吐涎、虚寒作泻等均可应用。治胃冷吐涎,多配桂心、青皮、益智仁、白术、厚朴、砂仁等，如桂心散；治脾胃虚寒，常配党参、白术、甘草等，如理中汤。②回阳通脉。本品性温而守，善除里寒，可协助附子回阳救逆。用治阳虚欲脱证，常与附子、甘草配伍，如四逆汤。此外还有温经通脉之效，用于风寒湿痹证。

【主要成分】同生姜，含辛辣素及姜油。

【药理研究】能促进血液循环，反射性的兴奋血管运动中枢和交感神经，使血压上升。

【药性歌诀】干姜辛温，温中逐寒，回阳通脉，温肺化痰；

冷痛吐泻，寒冷咳喘，宫冷经稀，亡阳大汗。

肉桂

为樟科植物肉桂的干燥树皮（图 2-88）。生用。主产于广东、广西、云南、贵州等地。

【性味归经】大热，辛、甘。入脾、肾、肝经。

【功效】暖肾壮阳，温中祛寒，活血止痛。

【主治】脾肾虚寒，冷痛，冷泻，风湿痹痛等。

【用量】马、牛 25～30 g；猪、羊 5～10 g；犬 2～5 g；兔、禽 1～2 g。

图 2-88　肉桂

【附注】肉桂能补火壮阳，温中除寒，引火归元，常用于四肢厥冷、脾胃虚寒、冷肠泄泻、腰脊寒痹，小便不利等证，为补火助阳的要药。其中与肉桂同出一物的药有桂心是肉桂的中层，官桂是肉桂的细枝干皮，肉桂的细枝称为桂枝。临诊配伍应用：①本品暖肾壮阳。用治肾阳不足，命门火衰的病证，常与熟地、山茱萸等同用，如肾气丸。②又能温中祛寒，益火消阴，大补阳气以祛寒。用治下焦命火不足，脾胃虚寒，伤水冷痛，冷肠泄泻等病证，常配附子、茯苓、白术、干姜等。③活血止痛，又通血脉。用治脾胃虚寒、肚腹冷痛、风湿痹痛、产后寒痛等证，常与高良姜、当归同用。此外，用于治疗气血衰弱的方中，有促进气血生长之功效，如十全大补汤。

【主要成分】含有肉桂油、肉桂酸、甲脂等成分。

【药理研究】①据试验能促进胃肠分泌，有增进食欲作用。②又有扩张血管，增强血液循环的作用。③桂皮油能缓解胃肠痉挛，并抑制肠内的异常发酵，故有止痛作用。

【药性歌诀】肉桂辛热，补阳归元，通脉止痛，温中逐寒；

冷泄经稀，冷痛寒疝，截阳阴疽，寒痹虚喘。

吴茱萸

为芸香科植物吴茱萸、疏毛吴茱萸或石虎的干燥近成熟果实（图 2-89）。生用或炙用。主产于广东、湖南、贵州、浙江、陕西等地。

【性味归经】温，辛、苦。有小毒。入肝、肾、脾、胃经。

【功效】温中止痛，理气止呕。

【主治】脾虚慢草，虚寒腹痛，呕吐冷泻等。

【用量】马、牛 10～30 g；猪、羊 3～10 g；犬 2～5 g。

图 2-89　吴茱萸

【附注】吴茱萸温中散寒，疏肝理气，祛风止痛，常用于脾胃虚寒、伤水冷痛、冷肠泄泻、胃冷吐涎等证。临诊配伍应用：①本品能温中止痛，疏肝暖脾，消阴寒之气。用治脾虚慢草、伤水冷痛、胃寒不食等，常

与干姜、肉桂等配伍。②疏肝利气、和中止呕。常配生姜、党参、大枣等,用治胃冷吐涎:

【主要成分】含挥发油,其中主要含吴茱萸甲碱、吴茱萸乙碱。

【药理研究】①有收缩子宫、健胃、镇痛、止呕等作用。②对金黄色葡萄球菌、绿脓杆菌及多种皮肤真菌有抑制作用。③对猪蛔虫有杀灭作用。

【药性歌诀】吴萸苦温,理气温中,止痛燥湿,暖肝杀虫;
脚气寒疝,呕酸胁痛,寒呕吐泻,蛲虫宫冷。

小茴香(茴香)

为伞形科植物茴香的干燥成熟果实(图 2-90)。生用或盐水炒用。主产于山西、陕西、江苏、安徽、四川等地。

【性味归经】温,辛。入肺、肾、脾、胃经。

【功效】祛寒止痛,理气和胃,暖腰肾。

【主治】寒滞腹痛,肚腹胀满,泄泻,腰胯痛等。

【用量】马、牛 15～60 g;猪、羊 10～15 g;犬、猫 1～3 g;兔、禽 0.5～2 g。

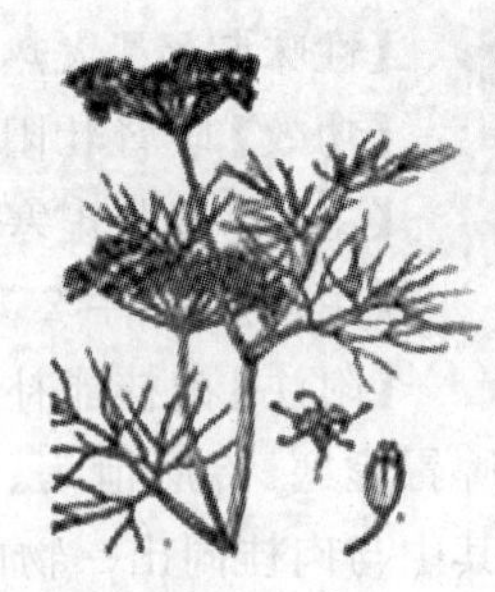
图 2-90 小茴香

【附注】小茴香善暖腰肾,又能健脾理气,常用于寒伤腰胯、胃寒草少,肚腹寒痛等证。临诊配伍应用:①本品辛能行散,温能祛寒,理气止痛,用治子宫虚寒,伤水冷痛,肚腹胀满,寒伤腰胯等,常与干姜、木香等同用。配肉桂、槟榔、白术、巴戟天、白附子等治寒伤腰胯,如茴香散。②芳香醒脾,开胃进食,用治胃寒草少,常与益智仁、白术、干姜等配伍。

【主要成分】含挥发性小茴香油(茴香脑、茴香酮、茴香醛等)。

【药理研究】能刺激胃肠黏膜,促进消化机能,增强胃肠蠕动,排除腐败气体;并有祛痰作用。

【药性歌诀】小茴香温,理气止痛,祛寒温肾,和胃调中;
腰痛肾虚,小腹痛冷,胃痛呕吐,寒疝囊肿。

高良姜(良姜)

为姜科植物高良姜的干燥根茎(图 2-91)。切片生用。主产于广东、广西、浙江、福建和四川等地。

【性味归经】温,辛。入脾、胃经。

【功效】散寒止痛,温中止呕。

【主治】脾胃虚寒,四肢厥冷,胃冷吐涎,腹痛泄泻等证。

【用量】马、牛 15～30 g;猪、羊 3～10 g;兔、禽 0.3～1 g。

图 2-91 高良姜

【附注】高良姜温中散寒,健脾消食,常用于胃寒草少,肚腹冷痛,反胃吐食等证。临诊配伍应用:本品散寒而止痛,温中而止呕,适用于肚腹冷痛、反胃呕吐等。既可单用,又可与温中行气药同用。如治胃寒草少、伤水冷痛、气滞腹痛、胃冷吐涎等,常与香附、半夏、厚朴、生姜等配伍。

【主要成分】含挥发油(桉油精、辛辣油质高良姜酚等)及黄酮类化合物。

【药理研究】①对炭疽杆菌、溶血性链球菌、结核杆菌、金黄色葡萄球菌有抑制作用。②刺激胃壁神经，增强消化道机能。

【药性歌诀】高良姜温，行气祛风，温中止呕，散寒止痛；

呕吐泄泻，脘腹寒凝，食滞冷癖，寒疝痹证。

艾叶

为菊科植物艾的干燥叶(图2-92)。生用、炒炭或揉绒。各地均产，但以苏州产者为好。

【性味归经】温，苦、辛。入脾、肝、肾经。

【功效】理气血，逐寒湿，安胎。

【主治】肚腹冷痛，宫寒不孕，胎动不安。

【用量】马、牛15～45 g；猪、羊6～12 g；犬、猫1～3 g；兔、禽1～1.5 g。

图2-92 艾叶

【附注】艾叶理气血，暖子宫，温散寒湿，止血安胎，以治疗下焦虚寒证为主。临诊配伍应用：本品芳香，辛散苦燥，有散寒除湿，温经止血之功。适用于寒性出血和腹痛，特别是子宫出血、腹中冷痛、胎动不安等，常与阿胶、熟地等同用。制绒后是灸治的主要原料。

【主要成分】含挥发油，油中含侧柏醇($C_{10}H_{13}O$)、侧柏酮($C_{10}H_{16}O$)、杜松烯($C_{15}H_{24}$)及水芹烯等，此外尚含鞣酸、氯化钾、维生素A、维生素B、维生素C类物质。

【药理研究】①煎剂对伤寒杆菌、痢疾杆菌均有显著的抗菌作用。②挥发油有平喘、镇咳、祛痰作用。对皮肤黏膜有刺激作用。③止血作用。

【药性歌诀】艾叶辛温，温中暖宫，温经止血，咳喘可平；

冷痛湿泻，崩漏胎动，虚寒经多，灸治百病。

花椒(川椒、蜀椒)

为芸香科植物花椒或青椒的果实(图2-93)。生用或炒用。主产于四川、陕西、江苏、河南、山东、江西、福建、广东等地。

【性味归经】温，辛。入肺、脾、肾经。

【功效】温中散寒，杀虫止痛。

【主治】冷肠泄泻，虫积，湿疹。

【用量】马、牛10～20 g；猪、羊6～10 g。

图2-93 花椒

【附注】花椒散寒除湿，温中止痛，并能杀蛔虫，常用于肚腹冷痛，冷肠泄泻，寒湿痹痛，肠道蛔虫；外用可治疥癣。临诊配伍应用：①本品性味辛温，善散阴冷，温中而止痛，常用治脾胃虚寒，伤水冷痛等，多与干姜、党参等同用。②用治蛔虫，常与乌梅等配伍。

【主要成分】含挥发油(为柠檬烯、枯醇等)、甾醇、不饱和有机酸。

【药理研究】①试管内对炭疽杆菌、溶血性链球菌、白喉杆菌、肺炎双球菌、金黄色葡萄球菌等革兰氏阳性菌及大肠杆菌、痢疾杆菌、伤寒杆菌、霍乱弧菌等肠内革兰氏阴性菌有较好的抑制作用。②对局部有麻醉止痛作用。③对猪蛔虫有杀灭作用。

白扁豆

为豆科植物扁豆的干燥成熟种子(图 2-94)。生用或炒用。主产于浙江、江苏、陕西、山西、河南、安徽等地。

【性味归经】微温,甘。入脾、胃经。

【功效】补脾除湿,消暑。

【主治】脾胃虚弱,暑湿泄泻。

【用量】马、牛 15~45 g;猪、羊 5~15 g;兔、禽 1.3~5 g。

图 2-94 白扁豆

【附注】白扁豆味甘而气轻,于健脾益气之中又有和中化湿之力。临诊配伍应用:本品甘,微温,具有补脾除湿的作用。用治脾虚作泻,可与白术、木香、茯苓等配伍;又能消暑,用治伤暑泄泻,常与荷叶、藿香等同用。

【主要成分】含蛋白质、维生素 B_1 及维生素 C、胡萝卜素、蔗糖及具有毒性的植物毒素(Phytoagglutinin)等。

【药理研究】对痢疾杆菌有抑制作用,并含有抗病毒作用的物质。

【药性歌诀】白扁豆平,入脾胃经,健脾化湿,祛暑止泻;

脾胃气虚,湿盛带下,中暑口渴,酒毒能化。

其他温里药见表 2-14,温里药功能比较见表 2-15。

表 2-14 其他温里药

药名	药用部位	性味归经	功效	主治
丁香	花蕾	温,辛。入肺、胃、肾经	温中降逆,散寒止痛,暖肾助阳	胃寒腹痛,气逆呕吐,冷肠泄泻
草果	果实	温,辛。入肺、胃经	温中散寒,芳香健脾	脾胃寒湿,呕吐泄泻,食积腹胀
荜澄茄	果实	温,辛。入脾、胃、肾经	温中散寒,行气止痛	肚腹冷痛,食欲不振,肠鸣泄泻
胡椒	成熟果实	热,辛。入胃、大肠经	温中止痛,下气消痰	冷痛,呕吐,泄泻

表 2-15 温里药功能比较

类别	药 物	相同点	不同点
温里药	干姜 附子 肉桂	回阳救逆,暖肾壮阳	干姜长于温中祛寒,并能温肺止咳;附子回阳救逆胜于干姜,且能温经散寒止痛;肉桂偏于温中散寒,活血止痛,引火归元
	吴茱萸 小茴香 高良姜 艾叶 花椒 白扁豆	温中散寒	吴茱萸偏于燥湿,下气止痛;茴香温中散寒作用较好,又暖腰肾而散寒止痛;高良姜散寒止痛,用治伤水冷痛;艾叶兼能温经安胎,用于寒性出血腹痛;花椒善散阴冷而止痛,并能杀虫;白扁豆补脾除湿,并能消暑

【阅读资料】

表 2-16 常见的温里方

任务十三 祛湿药

凡具有化湿利水，祛风胜湿的作用，以治疗水湿和风湿病证的药物，称为祛湿药。

湿是一种阴寒、重浊、黏腻的邪气，有内湿外湿之分，湿邪又可与风、寒、暑、热等外邪共同致病，并有寒化、热化的转化，所以湿邪致病的临床表现也有所不同，因而可将祛湿药分为祛风湿药，利湿药和化湿药。

(1)祛风湿药 能够祛风胜湿，治疗风湿痹证的药物，称为祛风湿药。这类药物大多数味辛性温，具有祛风除湿、散寒止痛、通气血、补肝肾、壮筋骨之效。适用于风湿在表而出现的皮紧腰硬、肢节疼痛、颈项强直、拘行束步、卧地难起、筋络拘急、风寒湿痹等。

(2)利湿药 凡能利尿、渗除水湿的药物，称为利湿药。这类药多味淡性平，以利湿为主，作用比较缓和，有利尿通淋、消水肿、除水饮、止水泻的功效，还能引导湿热下行。所以常用于尿赤涩、淋浊、水肿、水泻、黄疸和风湿性关节疼痛等。

(3)化湿药 气味芳香，能运化水湿，辟秽除浊的药物，称为化湿药。这类药物，多属辛温香燥。芳香可助脾运，燥可祛湿，用于湿浊内阻、脾为湿困、运化失调等所致的肚腹胀满或呕吐草少、粪稀泄泻、精神短少、四肢无力、舌苔白腻等。

现代药理研究证明：祛风胜湿药分别具有抗炎、抗过敏、镇痛、镇痉、镇静、解热、抗菌、强心、扩张血管、改善血液循环等作用，这都有利于风湿症状的改善；渗湿利水药分别具有利尿、排石、利胆、抗菌、抗过敏、强心、止血、镇静、镇痛、扩张血管、改善微循环的作用，因而有利于水肿的消除、结石的排除、黄疸的消退，从而改善上述疾病的症状，促进疾病的痊愈；芳香化湿药分别具有止呕、止泻、健胃、解痉、镇静、促进胃肠蠕动、排除肠内积气、调整胃肠功能、解热、发汗、利尿等功能，因而有利于湿邪的排出。

本类药易于伤阴耗液，故对阴虚津亏者慎用；虚证水肿，应以健脾补肾为主，不能片面强调利水；应注重治本，如健脾、宣肺、温肾等。

一、祛风湿药

羌活

为伞形科植物羌活或宽叶羌活的干燥根茎及根(图 2-95)。切片生用。主产于陕西、四川、甘肃等地。

【性味归经】温,辛。入膀胱、肾经。

【功效】发汗解表,祛风止痛。

【主治】四肢拘挛,关节肿痛,外感风寒,风寒湿痹等。

【用量】马、牛 15~45 g;猪、羊 3~10 g;犬 2~5 g;兔、禽 0.5~1.5 g。

【附注】羌活辛散燥烈,发散力强,主散肌表游风,多用于前躯风湿症,为治疗风寒表证或风湿痹痛的要药,常与独活配伍。临诊配伍应用:①本品发汗解表兼散风寒,用治风寒感冒,颈项强硬,四肢拘挛等,常配防风、白芷、川芎等,以奏发表之效。②祛风寒,散风通痹,为祛上部风湿主药,多用于项背、前肢风湿痹痛。用治风湿在表,腰脊僵拘,配独活、防风、藁本、川芎、蔓荆子、甘草等。

图 2-95 羌活

【主要成分】含挥发油、有机酸(棕榈酸、油酸、亚麻酸)及生物碱等。

【药理研究】对皮肤真菌、布氏杆菌有抑制作用。

【药性歌诀】羌活苦温,解表祛风,透疹消疮,止血炭用;

主前半身,风湿痹证,感冒寒湿,头身痛重。

独活

为伞形科植物重齿毛当归的干燥根(图 2-96)。切片生用。产于四川、陕西、云南、甘肃、内蒙古等地。

【性味归经】温,辛。入肝、肾经。

【功效】祛风胜湿,止痛。

【主治】风寒湿痹,腰膝疼痛,外感风寒挟湿,关节疼痛等。

【用量】马、牛 30~45 g,猪、羊 3~10 g;犬 2~5 g;兔、禽 0.5~1.5 g。

【附注】独活辛散之力较羌活缓,主散在内浮风,常用于后躯风湿证,为治风寒湿痹要药,常与羌活配伍应用。临诊配伍应用:①本品能祛风胜湿,为治风寒湿痹,尤其是腰胯、后肢痹痛的常用药物,常与桑寄生、防风、细辛等同用,如独活寄生汤。②既可发散风寒湿邪,又能止痛。用治外感风寒挟湿,四肢关节疼痛等,常与羌活共同配伍于解表药中。

图 2-96 独活

【主要成分】含挥发油、甾醇、有机酸等。

【药理研究】有扩张血管、降低血压、兴奋呼吸中枢和抗风湿、镇痛、镇静、催眠作用。

【药性歌诀】独活微温,胜湿祛风,散寒通痹,利节止痛;

风寒湿痹,腰膝酸痛,足麻项强,寒湿表证。

威灵仙

为毛茛科植物威灵仙、棉团铁线莲或东北铁线莲的干燥根及根茎(图 2-97)。切碎生用、炒用。主产于安徽、江苏等地。

【性味归经】温,辛、咸。入膀胱经。

【功效】祛风湿,通经络,消肿止痛。

【主治】风湿痹痛,关节屈伸不利,水肿。

【用量】马、牛 15～60 g；猪、羊 3～10 g；犬、猫 3～5 g；兔、禽 0.5～1.5 g。

图 2-97 威灵仙

【附注】威灵仙祛风湿，通经络，消肿止痛，用于风湿阻络所致的肢体肿痛，四肢拘挛等证。临诊配伍应用：威灵仙性急善走，味辛散风，性温除湿。风湿阻络，痹滞作痛，可用本品。因其善通经络，既导又利，多用于风湿所致的四肢拘挛、屈伸不利、肢体疼痛、跌打损伤等，常与羌活、独活、秦艽、乳香、没药等配伍。

【主要成分】含白头翁素、白头翁醇、甾醇、糖类、皂苷。

【药理研究】①有解热、镇痛和增加尿酸盐排泄的作用。②有抗痛风及抗组织胺作用。③对金黄色葡萄球菌、志贺氏痢疾杆菌有抑制作用。

【药性歌诀】威灵仙温，除风祛湿，消痰散痞，通络止痛；
痛风顽痹，喉蛾骨硬，胸痹痰饮，脚气伤肿。

木瓜

为蔷薇科植物贴梗海棠的干燥近成熟果实(图 2-98)。蒸煮后切片用或炒用。主产于安徽、浙江、四川、湖北等地。

图 2-98 木瓜

【性味归经】温，酸。入肝、脾、胃经。

【功效】舒筋活络，和胃化湿。

【主治】风湿痹痛，关节肿痛，腰胯无力，水肿，泄泻等。

【用量】马、牛 15～30 g；猪、羊 6～12 g；犬、猫 2～5 g；兔、禽 1～2 g。

【附注】木瓜味酸入肝，温燥益脾，故能舒筋通络，和中祛湿，常用于风湿痹痛、呕吐、泄泻等证。临诊配伍应用：本品味酸，生津舒筋，性温去湿，并能和胃化湿，用于风湿痹痛、腰胯无力、后躯风湿、湿困脾胃、呕吐腹泻等。用治后肢风湿，常与独活、威灵仙等同用。并为后肢痹痛的引经药。

【主要成分】含有苹果酸、酒石酸、皂苷、鞣酸、维生素 C 等。

【药理研究】①对于腓肠肌痉挛所致的抽搐有一定效果。②木瓜水煎剂对小鼠蛋白性关节炎有明显的消肿作用。

【药性歌诀】木瓜酸温，活络舒筋，化湿和胃，消食敛津；
湿痹痿挛，脚气肿甚，吐泻转筋，内积渴饮。

桑寄生

为桑寄生科植物桑寄生的干燥带叶茎枝(图 2-99)。主产于河北、河南、广东、广西、浙江、江西、台湾等地。

图 2-99 桑寄生

【性味归经】平，苦。入肝、肾经。

【功效】补肝肾，除风湿，强筋骨，安胎。

【主治】腰胯无力，四肢痿软，血虚风湿，胎动不安。

【用量】马、牛 30～60 g；猪、羊 5～15 g；犬 3～6 g。

【附注】桑寄生祛风湿，补肝肾，强筋骨，可用于风湿痹痛、腰胯无力、胎动不安等证。临诊配伍应用:①本品以养血通络,补肝肾,强筋骨见长,适用于血虚,筋脉失养,腰胯无力,四肢痿软,筋骨痹痛,背项强直,常与杜仲、牛膝、独活、当归等同用,如独活寄生汤。②用治肝肾虚损,胎动不安,常与阿胶、艾叶等配合。

【主要成分】含广寄生苷等黄酮类。

【药理研究】①有利尿、降压作用。②对伤寒杆菌、葡萄球菌有抑制作用。

【药性歌诀】桑寄生平,强筋壮骨,补肾定胎,风湿可除;

肌肤甲错,血痹偏枯,真心痛症,胎动胎漏。

秦艽

为龙胆科植物秦艽、麻花秦艽、粗茎秦艽或小秦艽的干燥根(图 2-100)。切片生用。主产于四川、陕西、甘肃等地。

【性味归经】平,苦、辛。入肝、胆、胃、大肠经。

【功效】祛风湿,退虚热。

【主治】风湿痹痛,阴虚发热。

【用量】马、牛 15～45 g;猪、羊 3～10 g;犬 2～6 g;兔、禽 1～1.5 g。

【附注】秦艽祛风除湿,舒筋止痛,又可退虚热,性平和,为治风湿痹痛、筋脉拘挛,阴虚发热良药。临诊配伍应用:①本品味辛,能散风湿之邪;入肝经,又可舒筋以止痛。多用于风湿性肢节疼痛、湿热黄疸、尿血等。配瞿麦、当归、蒲黄、山栀等,用治弩伤尿血,如秦艽散。②味苦性平,退虚热,并有降泄之功,解热除蒸。用治虚劳发热,常配知母、地骨皮等。

图 2-100 秦艽

【主要成分】含有龙胆碱、龙胆次碱,秦艽丙素及挥发油、糖类等。

【药理研究】①秦艽乙醇浸剂对金黄色葡萄球菌、炭疽杆菌、痢疾杆菌、伤寒杆菌等有抑制作用。②能促进肾上腺皮质功能增强,产生抗炎作用,并能加速关节肿胀的消退。③有镇痛、镇静、解热作用。④秦艽甲素对中枢神经有抑制作用。⑤有一定的抗组织胺样作用。

【药性歌诀】秦艽苦平,除湿祛风,和血舒筋,湿热堪清;

三痹要药,筋脉拘挛,黄疸便血,潮热骨蒸。

五加皮

为五加科植物细柱五加的干燥根皮(图 2-101)。切片生用或炒用。主产于四川、湖北、河南、安徽等地。

【性味归经】温,辛、苦。入肝、肾经。

【功效】祛风湿,壮筋骨。

【主治】风湿痹痛,腰膝疼痛,筋骨痿软,水肿等。

【用量】马、牛 15～45 g;猪、羊 6～12 g;犬、猫 2～5 g;兔、禽 1.3～5 g。

【附注】五加皮祛风湿,补肝肾,壮筋骨,还可利水,常用于风湿痹痛、关节肿痛、腰膝无力、水肿等证。临诊配伍应用:①本品既能祛风胜湿,又能强壮筋骨,适用于风湿痹痛、筋骨不健等。若肝肾不足、筋骨痿软,可配伍木瓜、牛膝,以增强其强筋壮骨作用。②尚能利湿,用治水肿、

图 2-101 五加皮

尿不利等，多配伍茯苓皮、大腹皮等，如五皮饮。

【主要成分】含挥发油、鞣质、棕榈酸、亚麻仁油酸、维生素A及维生素B_1等。

【药理研究】①有抗关节炎和镇痛作用。②能调整血压和降低血糖。③对放射性损伤有保护作用，并能增强机体的抵抗力。

【药性歌诀】五加皮温，强骨壮筋，祛风除湿，活血强心；

痹证足弱，心阳虚损，阳痿水肿，功类人参。

乌梢蛇

为游蛇科动物乌梢蛇去内脏的干燥尸体（图2-102）。砍去头，以黄酒闷透去骨用或炙用。主产于浙江、安徽、贵州、湖北、四川等地。

【性味归经】平，甘。入肝经。

【功效】祛风湿，定惊厥。

【主治】风寒湿痹，惊痫抽搐，破伤风。

【用量】马、牛15～30 g；猪、羊3～6 g；犬2～3 g。

【附注】乌梢蛇有止惊、通络、祛风之功，专攻破伤风、痹症等，为熄风良药。临诊配伍应用：①本品善行而祛风。常用治风湿麻痹、风寒湿痹等，多与羌活、防风等配伍。②定惊厥。用治惊痫、抽搐，常与蜈蚣、全蝎等配伍；用治破伤风，常与天麻、蔓荆子、羌活、独活、细辛等配伍，如千金散。

图2-102　乌梢蛇

蛇蜕：为蛇类蜕下的干燥皮膜，凡银白色或淡棕色者可入药。性平，味咸、甘。具有祛风定惊、明目退翳等功效。

【主要成分】含蛋白质及肽类、脂类等。

【药理研究】有镇静、镇痛及扩张血管的作用。

【药性歌诀】乌蛇甘平，无毒定惊，善除流痰，通络祛风；

惊痫抽搐，骨痨疮痉，顽痹风疹，顽癣肺痈。

防己

为防己科植物粉防己（汉防己）或木防己的干燥根（图2-103）。切片生用或炒用。主产于浙江、安徽、湖北、广东等地。

【性味归经】寒，苦、辛。入膀胱、肺经。

【功效】利水退肿（汉防己较佳），祛风止痛（木防己较佳）。

【主治】风湿痹痛，小便不利，水肿。

【用量】马、牛15～45 g；猪、羊5～10 g；犬3～6 g；兔、禽1～2 g。

【附注】防己苦泻辛散，祛风止痛，利水消肿，常用于风湿痹痛、排尿不利、水肿等证；汉防己利水消肿作用较佳，木防己祛风止痛效果较好。临诊配伍应用：①本品善走下行，长于除湿。治水湿停留所致的水肿、胀满等，常与杏仁、滑石、连翘、栀子、半夏等同用。与黄芪、茯苓、桂心、葫芦巴等配伍，用治肾虚腿肿，如防己散。②本品辛散风湿壅滞经络，能通脉道去风湿以止痛。用治风湿疼痛、关节肿痛等，常与乌头、肉桂等同用。

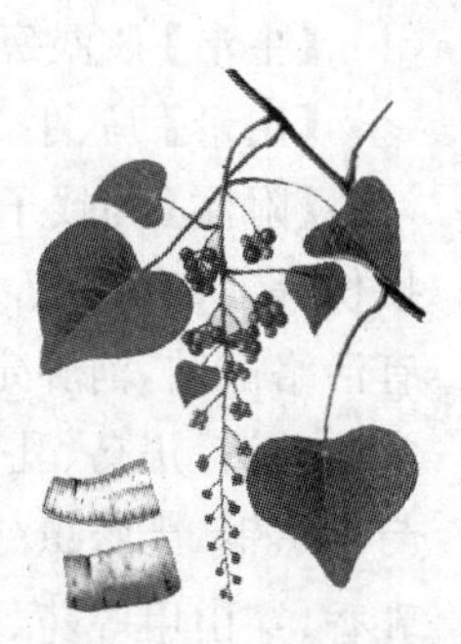

图2-103　防己

【主要成分】粉防己含多种生物碱,已提纯的有汉防己甲素、汉防己乙素及酚性生物碱等;木防己含木防己碱、异木防己碱、木兰花碱等多种生物碱。

【药理研究】①汉防己小剂量可刺激肾脏使尿量增加;大剂量则作用相反。②汉防己有明显镇痛、消炎、抗过敏、解热和降压等作用。汉防己乙素的作用较弱。在体内汉防己、木防己均有抗阿米巴原虫作用。③汉防己总生物碱的肌肉松弛作用,用于中药麻醉,可使肌肉松弛。

【药性歌诀】防己苦寒,除湿祛风,行火清热,利节止痛;

风湿热痹,中风水肿,肢痛脚气,木汗分功。

藁本

为伞形科植物藁本和辽藁本的干燥根茎(图 2-104)。切片生用。主产于四川、江苏、陕西、辽宁等地。

【性味归经】温,辛。入膀胱经。

【功效】发表散寒,祛风胜湿。

【主治】外感风寒,风寒湿痹。

【用量】马、牛 15～30 g;猪、羊 3～10 g;兔、禽 0.5～1.5 g。

【附注】藁本辛散气烈,祛风散寒胜湿止痛,常用于外感风寒、风湿痹痛等证。临诊配伍应用:①本品能发表散寒而止痛,为祛头颈风寒湿邪的主药。多用于风寒感冒,颈项强硬,常与白芷、川芎等同用。②祛风散寒,兼能胜湿。适用于风寒湿邪所致的痹痛、肢节疼痛等,多与羌活、防风、威灵仙、苍术等配伍。

图 2-104　藁本

【主要成分】含挥发油丁基酞内酯,蛇床内脂及其他软脂酸。

【药理研究】①对皮肤真菌有抑制作用。②挥发油能麻醉大脑,有镇痛,解痉作用。

【药性歌诀】藁本辛温,解表散寒,祛风胜湿,止痛疗疝;

巅顶头痛,风寒外感,寒湿痛泻,寒疝疥癣。

马钱子

为马钱科植物马钱的干燥成熟种子(图 2-105)。砂炒至膨胀,去毛压粉用;或泡后去毛,油炒制用。主产于云南、广东等地。

【性味归经】寒,苦。有大毒。入肝、脾经。

【功效】通经络,消结肿,止疼痛。

【主治】风湿痹痛,跌打损伤,疮黄肿毒。

【用量】马、牛 3～6 g;猪、羊 0.3～0.6 g;犬 0.1～0.2 g。

【附注】马钱子散淤血,祛风湿,活络通痹,可用于风湿痹痛、跌打损伤等证;有大毒,多制用,且不可多服久服。临床配伍应用:①本品有活络散结,消肿定痛之功。可用于风毒窜入经络所致的拘挛疼痛,常与羌活、川乌、乳香、没药等配伍。②用于跌打骨折等淤滞肿痛,可与自然铜、土鳖虫、骨碎补、乳香、没药同用。③治痈肿疮毒,配雄黄、乳香、穿山甲等药。

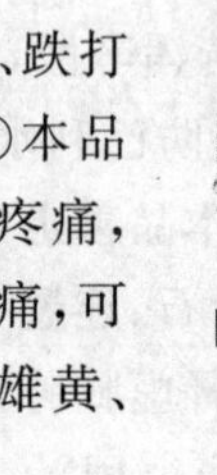

图 2-105　马钱子

【主要成分】含生物碱,主要为番木鳖碱、马钱子碱、番木鳖苷等。

【药理研究】所含番木鳖碱，能兴奋脊髓，小剂量时能显著地增强脊髓的反射活动，中毒剂量时产生脊髓性的强直性惊厥。

【药性歌诀】马钱子寒，活络止痛，解毒抗癌，散结消肿；

肢麻瘫痪，伤折痹症，诸癌瘰疬，皮炎疽痛。

豨莶草

为菊科植物豨莶、毛根豨莶或腺梗豨莶的干燥地上茎叶（图 2-106）。切片生用或酒制用。主产于安徽、江苏等地。

【性味归经】寒，苦。有小毒。入肝、肾经。

【功效】祛风湿，利筋骨，镇静安神。

【主治】风湿痹痛，筋骨疼痛。

【用量】马、牛 20～60 g；猪、羊 10～15 g；犬 5～8 g。

【附注】豨莶草善除筋骨间风湿，可用于风寒湿痹、骨节疼痛、腰胯无力等证。临诊配伍应用：用于风湿痹痛，骨节疼痛，单用即有效，若配海桐皮等，疗效更好。镇静安神常与含羞草、松叶等同用。

图 2-106　豨莶草

【主要成分】含生物碱、酚性成分，皂苷、氨基酸、有机酸、糖类、苦味质等。

【药理研究】有降压、镇静和抗风湿的作用。

【药性歌诀】味苦性寒豨莶草，祛风除湿用宜早；

痈痛脚软中风疟，黄疸痈肿皆有效。

二、利湿药

茯苓

为多孔菌科真菌茯苓的干燥菌核（图 2-107）。寄生于松树根。其傍附松根而生者，称为茯苓；抱附松根而生者，谓之茯神；内部色白者，称白茯苓；色淡红者，称赤茯苓；外皮称茯苓皮，均可供药用。晒干切片生用。主产于云南、安徽、江苏等地。

【性味归经】平，甘，淡。入脾、胃、心、肺、肾经。

【功效】渗湿利水，健脾补中，宁心安神。

【主治】水肿，小便不利，慢草不食，痰饮，腹泻等。

【用量】马、牛 20～60 g；猪、羊 5～10 g；犬 3～6 g；兔、禽 1.3～5 g。

图 2-107　茯苓

【附注】茯苓既可利水，又能补脾安神，为治脾虚，泄泻，小便不利，水肿等证之良药。临诊配伍应用：①本品味甘而淡，甘能和中，淡能渗泄。一般水湿停滞或偏寒者，多用白茯苓；偏于湿热者，多用赤茯苓；若水湿外泛而为水肿、尿不利者，多用茯苓皮。②脾虚湿困，水饮不化的慢草不食或水湿停滞等，用茯苓有标本兼顾之效，因茯苓既能健脾又能利湿，能补能泻。③茯苓、茯神均能宁心安神，以茯神功效较好。朱砂拌用，可增强疗效。此外，可治泄泻，脾虚湿困，运化失调者，有健脾利湿止泻的功效，如参苓白术散。

【主要成分】含有茯苓酸、β-茯苓聚糖、麦角甾醇、蛋白质、卵磷脂、胆碱及钾盐等。

【药理研究】①有利尿镇静作用。其利水作用可能与抑制肾小管重吸收机能有关。②对金色葡萄球菌、大肠杆菌等有抑制作用。茯苓次聚糖能抑制小鼠肉瘤。

【药性歌诀】茯苓甘平，健脾补中，利水渗湿，心神可宁；
小便不利，痰饮水肿，心悸失眠，水湿泄泻。

猪苓

为多孔菌科真菌猪苓的干燥菌核（图 2-108）。切片生用。主产于山西、陕西、河北等地。

【性味归经】平，甘、淡。入肾、膀胱经。

【功效】利水通淋，除湿退肿。

【主治】湿热淋浊，水肿，泄泻，小便不利。

【用量】马、牛 25～60 g；猪、羊 10～20 g；犬 3～6 g。

【附注】猪苓功专利水，作用较茯苓强，凡泄泻水肿，排尿不利均可应用。临诊配伍应用：猪苓以淡渗见长，利水渗湿作用优于茯苓，凡因水湿停滞，尿不利，水肿胀满，肠鸣作泻，湿热淋浊等，常与茯苓、白术、泽泻等同用，如五苓散。治阴虚性尿不利、水肿，常配阿胶、滑石。

图 2-108 猪苓

【主要成分】含有麦角甾醇、可溶性糖分、蛋白质等。

【药理研究】有较好的利尿作用，能促进钠、氯、钾等电解质的排出。此外，还有降低血糖和抗实验动物肿瘤等作用。

【药性歌诀】猪苓淡平，渗无补性，利尿渗湿，通淋消肿；
小便不利，淋浊热病，水肿脚气，泄泻湿渗。

泽泻

为泽泻科植物泽泻的干燥块茎（图 2-109）。切片生用。主产于福建、广东、江西、四川等地。

【性味归经】寒，甘、淡。入肾、膀胱经。

【功效】利水渗湿，泻肾火。

【主治】小便不利，水肿，泄泻，湿热淋浊等。

【用量】马、牛 20～45 g；猪、羊 10～15 g；犬 5～8 g；兔、禽 0.5～1 g。

【附注】泽泻寒可清热，味淡能渗湿，常用于水肿，排尿不利，湿热泄泻，淋浊等证。临诊配伍应用：本品甘淡能利水渗湿，性寒能泻肾火和膀胱热。用治水湿停滞的尿不利、水肿胀满、湿热淋浊、泻痢不止等，常与茯苓、猪苓等同用；治肾阴不足，虚火偏亢，可配丹皮、熟地等，如六味地黄汤。

图 2-109 泽泻

【主要成分】含挥发油、树脂淀粉等。

【药理研究】①利尿作用显著，可增加尿量和尿素及氯化物的排出，同时能降低血中胆固醇含量和降低血压、血糖和抗脂肪肝的作用。②对金黄色葡萄球菌、肺炎双球菌、结核杆菌等有抑制作用。

【药性歌诀】泽泻甘寒，消水利尿，渗湿泻热，肝肾火消；
水肿胀满，带淋溺膏，癃闭湿泻，痰饮眩晕。

车前子

为车前科植物车前或平车前的干燥成熟种子(图 2-110)。生用或炒用。主产于浙江、安徽、江西等地。

【性味归经】寒，甘、淡。入肝、肾、小肠经。

【功效】利水通淋，清肝明目。

【主治】湿热淋浊，水湿泻痢，小便不利，水肿，目赤肿痛等。

【用量】马、牛 20～30 g；猪、羊 10～15 g；犬、猫 3～6 g；兔、禽 1～3 g。

图 2-110 车前子

【附注】车前子清热利尿，且能明目，常用于热淋尿血，湿热泄泻，目赤肿痛等证。临诊配伍应用：①本品性寒而滑利，故能利水通淋，以治热淋为主。配滑石、木通、瞿麦，用治湿热淋浊、水湿泄泻、暑湿泻痢、尿不利等。②清肝明目。配夏枯草、龙胆、青葙子等，用治眼目赤肿，睛生翳障，黄疸等。

全草为车前草，功效与车前子相似，兼有清热解毒和止血的作用。

【主要成分】含车前子碱、车前子烯醇酸、胆碱、维生素 A 及维生素 B 等。

【药理研究】①有利尿、止咳、祛痰、降压等作用，利尿作用明显，还能增加尿素、氯化物、尿酸等的排泄。②对伤寒杆菌、大肠杆菌等有抑制作用。

【药性歌诀】车前子淡，入肾膀胱，利水通淋，明目祛痰；
眼目昏花，迎风流泪，淋浊带下，暑湿泻痢。

滑石

为硅酸盐类矿物滑石族滑石(图 2-111)。主含含水硅酸镁[$Mg_3(Si_4O_{10})_2 \cdot (OH)_2$]。打碎成小块，水飞或研细生用。产于广东、广西、云南、山东、四川等地。

图 2-111 滑石

【性味归经】寒，甘。入胃、膀胱经。

【功效】利水通淋，清热解暑，祛湿敛湿。

【主治】暑热，暑湿泄泻，尿赤涩痛，淋证，水肿，湿疹等证。

【用量】马、牛 25～45 g；猪、羊 10～20 g；犬 3～9 g；兔、禽 1.3～5 g。

【附注】滑石功能利水渗湿，清热通淋，常用于暑热口渴，湿热泄泻，尿短赤及湿疹等证。临诊配伍应用：①滑石性寒而滑，寒能清热，滑能利窍，泻膀胱热结而通利水道。用治湿热下注的尿赤涩疼痛、淋证、水肿等，常与金钱草、车前子、海金沙配合应用；用治马胞转，常配泽泻、灯心草、茵陈、知母、酒黄柏、猪苓，如滑石散。②清热解暑。配甘草为六一散，常用于暑热、暑温、暑湿泄泻等。外用治湿疮、湿疹，常配石膏、枯矾或与黄柏同用。

【主要成分】含硅酸镁、氧化铝、氧化镍等。

【药理研究】①硅酸镁有吸附和收敛作用，内服能保护肠壁，止泻而不引起臌胀。②滑石粉撒布创面形成被膜,有保护创面、吸收分泌物、促进结痂的作用。

【药性歌诀】滑石沉寒,解暑除烦,利尿祛湿,清热收敛;

热痢热淋,水肿胀满,暑热水泻,湿疹皮炎。

木通

为马兜铃科植物东北马兜铃(关木通)、毛茛科植物小木通或其同属植物绣球藤的干燥藤茎(图 2-112)。主产湖南、贵州、四川、吉林、辽宁等地。

【性味归经】寒,苦。入心、小肠、膀胱经。

【功效】清热利水,通乳。

【主治】小便不利,湿热淋浊,产后缺乳等。

【用量】马、牛 25～40 g;猪、羊 3～6 g;犬 2～4 g。

【附注】木通苦寒,主清心火尚利小肠,又能通经下乳,常用于排尿不利,膀胱湿热,乳汁不下等证。临诊配伍应用:①清心火,利尿。用治心火上炎、口舌生疮、尿短赤、湿热淋痛、尿血等,常与生地、竹叶、甘草等配伍。②通利血脉,下乳通经。用治乳汁不通,常与王不留行、穿山甲同用。通经可与牛膝、当归、红花等配伍。

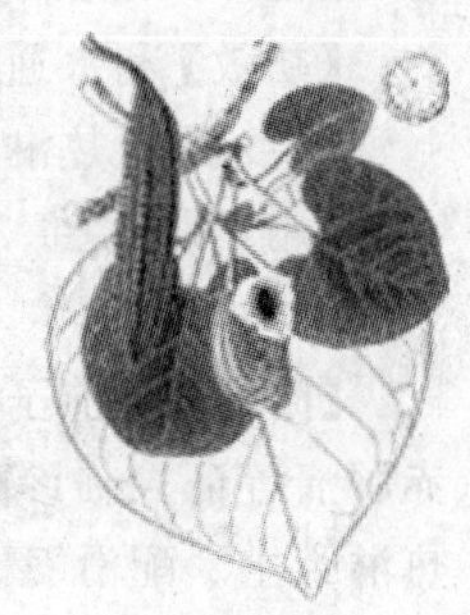

图 2-112　木通

【主要成分】含有马兜铃酸、钙和鞣质。

【药理研究】①有利尿和强心作用,其利尿作用较猪苓弱,较淡竹叶强。②对革兰氏阳性菌、痢疾杆菌、伤寒杆菌有抑制作用。马兜铃酸有抑制癌细胞生长作用。③动物实验,大剂量木通可使心脏跳动停止。

【药性歌诀】木通苦寒,下乳通经,泄水利湿,导热下行;

口疮溺赤,热痹水肿,经闭浊淋,乳少不通。

通草

为五加科植物通脱木的干燥茎髓(图 2-113)。切碎生用。主产于江西、四川等地。

【性味归经】寒,甘、淡。入肺、胃经。

【功效】清热利水,通气下乳。

【主治】湿热淋痛,小便不利,产后缺乳等。

【用量】马、牛 15～30 g;驼 30～60 g;猪、羊 3～10 g;犬 2～5 g;兔、禽 0.5～2 g。

【附注】通草甘淡,能导热下行,又可行气下乳,常用于排尿不利、膀胱湿热、乳汁不下等证。临诊配伍应用:本品淡渗清降,引热下行而利尿。用于尿不利、湿热淋痛等,常与滑石配伍。此外,还有下乳作用,常用于催乳方中。

图 2-113　通草

【主要成分】含肌醇、多聚戊糖、葡萄糖、果糖及半乳糖,醛酸等。

【药理研究】有利尿和下乳作用,其利尿作用弱于木通。

【药性歌诀】通草甘寒,渗利小便,泻肺理胃,下乳除烦;

淋漓水肿,尿痛涩难,乳少不通,热烦黄疸。

瞿麦

为石竹科植物瞿麦或石竹的干燥地上部分(图 2-114)。切段生用。产于湖北、吉林、江苏、安徽等地。

【性味归经】寒,苦。入心、小肠经。

【功效】清热利水,行血祛淤。

【主治】小便不利,水肿淋证。

【用量】马、牛 20~45 g;猪、羊 10~15 g;犬 3~6 g;兔、禽 0.5~1.5 g。

【附注】瞿麦清心火,利小肠,有破血祛淤,利水通淋之功,可用于排尿不利、热淋、血淋,沙石淋、水肿等证。临诊配伍应用:本品苦寒沉降,通心经而行血,利尿液而清热。常用治尿短赤、血尿、便血、石淋、水肿等,多配木通、萹蓄、车前子、滑石、栀子等,如八正散,治热淋、石淋。

图 2-114 瞿麦

【主要成分】含维生素 A 等。

【药理研究】能促进肠蠕动,抑制心脏,降低血压,杀灭血吸虫,并有显著的利尿作用。穗的作用较比茎强。也有用根治癌肿的报道。

【药性歌诀】瞿麦苦寒,行气通便,清热利水,破血攻坚;

便秘水肿,吸虫可蠲,尿血热淋,经闭红眼。

茵陈

为菊科植物茵陈蒿或滨蒿的干燥幼嫩茎叶(图 2-115)。晒干生用。主产于安徽、山西、陕西等地。

【性味归经】微寒,苦。入脾、胃、肝、胆经。

【功效】清湿热,利黄疸。

【主治】黄疸,小便不利。

【用量】马、牛 20~45 g;猪、羊 5~15 g;犬 3~6 g;兔、禽 1~2 g。

【附注】茵陈苦寒,清热利湿,为治疗黄疸之主药。临诊配伍应用:本品苦泄下降,功专清利湿热。配栀子、大黄,如茵陈蒿汤,治湿热黄疸;配黄柏、车前子等,治湿热泄泻;治阳黄,单味大剂量内服即能奏效;治阴黄,则须配伍温里药,化湿而除阴寒,如茵陈四逆汤。

图 2-115 茵陈

【主要成分】含有挥发油,主要为 β-蒎烯、茵陈烃、茵陈酮及叶酸。果穗中也含挥发油(茵陈酮及茵陈素)。

【药理研究】①对枯草杆菌、伤寒杆菌、金黄色葡萄球菌、病原性丝状菌及某些皮肤真菌有一定抑制作用;乙醇提取物对流感病毒有抑制作用。②有明显的利胆作用,在增加胆汁分泌的同时也增加胆汁中固体物质胆酸和胆红素的排泄,并有解热、降压作用。

【药性歌诀】茵陈苦凉,解毒疗疮,清热利湿,平肝退黄;

湿热黄疸,阳亢脑胀,湿痰热病,疮疥风痒。

薏苡仁

为禾本科植物薏苡的干燥成熟种仁(图 2-116)。生用或炒用。主产于山东、福建、河北、辽宁、江苏等地。

【性味归经】微寒，甘、淡。入脾、肺、肾经。

【功效】清热除湿，健脾止泻，除痹。

【主治】脾虚泄泻，风湿热痹，肺痈。

【用量】马、牛 30～60 g；猪、羊 10～25 g；犬 3～12 g；兔、禽 3～6 g。

【附注】薏苡仁清热燥湿，健脾，补肺，下气行水，可用于风湿、水肿、肺痈、脾虚泄泻、肌肉拘挛等证。临诊配伍应用：①本品上清肺金之热，用于肺痈等，配桃仁、芦根等。②下利胃肠之湿。用治水肿、浮肿、沙石热淋等，常配滑石、木通等。③性味甘淡，补益脾胃。炒熟用治脾虚泄泻，常与茯苓、白术同用。④除湿清热，通利关节。用治风湿热痹、四肢拘挛等，常与防己等配伍。

图 2-116 薏苡仁

【主要成分】含有薏苡仁油、糖类、氨基酸、维生素 B_1 等。

【药理研究】薏苡仁油对离体的心脏、肠管、子宫、骨骼肌及运动神经末梢等，低浓度兴奋，高浓度则呈现麻痹作用。此外，对癌细胞有抑制作用。

【药性歌诀】薏仁微寒，清热排脓，健脾舒筋，利湿消肿；

水肿脾气，滑囊肿痛，湿痹筋挛，泄泻内痈。

金钱草

为报春花科植物过路黄的新鲜或干燥全草（图 2-117）。鲜用或晒干生用。主产于江南各地。

【性味归经】平，微咸。入肝、胆、肾、膀胱经。

【功效】利水通淋，清热消肿。

【主治】湿热黄疸，结石，疮疖肿毒等。

【用量】马、牛 30～120 g；猪、羊 6～25 g；犬 3～12 g。

【附注】金钱草清热利尿，去湿热，退黄疸，消肿毒，常用于排尿不利、膀胱湿热、湿热黄疸、砂石淋、疮痈肿毒等证。临诊配伍应用：①清湿热，利胆退黄。用于湿热黄疸，常与栀子、茵陈等同用。②利水通淋。用于尿道结石，常配石韦、鸡内金、海金沙等。③清热消肿。可配鲜车前草捣烂加白酒，擦患处治恶疮肿毒。

图 2-117 金钱草

【主要成分】含酚性成分和甾醇、黄酮类、氨基酸、鞣质、挥发油、胆碱、钾盐等。

【药理研究】有利胆作用，对金黄色葡萄球菌有抑制作用。

【药性歌诀】金钱草甘，利尿软坚，通淋消肿，结石可蠲；

入肝肾膀，除湿退黄，热伤尿血，乳腺炎灭。

海金沙

为海金沙科植物海金沙的干燥成熟孢子（图 2-118）。生用。主产于广东、湖南、安徽、江苏等地。

【性味归经】寒，甘。入小肠、膀胱经。

【功效】清湿热，通淋。

【主治】膀胱湿热，热淋疼痛，尿道结石等。

【用量】马、牛 30～45 g；猪、羊 10～20 g；兔、禽 1～2 g。

【附注】海金沙味甘咸，性下降，能除小肠、膀胱二经湿热，功专利尿通淋。临诊配伍应用：本品甘淡而寒，其性下降，善泻小肠、膀胱血分湿热，功专通利水道。常配萹蓄、瞿麦、金钱草、旱莲草等治热淋涩痛，亦可用于尿不利、尿结石、尿血等。

图 2-118　海金沙

【主要成分】孢子含脂肪油，叶含多种黄酮苷。

【药理研究】①对金黄色葡萄球菌有抑制作用。②有利尿作用。

【药性歌诀】海金沙寒，淋病宜用，湿热可除，又善止痛；

对于石淋，最为擅长，热淋膏淋，疗效较强。

地肤子

为藜科植物地肤的干燥成熟果实（图 2-119）。生用。主产于河北、江苏、福建等地。

【性味归经】寒，甘、苦。入膀胱经。

【功效】清湿热，利水道，止痒。

【主治】膀胱湿热，皮肤瘙痒。

【用量】马、牛 15～45 g；猪、羊 5～10 g；兔、禽 1～3 g。

【附注】地肤子功能清热利湿，兼皮肤风热。常用于膀胱湿热、皮肤湿痒等证。临诊配伍应用：本品苦寒降泄，能清利下焦湿热，用于尿不利、湿热瘙痒、皮肤湿疹等。常与猪苓、通草、知母、黄柏、瞿麦等配合应用。

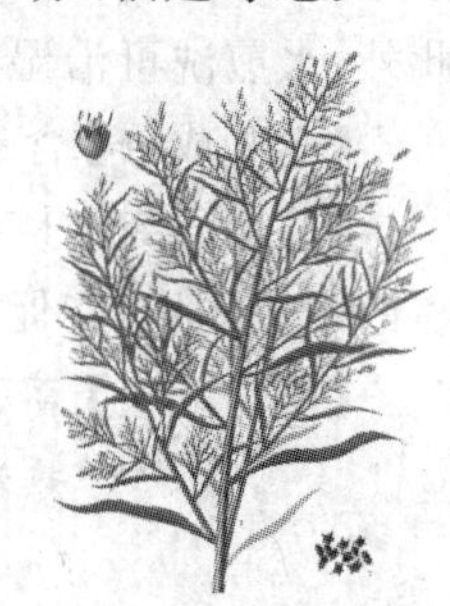

图 2-119　地肤子

【主要成分】含有皂苷、维生素 A。

【药理研究】①有利尿作用。②对皮肤真菌有不同程度的抑制作用。

【药性歌诀】地肤子寒，膀胱湿热，皮肤瘙痒，除热甚捷；

清热利水，皮肤湿热，滴虫疥癣，外洗效灵。

石韦

为水龙骨科植物庐山石韦、石韦和有柄石韦的干燥叶或全草（图 2-120）。切片生用或炙用。产于湖北、四川、江西等地。

【性味归经】微寒，苦。入肺、膀胱经。

【功效】清热通淋，凉血止血。

【主治】热淋，血淋，肺热咳喘。

【用量】马、牛 15～45 g；猪、羊 6～12 g；犬、猫 1～5g。

【附注】石韦上能清肺热，下可通淋浊，且兼止血，为治疗热淋、血淋、石淋的常用之品。临诊配伍应用：①本品有清热利水通淋作用，用于尿闭、热淋等，常与茅根、车前子、滑石同用。②凉血止血，用于血淋，常与蒲黄、当归、芍药等配合。

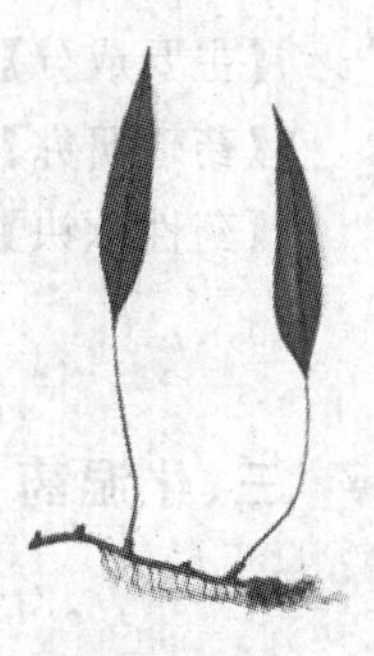

图 2-120　石韦

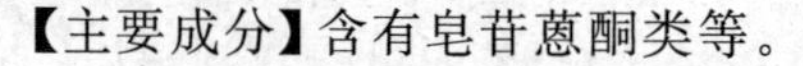

【主要成分】含有皂苷蒽酮类等。

【药理研究】①对大肠杆菌、金黄色葡萄球菌、流感病毒等有抑制作用。②能活跃体内网状内皮系统，促进局部细胞的吞噬能力。

【药性歌诀】石韦味苦，通利膀胱，遗尿或淋，发背疮疡；

肾盂肾炎，尿血崩漏，凉血止血，祛痰止咳。

萹蓄

为蓼科植物萹蓄的干燥地上部分(图 2-121)。切碎生用。产于山东、安徽、江苏、吉林等地。

图 2-121 萹蓄

【性味归经】寒，苦、辛。入胃、膀胱经。

【功效】利水通淋，杀虫止痒。

【主治】湿热下注，小便淋涩，皮肤湿疹。

【用量】马、牛 20～60 g；猪、羊 5～10 g；兔、禽 0.5～1.5 g。

【附注】萹蓄清膀胱湿热，利水通淋，兼有杀虫止痒作用，常用于膀胱湿热，淋痛，湿疹等证。临诊配伍应用：清湿热，利水通淋。用治湿热淋证、尿短赤、尿血等，常与瞿麦、滑石、木通、车前、甘草梢、栀子、大黄等配伍。此外，水煎洗可治湿疹。

【主要成分】含有苷类、蒽醌类和鞣酸质。

【药理研究】①对金黄色葡萄球菌、痢疾杆菌、绿脓杆菌和伤寒杆菌有抑制作用。②有明显的利尿作用，能促进钠的排出。

【药性歌诀】萹蓄苦平，止痒杀虫，利水通淋，湿热两清；

热淋湿淋，疮疡痔肿，滴虫阴蚀，瘘痢血崩。

萆薢

为薯蓣科植物绵萆薢或粉萆薢的干燥根茎(图 2-122)。切片生用。产于四川、浙江等地。

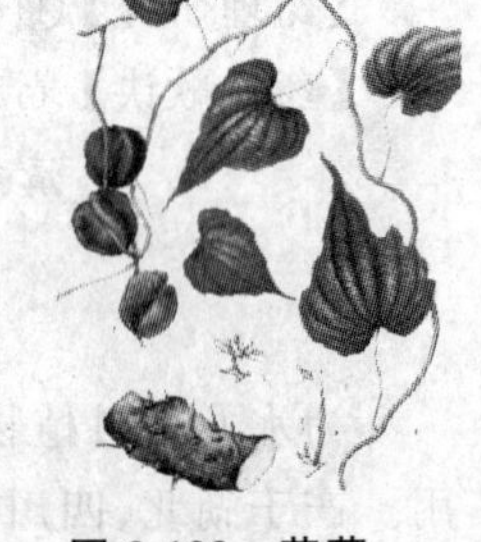
图 2-122 萆薢

【性味归经】平，苦。入肝、胃经。

【功效】祛风湿，利湿热。

【主治】尿淋尿浊，风湿痹痛。

【用量】马、牛 25～45 g；猪、羊 5～15 g；犬 3～8 g。

【附注】萆薢长于利湿通淋，兼可祛风除痹，常用于治疗尿浊、关节肿痛等证。临诊配伍应用：①祛风湿，舒筋通络。常配独活、桑寄生等，用治风湿痹痛。②利湿而分清浊。配益智仁、石菖蒲、乌药等，用治尿混浊。

【主要成分】含萆薢苷。

【药理研究】可缓解肌肉痉挛，并对肾炎水肿、乳糜尿有一定疗效。

【药性歌诀】萆薢苦平，利湿祛风，风清别浊，湿热痹痛；

肢体麻木，腰膝背痛，膏淋尿浊，带下不收。

三、化湿药

藿香

为唇形花科植物藿香或广藿香的干燥茎叶(图 2-123)。晒干切碎生用。产于广东、吉林、贵州等地。

【性味归经】微温，辛。入脾、胃、肺经。

【功效】芳香化湿，和中止呕，发表解暑。

【主治】肚腹胀满，食少，反胃呕吐，外感风寒，泄泻等。

【用量】马、牛 25～45 g；猪、羊 5～10 g；犬 3～5 g；兔、禽 1～2 g。

【附注】藿香辛散不峻，化湿不燥，升清降浊，醒脾和胃，用于夏伤暑湿、肚腹胀满、草少、呕吐、泄泻等证。临诊配伍应用：①本品芳香化湿，用治湿浊内阻、脾为湿困、运化失调的肚腹胀满、少食、神疲、粪便溏泄、口腔滑利、舌苔白腻等偏湿的病证，常与苍术、厚朴、陈皮、甘草、半夏等配伍。②又能散表邪，常配苏叶、白芷、陈皮、厚朴，用治感冒而夹有湿滞之证。

图 2-123　藿香

【主要成分】含有挥发油、鞣质、苦味质。

【药理研究】①对胃肠神经有镇静作用，并能扩张微血管，略有发汗作用。其芳香之气能促进胃液分泌以助消化。②对金黄色葡萄球菌、大肠杆菌、痢疾杆菌、肺炎双球菌等有抑制作用。

【药性歌诀】藿香微热，和中止呕，芳香化湿，发表解暑；
　　感冒暑热，湿温湿阻，呕吐泄泻，脘闷口臭。

佩兰

为菊科植物佩兰的干燥茎叶(图 2-124)。晒干切段生用。主产于江苏、浙江、安徽、山东等地。

【性味归经】平，辛。入脾经。

【功效】醒脾化湿，解暑生津。

【主治】肚腹胀满，暑湿表证，暑热内蕴等

【用量】马、牛 15～45 g；猪、羊 5～15 g。

【附注】佩兰气味清香，药力平和，功能醒脾、化湿，祛暑，可用于夏伤暑湿、腹胀、草少等证。临诊配伍应用：①本品气味芳香，能调中辟浊。用治湿热浊邪郁于中焦所致的肚腹胀满、舌苔白腻和暑湿表证等，常与藿香、厚朴、白豆蔻等同用。②善解暑热而生津，用治暑热内蕴、肚腹胀满，常与藿香、厚朴、鲜荷叶等配伍。

图 2-124　佩兰

【主要成分】挥发油(对一聚伞花素)。

【药理研究】对流感病毒有抑制作用。

【药性歌诀】佩兰辛平，化湿和中，疏散表邪，解暑调经；
　　外感暑热，寒热头痛，湿阻脾痹，湿温初症。

苍术

为菊科植物茅苍术或北苍术的干燥根茎(图 2-125)。晒干，烧去毛，切片生用或炒用。主产于江苏、安徽、浙江、河北、内蒙古等地。

【性味归经】温，苦、辛。入脾、胃经。

【功效】燥湿健脾，发汗解表，祛风湿。

【主治】腹痛泄泻，风寒湿痹，外感风寒等。

【用量】马、牛 15～60 g；猪、羊 9～15 g；犬 5～8 g；兔、禽 1～3 g。

【附注】苍术外可散风湿之邪，内能化湿浊之郁，凡湿邪致病，不论上下表里，均可应用，为祛风除湿，燥湿健脾之要药。临诊配伍应用：①本品气香辛烈，性温而燥。用治湿困脾胃、运化失司、食欲不振、消化不良、胃寒草少、腹痛泄泻，常配厚朴、陈皮、甘草等，如平胃散。②辛温发散而解表，又能祛风湿。用治关节疼痛、风寒湿痹，常配独活、秦艽、牛膝、薏苡仁、黄柏等。此外，尚可用治眼科疾病。

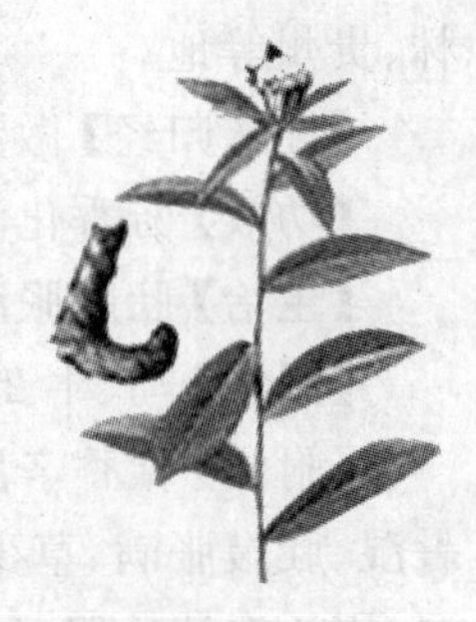

图 2-125　苍术

【主要成分】含挥发油（苍术醇、苍术酮），胡萝卜素以及维生素 B_1 等。

【药理研究】①小剂量有镇静作用，大剂量对中枢呈抑制作用，并能降低血糖。③含有大量维生素 A 和维生素 B，对夜盲症、骨软症、皮肤角化症都有一定疗效。

【药性歌诀】苍术苦温，燥湿健脾，祛风除湿，发汗解表；

湿阻脘闷，呕吐泻痢，雀目湿温，足痿湿痹。

白豆蔻

为姜科植物白豆蔻的干燥果实（图 2-126）。研碎生用或炒用。主产于广东、广西等地。

【性味归经】温，辛、芳香。入肺、脾、胃经。

【功效】芳香化湿，行气和中，化痰消滞。

【主治】腹痛下痢，肚腹胀满，胃寒呕吐。

【用量】马、牛 15～30 g；猪、羊 3～10 g；犬 2～5 g；兔、禽 0.5～1.5 g。

【附注】白豆蔻芳香醒脾，行气开胃，温中化湿，用于胃寒草少，肚腹胀痛等证。临诊配伍应用：①本品能行气，暖脾化湿。用治胃寒草少、腹痛下痢、脾胃气滞、肚腹胀满、食积不消等，常与苍术、厚朴、陈皮、半夏等同用。若湿盛，可配薏苡仁、厚朴；热盛，可配黄芩、黄连、滑石等。治马翻胃吐草，常与益智仁、木香、槟榔、草果等同用。②又能行气而止呕。用治胃寒呕吐，常与半夏、藿香、生姜等配伍。

图 2-126　白豆蔻

【主要成分】含右旋龙脑及左旋樟脑等挥发油。

【药理研究】能促进胃液分泌，增强肠管蠕动；制止肠内异常发酵，驱除胃肠内积气，并有止呕作用。

【药性歌诀】白豆蔻温，宽中行气，暖胃止呕，燥湿最宜；

湿温湿阻，胸闷脘痞，气滞湿滞，反胃吐草。

草豆蔻

为姜科植物草豆蔻的干燥近成熟种子（图 2-127）。打碎生用。主产于广东、广西等地。

【性味归经】温，辛。气芳香。入脾、胃经。

【功效】温中燥湿，健脾和胃。

【主治】脾胃虚寒，冷痛泄泻，呕吐。

【用量】马、牛 15～30 g；猪、羊 3～10 g；犬 2～5 g。

图 2-127　草豆蔻

【附注】草豆蔻健脾燥湿，温中止呕，用于脾胃虚寒，气逆呕吐等证。临诊配伍应用：①气味辛香，性温和中，健脾化湿。配砂仁、陈皮、建曲等，用治因脾胃虚寒的食欲不振、食滞腹胀、冷肠泄泻、伤水腹痛等。②温胃止呕。用治寒湿郁滞中焦，气逆作呕，常与高良姜、生姜、吴茱萸等同用。

【主要成分】含豆蔻素、樟脑等挥发油。

【药理研究】小剂量对豚鼠离体肠管有兴奋作用，大剂量则抑制。

【药性歌诀】草豆蔻温，燥湿健脾，温胃止呕，行气开郁；

寒湿吐泻，痰饮积聚，心腹冷痛，虚寒泻痢。

其他祛湿药见表2-17，祛湿药功能比较见表2-18。

表2-17　其他祛湿药

药名	药用部位	性味归经	功效	主治
乌头	乌头的主根	热，辛、苦，有毒。入心、肝、脾、肾经	祛风湿，温经止痛	风湿痹痛，阴疽肿毒
伸筋草	全草	温，辛、苦。入肝经	祛风除湿，舒筋活络	风寒湿痹，跌打损伤
狗脊	根状茎	温，苦、甘。入肝、肾经	补肝肾，强腰膝，祛风湿	腰脊痿软，四肢无力，关节疼痛等
千年健	根茎	温，辛、微苦。入肝、肾经	祛风湿，通经络，健筋骨	风寒湿痹，筋骨疼痛，四肢拘挛，腰膝痿软等
灯心草	茎髓	寒，甘、淡。入肾，膀胱	降心火，利尿	尿不利，水肿
赤小豆	种子	平，甘、酸。入心、肺、小肠	利尿消肿，利湿退黄	水肿，尿不利，湿热黄疸

表2-18　祛湿药功能比较

类别	药物	相同点	不同点
祛风湿药	羌活 独活 五加皮 木瓜 乌梢蛇 威灵仙 秦艽 防己 豨莶草 桑寄生 藁本 马钱子	祛风寒湿邪，治风湿痹症	羌活、独活、威灵仙、乌梢蛇性偏祛风，而威灵仙又善于通经；羌活上行力大，多用于表证；独活下行力强，多用于里证；乌梢蛇善于走窜，祛风力大；五加皮、木瓜偏于祛湿，而五加皮又能强筋骨、利水肿；木瓜善治经络之湿邪；秦艽性较平和、善疏筋，退虚热，兼润肠通便；防己苦寒下行，能利水肿；豨莶草兼平肝安神；桑寄生长于补肝肾，强筋骨；藁本发表散寒，多用于风寒感冒，颈项强硬；马钱子善于活络散结，并能定痛

续表 2-18

类别	药物	相同点	不同点
利湿药	茯苓 猪苓 泽泻 车前子 滑石 薏苡仁 茵陈 木通 通草	渗湿为主，利尿	茯苓健脾补中，猪苓偏治有热之水湿停滞，泽泻清肾经虚火，木通泻心经火热，通草兼能通乳。利水作用以猪苓、茯苓最强，泽泻次之，木通、车前子更次之。滑石解暑热止渴；茵陈重清湿热，利黄疸；薏苡仁化湿于内，健脾且能排脓
	瞿麦 萹蓄 石韦 海金沙 金钱草 萆薢 地肤子	通淋为主，治尿淋浊涩痛	瞿麦通淋之力较强，兼行血祛淤善治血尿；萹蓄、石韦兼能清热，用于尿液短赤；海金沙、金钱草长于疗石淋；萆薢祛风除湿；地肤子长于消皮肤湿热以止痒
化湿药	藿香 佩兰 苍术 白豆蔻 草豆蔻	芳香化湿，主要用于湿浊内阻脾胃的消化不良	藿香兼散表邪；佩兰解暑生津；苍术祛风湿，又解表邪而治目盲；白豆蔻化痰和中；草豆蔻健脾温胃

【阅读资料】

表 2-19　常见的祛湿方

任务十四　理气药

凡能疏畅气机，调理气分，治疗气分疾病的药物，称为理气药。其中理气力量特别强的，习称“破气”药。

本类药物大部分辛温芳香，具有行气消胀、解郁、止痛、降气等作用，主要用于脾胃气滞所表现的肚腹胀满、疼痛不安、嗳气酸臭、食欲不振、粪便失常，以及肺气壅滞所致咳喘等。此外，有些理气药还分别兼有健胃、祛痰、散结等功效。

应用本类药物时，应针对病情，并根据药物的特长作适宜的选择和配伍。如湿邪困脾而兼见脾胃气滞证，应根据病情的偏寒或偏热，将理气药同燥湿、温中或清热药配伍使用。草料停积，为脾胃气滞中最常见者，每将理气药同消食药或泻下药同用；而脾胃虚弱，运化无力所致的气滞，则应与健脾、助消化的药物配伍，方能标本兼顾。至于痰饮，淤血而兼有气滞者，则应分别与祛痰药或活血祛淤药配伍。

理气药多辛温香燥，易耗气伤阴，故对气虚、阴虚的病畜应慎用，必要时可配伍补气、养阴药。

陈皮

为芸香科植物橘及其栽培变种的干燥成熟果皮（图 2-128）。生用或炒用。主产于长江以南各省区。

【性味归经】温，辛、苦。入脾、肺经。

【功效】理气健脾，燥湿化痰。

【主治】肚腹胀满，消化不良，泄泻，咳喘等。

【用量】马、牛 30～60 g；猪、羊 5～10 g；犬、猫 2～5 g；兔、禽 1～3 g。

图 2-128　陈皮

【附注】陈皮为脾、肺二经气分药，功能理气健脾，燥湿化痰，其性和缓，为治疗脾胃气滞，痰湿壅肺的良药。临诊配伍应用：①本品辛能行气，故能调畅中焦脾胃气机，气行则痛止。用于中气不和而引起的肚腹胀满、食欲不振、呕吐、腹泻等。常与生姜、白术、木香等配伍。②燥湿化痰。用治痰湿滞塞、气逆喘咳，常配半夏、茯苓、甘草等；用治肚腹胀满、消化不良，常配厚朴、苍术等，如平胃散。

【主要成分】含挥发油（为右旋柠檬烯、柠檬醛等）、黄酮类（为橙皮苷、川陈皮苷等）、肌醇、维生素 B_1。

【药理研究】①对消化道有缓和的刺激作用，有利于胃肠积气的排出。同时又可使胃液分泌增加而助消化。②能刺激呼吸道使分泌增多，有利于痰液排出。③略有升高血压、兴奋心脏的作用。④橙皮苷有降低胆固醇的作用。

【药性歌诀】陈皮苦温，入脾肺经，顺气宽胸，化痰止咳；
冷气肚痛，脾胃气滞，胃寒吐涎，寒食腹泻。

青皮

为芸香科植物橘及其栽培变种的干燥幼果或未成熟果实的果皮。切片生用或炒用。主产于长江以南各省区。

【性味归经】温，苦、辛。入肝、胆经。

【功效】疏肝止痛，破气消积。

【主治】胸肋胀痛，食积不化，乳痈。

【用量】马、牛 15～30 g，猪、羊 5～10 g；犬 3～5 g；兔、禽 1.3～5 g。

【附注】青皮为肝、胆二经气分药，功能疏肝止痛，消积化滞，与陈皮比较，其气峻烈，常用于肚腹胀满，食滞腹痛等证。临诊配伍应用：①本品辛散，苦降温通，故能疏肝破气而止痛。配郁金、香附、柴胡、鳖甲等，用治肝气郁结所致的肚胀腹痛。②健胃之功略同陈皮，而行气散结化滞之力尤胜，多用治食积胀痛、气滞血淤等。配枳实、三棱、莪术等，用于气血郁滞；配山楂、麦芽、建曲等，用治消化不良。单用可治乳房胀痛等。

【主要成分】含陈皮苷、苦味质、挥发油、维生素C等。

【药性歌诀】青皮辛温，破气疏肝，消食化滞，疝痛可安；

胸胁胀痛，食积痞满，乳痈乳核，睾疾肠疝。

香附

为莎草科植物莎草的干燥根茎(图2-129)。去毛打碎用，或醋制、酒制后用。我国沿海各地均产。

【性味归经】平，辛、微苦。入肝、胆、脾经。

【功效】理气解郁，散结止痛。

【主治】肝气郁滞，食积腹胀，产后淤血腹痛等。

【用量】马、牛30～60 g；猪、羊10～15 g；犬4～8 g；兔、禽1～3 g。

【附注】香附芳香走窜，性平不寒，利三焦，解六郁，疏肝理气，活血散结，为治食滞不化、肚腹胀痛、产后腹痛良药。临诊配伍应用：为疏肝理气，散结止痛的主药。配柴胡、郁金、白芍等，用治肝气郁结所致的肚腹胀满疼痛和食滞不消；若用治寒凝气滞所致的胃肠疼痛，常与高良姜、吴茱萸、乌药配伍；用治乳痈初起，可与蒲公英、赤芍等药配伍；用治产后腹痛，常与艾叶、当归等配伍。

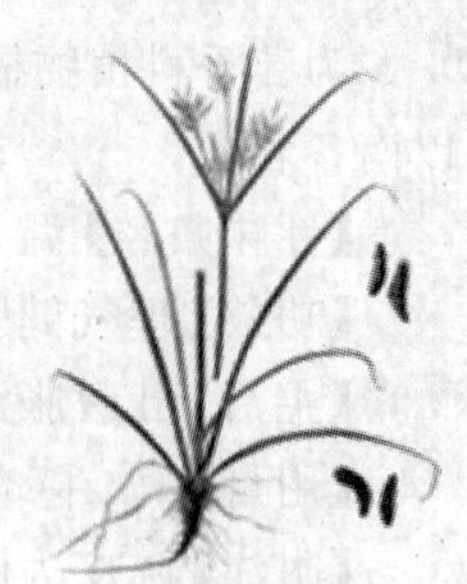

图2-129　香附

【主要成分】含挥发油(香附子烯，香附子醇等)、酚性成分、脂肪酸等。

【药理研究】①能抑制子宫平滑肌的收缩，对收缩状子宫更为明显。②能提高机体对疼痛的耐受性。③水煎剂有降低肠管紧张性和颉颃乙酰胆碱的作用。

【药性歌诀】香附辛平，调经止痛，疏肝理气，总司气病；

胸肋痛胀，气滞通经，宿食寒疝，六郁诸证。

木香

为菊科植物木香的干燥根(图2-130)。切片生用。主产于云南、四川等地。

【性味归经】温，辛、微苦。入脾、胃、大肠、胆经。

【功效】行气止痛，和胃止泻。

【主治】气滞肚胀，食欲不振，腹痛，冷泄，痢疾，气逆胎动等。

【用量】马、牛30～60 g；猪、羊9～15 g；犬、猫2～5 g；兔、禽0.3～1 g。

【附注】木香芳香而燥，善行肠胃之气滞，兼能健脾和胃。常用于脾虚食积、肝胃气滞、肚腹胀痛等证，为健脾行气止痛要药。临诊配伍应用：木香长于行胃肠滞气，凡消化不良、食欲减退、腹满胀痛等证，皆可应用。配砂仁、陈皮，用治脾胃气滞的肚腹疼痛、食欲不振；配枳实、川楝子、茵陈，用治胸腹疼痛；配黄连等，用治里急后重的腹痛；配白术、党参等，用治脾虚泄泻等。

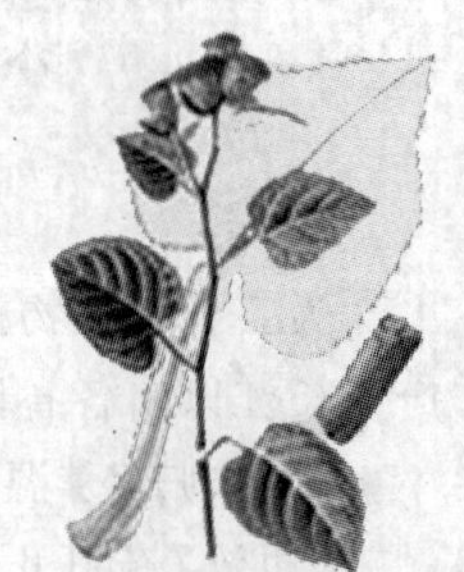

图2-130　木香

【主要成分】挥发油(α-木香烃和β-木香烃，木香内醇、樟烯、水芹烯等)、树脂、菊糖、木香碱及甾醇等。

【药理研究】①对大肠杆菌、痢疾杆菌、伤寒杆菌等有不同程度的抑制作用。②水煎剂可使兔离体小肠紧张性降低,可颉颃乙酰胆碱的收缩效应。③并有降压作用。

【药性歌诀】木香辛温,行气止痛,舒肝解郁,和胃温中;

胃肠气滞,呕吐寒凝,胆痛寒疝,泻痢后重。

厚朴

为木兰科植物厚朴或凹叶厚朴的干燥干皮、根皮或枝皮(图 2-131)。切片生用或制用。主产于四川、云南、福建、贵州、湖北等地。

【性味归经】温,苦、辛。入脾、胃、大肠经。

【功效】行气燥湿,降逆平喘。

【主治】肚腹胀满,腹痛,呕吐,便秘等。

【用量】马、牛 15～45 g,猪、羊 5～15 g;犬 3～5 g;兔、禽 1.5～2 g。

【附注】厚朴化湿导滞,下气降逆,常用于湿困脾土、肚腹胀痛、呕逆、食积、大便秘结、咳喘等证。临诊配伍应用:①本品能除胃肠滞气,燥湿运脾。用治湿阻中焦、气滞不利所致的肚腹胀满、腹痛或呃逆等,常与苍术、陈皮、甘草等药配伍应用,如平胃散。用治肚腹胀痛兼见便秘属于实证者,常与枳实、大黄等药配伍,如消胀汤。②降逆平喘。因外感风寒而发者,可与桂枝、杏仁配伍;属痰湿内阻之咳喘者,常与苏子、半夏等同用。

图 2-131　厚朴

【主要成分】挥发油(为厚朴酚、四氢厚朴酚、β-桉叶酚等)、生物碱为木兰箭毒碱等。

【药理研究】①厚朴煎剂对伤寒杆菌、霍乱弧菌、葡萄球菌、链球菌、痢疾杆菌及人型结核杆菌均有抑制作用。②水煎剂可抑制动物离体心脏收缩。③厚朴碱还有明显的降压作用。

【药性歌诀】厚朴苦温,消胀除满,下气燥湿,降逆平喘;

谷胀气胀,泻痢便坚,湿阻气止,喘咳多痰。

砂仁

为姜科植物阳春砂、绿壳砂或海南砂的干燥成熟果实(图 2-132)。生用或炒用。主产于云南、广东、广西等地。

【性味归经】温,辛。入胃、脾、肾经。

【功效】行气和中,温脾止泻,安胎。

【主治】脾胃气滞,肚腹胀满,冷痛泄泻,胎动不安等。

【用量】马、牛 15～30 g;猪、羊 3～10 g;犬 1～3 g;兔、禽 1～2 g。

【附注】砂仁芳香行气,善理脾胃,功能理气温脾,开胃消食,为醒脾和胃良药。临诊配伍应用:①本品气香性温,醒脾调胃,行气宽中,适用于脾胃气滞或气虚诸证。配木香、枳实、白术,可治气滞、食滞、肚腹胀满、少食便溏等。②温脾止泻。用治脾胃虚寒,清阳下陷而致冷滑下痢不禁者,配干姜以温中散寒,升阳止痢。③安胎,用于气滞胎动不安,常与白术、桑寄生、续断等同用。

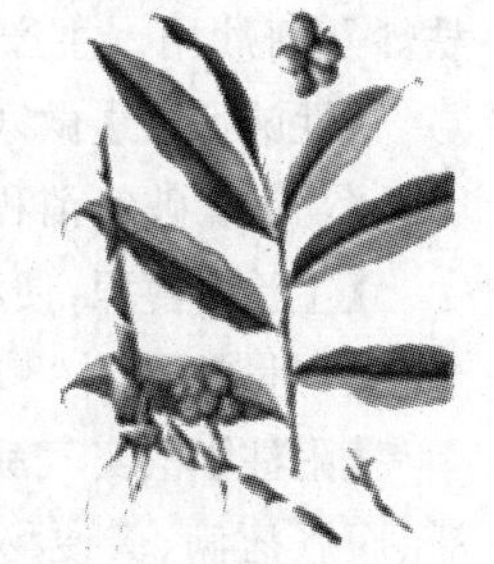
图 2-132　砂仁

【主要成分】挥发油(为龙脑、乙酸龙脑酯、右旋樟脑、芳香醇、橙花椒醇等)。

【药理研究】①有健胃作用,能促使胃液分泌,排除消化道内的积气。②煎剂能使兔离体小肠紧张性降低,这种舒张效应可被乙酰胆碱所颉颃,据认为有颉颃乙酰胆碱的收缩效应。

【药性歌诀】砂仁辛温行滞气,调中和胃又醒脾;

胎动泻痢噎膈吐,胃呆食积腹痛痞。

乌药

为樟科植物乌药的干燥块根(图 2-133)。切片生用。主产于浙江,天台所产者习称台乌,安徽、湖北、江苏、广东、广西等地也有出产。

【性味归经】温,辛。入脾、胃、肺、肾经。

【功效】行气止痛,温胃散寒。

【主治】脾胃气滞,冷痛,疝气,尿频数等。

【用量】马、牛 30～60 g;猪、羊 10～15 g;犬、猫 3～6 g;兔、禽 1.3～5 g。

图 2-133　乌药

【附注】乌药理气止痛,温肾散寒,常用于肚腹冷痛,膀胱虚冷,寒疝作痛等证。临诊配伍应用:①本品辛温开通,顺气降逆,散寒止痛,适用于寒郁气逆所致的腹痛腹胀,如冷痛、脾胃气滞等,常与香附、木香同用。②温肾散寒,除膀胱冷气,可用于虚寒性的尿频数等,常与益智仁、山药等配伍。

【主要成分】含有乌药烷、乌药烃、乌药酸和乌药醇酯、乌药薁、龙脑、柠檬烯、乌药内酯等。

【药理研究】①有解除胃痉挛的作用。②煎剂能增进肠蠕动,促进气体排除。③所含挥发油内服时,有兴奋大脑皮质的作用,并有兴奋心肌、加速血液循环、升高血压及发汗作用。(4)对金黄色葡萄球菌、溶血性链球菌、伤寒杆菌、梭形杆菌、绿脓杆菌、大肠杆菌均有抑制作用。

【药性歌诀】乌药辛温,顺气止痛,散寒开郁,温肾下行;

经痛气滞,气逆腹胸,宿食寒疝,便频虚冷。

枳实

为芸香科植物酸橙及其栽培变种或甜橙的干燥幼果(图 2-134)。切片晒干生用、清炒、麸炒及酒炒用。主产于浙江、福建、广东、江苏、湖南等地。

【性味归经】微寒,苦。入脾、胃经。

【功效】破气消积,通便利膈。

【主治】食积,便秘,腹胀腹痛等。

【用量】马、牛 30～60 g;猪、羊 5～10 g;犬 4～6 g;兔、禽 1～3 g。

图 2-134　枳实

【附注】枳实气锐力猛,作用强烈,功能破气消积,常用于脾胃气滞、腹胀痞满、粪便秘结等证,为破气消痞要药。临诊配伍应用:①用治脾胃气滞,痰湿水饮所致的肚腹胀满、草料不消等,常与厚朴、白术等同用。②用治于热结便秘、肚腹胀满疼痛者,常与大黄、芒硝等配伍,如大承气汤。

枳壳、枳实同为一物,枳壳为已成熟的果实,偏于破胸膈之浊气,用治肚腹胀满、呼吸喘急等；枳实为未成熟者，偏于破肠中浊气，用治肚腹胀满、粪便秘结等。从作用快慢来说，枳壳性缓而枳实性速。

【主要成分】酸橙果皮中含N-甲基酪胺、对羟福林、挥发油、黄酮苷。挥发油中主要为右旋柠檬烯，次为枸橼醛、右旋芳樟醇等；黄酮苷类有橙皮苷、新橙皮苷、柚苷、枳黄苷、苦橙素、苦橙丁、5-羟基苦橙丁及5-O-脱甲基川皮酮等。

【药理研究】①能增强胃、肠节律性蠕动，有利于粪便和气体的排出。②对子宫有显著的兴奋作用，使子宫收缩有力，肌张力增强，所以可治子宫脱垂。③水煎剂有使血管收缩，血压升高的作用。

【药性歌诀】枳实微寒，破气消积，升阳利脏，泻痰除痰；

胸脾痞痛，食积热秘，宫肛胃垂，昏厥泻痢。

草果

为姜科植物草果的干燥果实(图2-135)。生用或炒用。主产于广东、广西、云南、贵州等地。

【性味归经】温，辛。入脾、胃经。

【功效】温中燥湿，除痰祛寒。

【主治】痰浊内阻，肚腹胀满，冷痛。

【用量】马、牛20～45 g；猪、羊3～10 g。

图2-135　草果

【附注】草果功能温中燥湿，消食除满，常用于寒湿内阻、食积不消、肚腹胀满等证。临诊配伍应用：①本品温燥辛烈，长于温中散寒，燥湿除痰，适用于痰浊内阻、苔白厚腻等，常配槟榔、厚朴、黄芩等同用。②温中燥湿，可用于寒湿阻滞中焦，脾胃不运所致的肚腹胀满、疼痛、食少等，常与草豆蔻、厚朴、苍术等燥湿健脾药配伍。

【主要成分】含挥发油约3%，油中主要成分为α-蒎烯和β-蒎烯，1,8-桉油素、香叶醇等。

【药理研究】①水煎剂具有镇痛镇静作用；②β-蒎烯有镇咳作用，1,8-桉油素有镇痛、解热、平喘等作用；③香叶醇和β-蒎烯有较强的抗炎、抗细菌和抗真菌作用。

【药性歌诀】草果辛温，燥湿温脾，除痰截疟，消食化积；

脘腹冷痛，痰饮疟疾，反胃呕吐，内积泻痢。

丁香

为桃金娘科植物丁香的干燥花蕾(图2-136)。捣碎生用。主产于广东和热带地区。

【性味归经】温，辛。入肺、胃、脾、肾经。

【功效】温中降逆，暖肾助阳。

【主治】胃寒呕吐，阳痿，宫寒。

【用量】马、牛10～30 g；猪、羊3～6 g；犬、猫1～2 g；兔、禽0.3～0.6 g。

图2-136　丁香

【附注】丁香功能温脾暖肾，行气降逆，常用于脾胃虚寒所致的草少、呕逆、宫寒等症。临诊配伍应用：①本品暖胃散寒，善于降逆，为治胃寒呕逆之要药。此外，也可用治脾胃虚寒所致的食欲不振，常与砂仁、白术配伍。②能温肾壮阳。用治泄泻、阳痿和子宫虚冷等，可与茴香、附子、肉桂温肾药配伍。

本品俗有公母两种。花蕾为公丁香，气味较浓而力优；果实为母丁香，气味较淡而力薄，故入药以公丁香为胜。

【主要成分】含挥发性丁香油(丁香酚、乙烯丁香油酚等)、丁香素、没食子鞣酸等。

【药理研究】①丁香煎剂对人型结核杆菌、伤寒杆菌、痢疾杆菌有抑制作用。丁香醇浸液对白喉杆菌、伤寒杆菌、葡萄球菌及多种皮肤真菌有抑制作用。②对猪蛔虫有麻痹作用。③有促进胃液分泌、增加胃肠蠕动等作用。

【药性歌诀】丁香辛温，助阳温肾，暖胃降逆，寒逆为君；

胃寒吐泻，阳痿冷淫，外涂治癣，股手头身。

槟榔

为棕榈科植物槟榔的干燥成熟种子(图 2-137)。又称玉片或大白。切片生用或炒用。主产于广东、台湾、云南等地。

【性味归经】温，辛、苦。入胃、大肠经。

【功效】杀虫消积，行气利水。

【主治】食积气滞，腹胀便秘，水肿，肠道寄生虫等。

【用量】马 5～15 g；牛 12～60 g；猪、羊 6～12 g；兔、禽 1～3 g。

【附注】槟榔辛散苦泻，消积导滞，利水化湿，且可杀诸虫。临诊配伍应用：①能驱杀多种肠内寄生虫，并有轻泻作用，有助于虫体排出。驱除绦虫、姜片虫疗效较佳，尤以猪、鹅、鸭绦虫最为有效，如配合南瓜子同用，效果更为显著。对于蛔虫、蛲虫、血吸虫等也有驱杀作用。②消积导滞，兼有轻泻之功。用治食积气滞、腹胀便秘、里急后重等，多与理气导滞药同用。③行气利水，常与吴茱萸、木瓜、苏叶、陈皮等同用。

图 2-137　槟榔

大腹皮：为槟榔果实的外皮。辛，温。入脾、胃经。下气宽中，利水消肿的作用。本品行气而兼利水，对水气外溢为肿、湿邪内停作胀者，皆有良效。如五皮饮，可用治皮肤水肿、腹下水肿、胸前水肿等。此外，本品对肚腹胀满、尿不利、腹泻等也有疗效。大腹皮含槟榔碱和副槟榔碱，可引起胃肠蠕动增强，消化液增加，所以具有健脾开胃、宽中下气、利水消肿的作用。

【主要成分】槟榔碱、槟榔次碱、去甲槟榔碱、去甲槟榔次碱、槟榔副碱、鞣质、脂肪油、槟榔红等。

【药理研究】①对流感病毒有抑制作用。②槟榔碱有拟胆碱样作用，所以有泻下、促使唾液腺及汗腺分泌、缩瞳等作用。③所含槟榔碱对绦虫神经系统的麻痹作用最为显著，对姜片虫、蛲虫、蛔虫亦有较好的作用。

【药性歌诀】槟榔辛温，杀绦驱虫，破积下气，行水消肿；

水肿脚气，里急后重，虫积食滞，便秘腹痛。

代赭石

为氧化物类矿物刚玉族赤铁矿石(图 2-138)，主含三氧化二铁(Fe_2O_3)。生用或煅用。主产于河北、山西、山东、广东、江苏、四川、河南、湖南等地。

【性味归经】寒，苦。入肝、心包经。

【功效】平肝潜阳，降逆，止血。

【主治】肝阳上亢，咳喘，呕吐，血热出血。

【用量】马、牛 15～60 g；猪、羊 6～15 g；犬 6～10 g。

图 2-138　代赭石

【附注】代赭石平肝潜阳，降逆止呕，并能止血，常用于气逆所致的喘息、呕吐以及血热出血等证，为镇重降逆要药。临诊配伍应用：①本品善于平肝潜阳。适用于肝阳上亢所致的眼目红肿，常与牡蛎、白芍等同用。②能镇降上逆之气。用于气逆喘息，可单用本品，醋调服；虚者配伍党参、山萸肉等补肺纳气药。亦用于胃气上逆所致的呕吐、呃逆等，常与旋覆花、半夏、生姜等配伍，如旋覆代赭石汤。③凉血止血。用治血热之出血，如衄血等，常与生地黄、芍药、栀子等配伍。

【主要成分】含三氧化二铁，混有黏土、钛、镁、砷、盐等杂质。

【药理研究】①对胃肠黏膜有收敛和保护作用；同时能促进红细胞和血红素的新生。②对中枢神经有镇静作用。③长期小量饲喂动物，可引起砷中毒。

【药性歌诀】代赭石寒，镇逆平肝，养血凉血，止血收敛；

阳亢脑胀，耳鸣晕眩，吐衄崩漏，呕逆实喘。

其他理气药见表 2-20，理气药功能比较见表 2-21。

表 2-20　其他理气药

药名	药用部位	性味归经	功效	主治
佛手	果实	温，辛、苦。入肝、脾、肺经	行气止痛，健脾化痰	肝脾不和，肚腹胀痛，食欲不振，痰多咳喘等
川楝子	果实	寒，苦。入肝、胃、膀胱经；有小毒	行气止痛，杀虫	气滞血淤疼痛，疝气，虫积腹痛
沉香	木质部分	温，辛、苦。入肝、脾、肾经	行气止痛，温肾纳气	肚腹胀痛，咳喘等
薤白	地下鳞茎	温，辛、苦。入肺、胃、大肠经	理气宽胸，通阳止痛	胸腹疼痛，气滞胀满等
柿蒂	宿萼	温，苦。入脾、胃	降气止呕	反胃呕吐等

表 2-21　理气药功能比较

类别	药 物	相同点	不同点
理气药	陈皮 砂仁 厚朴 枳实 木香 乌药 槟榔 丁香	理脾胃气滞治肚腹胀痛	陈皮、砂仁均能和胃止呕，陈皮偏于燥湿祛痰，砂仁兼能行气安胎；厚朴、枳实都能除胀下气通便，厚朴善于降逆平喘，枳实偏于破气消积；木香、乌药行气止痛，但木香善调胃肠气滞，并治痢疾，乌药则能温肾散寒；槟榔偏于行水、杀虫；丁香长于下气降逆，为治胃寒呕吐要药，又能温肾

续表 2-21

类别	药 物	相同点	不同点
	青皮 香附 草果 赭石	行气解郁	青皮破气力强，善于疏肝止痛，破气消积；香附行气解郁，散结止痛；草果温燥之性较大，以燥湿祛寒为好，并善于祛痰；赭石长于降逆止呕，并能止血

【阅读资料】

表 2-22　常见的理气方

任务十五　理血药

凡能调理和治疗血分病证的药物，称为理血药。

血分病证一般分为血虚、血溢、血热和血淤四种。血虚宜补血，血溢宜止血，血热宜凉血，血淤宜活血。故理血药有补血、活血祛淤、清热凉血和止血四类。清热凉血药已在清热药中叙述，补血药将在补益药中叙述，本节只介绍活血祛淤药和止血药两类。

(1)活血祛淤药　具有活血祛淤、疏通血脉的作用，适用于淤血疼痛，痈肿初起，跌打损伤，产后血淤腹痛，肿块及胎衣不下等病证。

由于气与血关系密切，气滞则血凝，血凝则气滞，故使用本类药物时，常与行气药同用，以增强活血功能。

(2)止血药　具有制止内外出血的作用，适用于各种出血证，如咯血、便血、衄血、尿血、子宫出血及创伤出血等。治疗出血，必须根据出血的原因和不同的症状，选择适当药物进行配伍，增强疗效。如属血热妄行之出血，应与清热凉血药同用；属阴虚阳亢的，应与滋阴潜阳药同用；属于气虚不能摄血的，应与补气药同用；属于淤血内阻的，应与活血祛淤药同用。

使用理血药应注意以下几点。

(1)活血祛淤药兼有催产下胎作用，对孕畜要忌用或慎用。

(2)在使用止血药时，除大出血应急救止血外，还须注意有无淤血，若淤血未尽(如出血暗紫)，应酌加活血祛淤药，以免留淤之弊；若出血过多，虚极欲脱时，可加用补气药以固脱。

一、活血祛淤药

川芎

为伞形科植物川芎的干燥根茎(图 2-139)。切片生用或炒用。主产于四川，大部分地区也有种植。

【性味归经】温，辛。入肝、胆、心包经。

【功效】活血行气，祛风止痛。

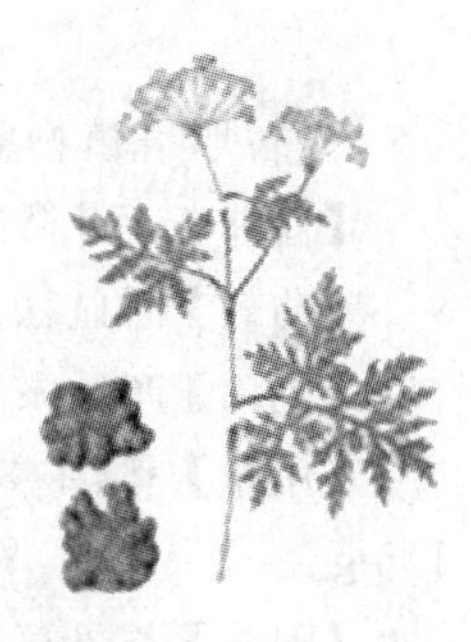

图 2-139　川芎

【主治】血淤气滞，胎衣不下，跌打损伤，疮痈肿毒，风湿痹痛等。

【用量】马、牛 15～45 g；猪、羊 3～10 g；犬、猫 1～3 g；兔、禽 0.5～1.5 g。

【附注】川芎温通而烈，走而不守，能上行头目，下达四肢，为血中之气药，是治疗血淤气滞、风湿痹痛要药。临诊配伍应用：①活血行气。用治气血淤滞所致的难产、胎衣不下，常与当归、赤芍、桃仁、红花等配伍，如桃红四物汤；用治跌打损伤，可与当归、红花、乳香、没药等同用。②祛风止痛。用治外感风寒，多与细辛、白芷、荆芥等同用；用治风湿痹痛，常与羌活、独活、当归等配合。

【主要成分】含挥发油、川芎内酯、阿魏酸、四甲吡嗪、挥发性油状生物碱及酚性物质等。

【药理研究】①对大脑有抑制作用。②对心脏微呈麻痹作用，直接扩张血管，大量能降低血压。③少量能刺激子宫的平滑肌使之收缩，大量则反使子宫麻痹。

【药性歌诀】川芎辛温，活血行气，祛风止痛，走窜开淤；

难产淤阻，经痛迟闭，心痹中风，头痛寒痹。

丹参（紫丹参、血参根）

为唇形科植物丹参的干燥根及根茎（图 2-140）。切片生用。主产于四川、安徽、湖北等地。

【性味归经】微寒，苦。入心、心包、肝经。

【功效】活血祛淤，凉血消痈，养血安神。

图 2-140　丹参

【主治】产后恶露不尽，淤滞腹痛，胃脘疼痛，疮痈肿毒，血虚心悸，神昏烦躁等。

【用量】马、牛 15～45 g；猪、羊 5～10 g；犬、猫 3～5 g；兔、禽 0.5～1.5 g。

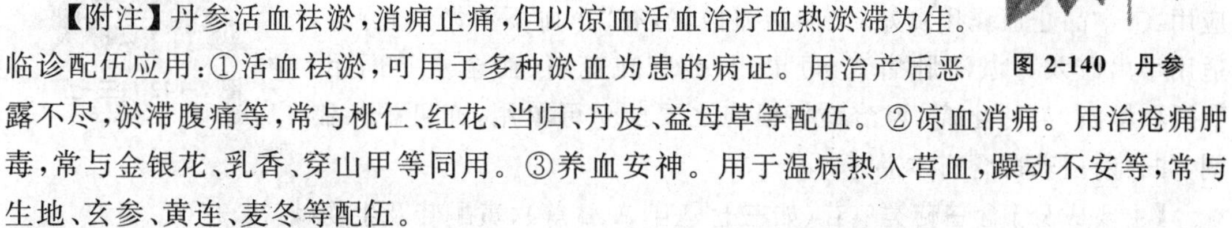

【附注】丹参活血祛淤，消痈止痛，但以凉血活血治疗血热淤滞为佳。临诊配伍应用：①活血祛淤，可用于多种淤血为患的病证。用治产后恶露不尽，淤滞腹痛等，常与桃仁、红花、当归、丹皮、益母草等配伍。②凉血消痈。用治疮痈肿毒，常与金银花、乳香、穿山甲等同用。③养血安神。用于温病热入营血，躁动不安等，常与生地、玄参、黄连、麦冬等配伍。

【主要成分】含多种结晶形色素，包括丹参酮甲、乙、丙及结晶形酚类（丹参酚甲、乙）、鼠尾草酚和维生素 B 等。

【药理研究】①有镇静安神作用。②对葡萄球菌、霍乱弧菌、结核杆菌、大肠杆菌、伤寒杆菌、痢疾杆菌、皮肤真菌有抑制作用。③可提高血小板中环磷酸腺苷（cAMP）的含量。④煎剂给家兔、犬静脉注射有降压作用。

【药性歌诀】丹参微寒，凉血消肿，功同四物，利脉止痛；

中风心痹，失眠怔忡，痈疽癥坚，经痛闭崩。

益母草

为唇形科植物益母草的新鲜或干燥全草(图 2-141)。切碎生用。各地均产。

【性味归经】微寒,辛、苦。入肝、心、膀胱经。

【功效】活血祛淤,利水消肿。

【主治】产后淤血疼痛,胎衣不下,小便不利,水肿等。

【用量】马、牛 30～60 g;猪、羊 10～30 g;犬 5～10 g;兔、禽 0.5～1.5 g。

图 2-141 益母草

【附注】益母草辛散,苦泻,有活血祛淤之功,为治疗母畜产后血淤腹痛、胎衣不下、恶露不尽等证的要药。临诊配伍应用:①有活血祛淤作用,是治疗胎产疾病的要药。用治产后血淤腹痛,常与赤芍、当归、木香等同用。②利水消肿,主要用以消除水肿,常与茯苓、猪苓等配伍。

【主要成分】含益母草碱甲、乙和水苏碱、氯化钾、有机酸等。

【药理研究】①有兴奋子宫、加快收缩的作用,可用于产后帮助子宫复原,排除恶露,还能治疗子宫功能性出血。②水煎剂(1:4)有抑制皮肤真菌的作用。③有明显的利尿作用,可用于急、慢性肾性水肿。

【药性歌诀】益母草平,活血调经,祛淤利水,解毒消肿;
胎前产后,经产诸证,疮毒痒疹,尿血水肿。

三七

为五加科植物三七的干燥根(图 2-142)。打碎或磨末生用。主产于云南、广西、江西等地。

【性味归经】温,甘、微苦。入肝,胃经。

【功效】散淤止血,消肿止痛。

【主治】血热出血,胎动不安,小便淋漓。

【用量】马、牛 10～30 g;猪、羊 3～6 g;犬、猫 1～3 g。

图 2-142 三七

【附注】三七行淤止血、消肿定痛,功效甚捷,用于各种血证和跌打损伤,无论内服外用有良效,为疗伤、止血、止痛之佳品。临诊配伍应用:①本品止血作用良好,又能活血散淤,有“止血不留淤”的特点,适用于出血兼有淤滞肿痛者,可单用,或配花蕊石、血余炭等同用。②活血散淤,消肿止痛,为治跌打损伤之要药。可单用,亦可配入制剂,如云南白药即含有本品。

【主要成分】含三萜类皂苷(如三七皂苷 A、B 等)、黄酮苷及生物碱。

【药理研究】①能缩短血凝时间,并使血小板增加而止血。②对动物实验性关节炎有预防和治疗作用。

【药性歌诀】微苦甘温是三七,消肿止痛又化淤;
专治各种出血证,跌扑痈疮亦可医。

桃仁

为蔷薇科植物桃或山桃的干燥成熟种子(图 2-143)。去果肉及核壳,生用或捣碎用。主产于四川、陕西、河北、山东、贵州等地。

【性味归经】平,甘、苦。入肝、肺、大肠经。

【功效】破血祛淤,润燥滑肠。

【主治】产后淤血腹痛,跌打损伤,淤血肿痛,肠燥便秘等。

【用量】马、牛 15～30 g;猪、羊 3～10 g。

【附注】桃仁苦能泻降以破淤,甘能活血以生新,但破淤之功胜于生新之功。为行血祛淤常用之药,尚可润燥滑肠。临诊配伍应用:①能活血祛淤,用于产后淤血疼痛,常与红花、川芎、延胡索、赤芍等同用;用治跌打损伤,淤血肿痛,常与酒大黄、穿山甲、红花等配伍。②润肠通便,用治肠燥便秘,常与柏子仁、火麻仁、杏仁等同用。

图 2-143　桃仁

【主要成分】含苦杏仁苷和苦杏仁酶、脂肪油、挥发油、维生素 B_1 等。

【药理研究】①桃仁的醇提取物有显著的抑制血凝作用。②苦杏仁苷能分离氢氰酸,对呼吸中枢起镇静作用而止咳,但大量可使呼吸中枢麻痹而中毒。③含有大量脂肪油能润肠通便。

【药性歌诀】桃仁甘平,润肠通便,破血行淤,止咳平喘;
咳逆内痛,经闭癥坚,蓄血血秘,跌打淤血。

红花(红兰花、草红花)

为菊科植物红花的干燥花(图 2-144)。生用。主产于四川、河南、云南、河北等地。

【性味归经】温,辛。入心、肝经。

【功效】活血通经,祛淤止痛。

【主治】产后淤血腹痛,胎衣不下,跌打损伤,痈肿疮疡等。

【用量】马、牛 15～30 g;猪、羊 3～10 g;犬 3～5 g。

【附注】红花辛散温通,活血养血,能补能泻,为活血散淤常用药,使用时,量少养血,量大则破血。临诊配伍应用:①本品为活血要药,应用广泛,主要用治产后淤血疼痛、胎衣不下等,常与桃仁、川芎、当归、赤芍等同用,如桃红四物汤。②用于跌打损伤、淤血作痛,可与肉桂、川芎、乳香、草乌等配伍,以增强活血止痛作用。亦可用于痈肿疮疡,常与赤芍、生地、蒲公英等同用,以活血消肿。

图 2-144　红花

红花有川红花及藏红花两种。藏红花为鸢尾科植物的干燥花柱头。二者均能活血祛淤,但藏红花性味甘寒,主要有凉血解毒作用,多用于血热毒盛的斑疹等。

【主要成分】含红花苷、红花黄色素、红花油等。

【药理研究】①具有兴奋子宫、肠管、血管和支气管平滑肌,使之加强收缩作用,并可使肾血管收缩,肾的血流量减少。②小剂量对心肌有轻度兴奋作用,大剂量则抑制,并能使血压下降。

【药性歌诀】红花辛温,活血通经,宽胸利脉,祛淤止痛;
经痛经闭,血晕腹痛,中风心痹,褥疮血肿。

牛膝(川牛膝、怀牛膝)

为苋科植物牛膝或川牛膝的干燥根(图 2-145)。前者习称怀牛膝,后者习称川牛膝。切片生用。怀牛膝主产于河南、河北等地;川牛膝主产于四川、云南、贵州等地。

【性味归经】平，苦、酸。入肝、肾经。

【功效】活血祛淤，引血下行，利尿通淋，补肝肾。

【主治】产后腹痛，跌打损伤，腰胯无力，胎衣不下，四肢疼痛，水肿，小便不利等。

【用量】马、牛 20～60 g，猪、羊 6～12 g；犬、猫 1～3 g；兔、禽 0.5～1.5 g。

图 2-145　牛膝

【附注】牛膝善下行，直达肝肾，走而能补，生用破血行淤，疗伤止痛，并能引诸药下行；酒炒补肝肾，壮筋骨。临诊配伍应用：①有活血祛淤作用，主要用于产后淤血腹痛、胎衣不下及跌打损伤等，常与红花、川芎等同用。②引血下行以降上炎之火，适用于衄血、咽喉肿痛、口舌生疮等上部的火热证，常与石膏、知母、麦冬、地黄等配伍。③利尿通淋，用治热淋涩痛、尿血而有淤滞者，常与瞿麦、滑石、冬葵子等配伍。④怀牛膝长于补肝肾，多用于肝肾不足、腰膝痿弱之证，常与熟地、龟板、当归等同用。

怀牛膝滋补肝肾之力较强，川牛膝破淤之力较大。

【主要成分】怀牛膝含有脱皮甾酮、皂苷、多种钾盐及黏液质。川牛膝含生物碱，不含皂苷。

【药理研究】有降压及轻度利尿作用，并能增强子宫收缩。

【药性歌诀】牛膝苦平，引血下行，补益肝肾，祛淤通经；
喉痹吐衄，牙痛淋证，闭经息胞，腰膝酸痛。

王不留行

为石竹科植物麦蓝菜的干燥成熟种子（图 2-146）。生用或炒用。主产于东北、华北、西北等地。

【性味归经】平，苦。入肝、胃经。

【功效】活血通经，下乳消肿。

【主治】产后腹痛，乳痈肿痛，痈肿疮疡。

【用量】马、牛 30～100 g；猪、羊 15～30 g；犬、猫 3～5 g。

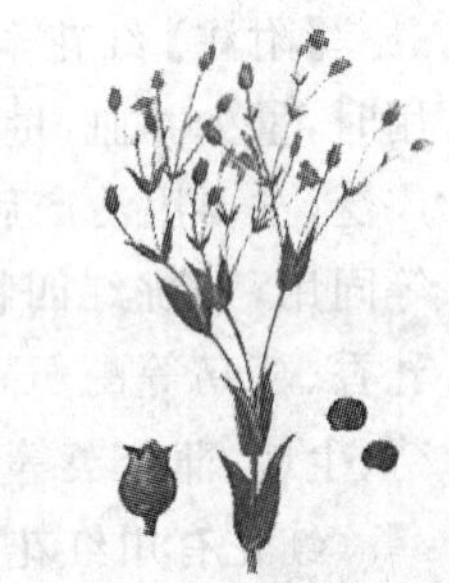

图 2-146　王不留行

【附注】王不留行入血分，走而不守，功能活血消肿，通经下乳，故凡母畜缺乳或乳房肿痛均可应用。临诊配伍应用：①有活血通经作用，适用于产后淤滞疼痛，常与当归、川芎、红花等同用。②下乳消肿，用治产后乳汁不通，常与穿山甲、通草等配伍，如通乳散；还可用治痈肿疼痛、乳痈等，常与瓜蒌、蒲公英、夏枯草等配伍。

【主要成分】含皂苷、生物碱、香豆精类化合物。

【药理研究】①煎剂对大鼠的离体子宫有收缩作用，其乙醇浸液的作用更强，水浸膏制成片剂内服对催乳和子宫复旧有明显效果。②对小鼠实验性疼痛有镇痛作用。

【药性歌诀】王不留行，活血通经，催乳利尿，消肿止痛；
淤滞经闭，缺乳乳痈，癫痫石淋，复旧子宫。

赤芍

为毛茛科植物芍药或川赤芍的干燥根（图 2-147）。切段生用。主产于内蒙古、甘肃、山西、贵州、四川、湖南等地。

【性味归经】凉，苦。入肝经。

【功效】凉血活血，消肿止痛。

【主治】清热凉血，活血散淤。

【用量】马、牛 15～45 g；猪、羊 3～10 g；犬 5～8 g；兔、禽 1～2 g。

图 2-147　赤芍

【附注】赤芍苦能降泄，寒能清热，走血分，有活血止痛，泻肝清热、散淤消肿之功，凡血热、血淤所致诸证，均可应用。临诊配伍应用：①本品有清热凉血作用，用于温病热入营血、发热、舌绛、斑疹以及血热妄行、衄血等，常与生地、丹皮等同用。②活血祛淤、止痛，用治跌打损伤、疮痈肿毒等气滞血淤证，常与丹参、桃仁、红花等同用；治疮痈肿毒，可与当归、金银花、甘草等配伍。③对肝火上炎，目赤肿痛亦有一定疗效，常与菊花、夏枯草、薄荷等同用。

【主要成分】含苯甲酸、葡萄糖及少量树脂样物质。

【药理研究】①能松弛胃肠平滑肌，可缓解其痉挛性疼痛。②对痢疾杆菌、霍乱弧菌、葡萄球菌有抑制作用，其有效成分为苯甲酸。

【药性歌诀】赤芍微寒，祛淤止痛，凉血泻肝，活血消肿；
跌打心痹，肋痛血淤，吐衄斑疹，火眼疮痈。

乳香

为橄榄科植物鲍达乳香树、卡氏乳香树或野乳香树切伤皮部所采得的油胶树脂（图 2-148）。去油用或制用。主产于地中海沿岸及其岛屿。

【性味归经】温，苦、辛。入心、肝、脾经。

【功效】活血止痛，生肌。

【主治】跌打损伤，淤血肿痛等。

【用量】马、牛 15～30 g；猪、羊 3～6 g；犬 1～3 g。

图 2-148　乳香

【附注】乳香辛散苦降，温通，气味芳香走窜，内能宣通脏腑，外能透达经络，用于跌打损伤、疮黄肿毒等证，不论内服外用，均有良效，是行气、散淤、止痛要药。临诊配伍应用：①本品具有活血、止痛作用，兼有行气之效，主要用于气血郁滞所致的腹痛以及跌打损伤和痈疽疼痛等，与没药合用，能增强活血止痛的功效。用治腹痛，可与五灵脂、高良姜、香附等配伍；治跌打损伤淤滞疼痛，可与没药、血竭、红花等同用；治疗风湿配伍本品，能增强活血通痹、止痛的功效。②外用有生肌功效，常与儿茶、血竭等配伍，入散剂或膏药中应用。

【主要成分】含树脂、挥发油、树胶及微量苦味质。

【药理研究】本品有镇痛、消炎作用，对实验性结核病有效。

【药性歌诀】乳香辛温，活血止痛，去腐生肌，行气消肿；
脘腹痛患，痛经闭经，宫糜痈疽，跌打痹证。

没药

为橄榄科植物没药或其他同属植物茎干皮部渗出的油胶树脂（图 2-149）。炒或炙后打碎用。主产于非洲、阿拉伯及印度等地。

【性味归经】平，苦。入肝经。

【功效】活血祛淤，止痛生肌。

【主治】跌打损伤，疮疡肿痛。

【用量】马、牛 25～45 g；猪、羊 6～10 g；犬 1～3 g。

【附注】没药和乳香功效相似，均为行气散淤，止痛要药，两者常相须为用，但乳香以活血伸筋止痛效果为好，而没药以凉血散淤止痛效果为强。临诊配伍应用：本品的活血、止痛及生肌功用与乳香基本相似，用法亦同，故常与乳香合用，相互增进疗效。如治气血凝滞、淤阻疼痛，常与乳香、当归、丹参等配伍。

图 2-149 没药

【主要成分】含树脂、挥发油、树胶及微量苦味质等，并含没药酸、甲酸、乙酸及氧化酶等。

【药理研究】①有抑制支气管、子宫分泌物过多的作用。②1∶2的没药水浸剂在试管内对皮肤真菌有抑制作用。

【药性歌诀】没药苦平，消肿定痛，活血祛淤，破泄偏功；

痹痛跌打，心腹痛证，金疮痈疽，癥瘕闭经。

延胡索(玄胡、元胡)

为罂粟科植物延胡索的干燥块茎(图 2-150)。又称玄胡或元胡。醋炒捣碎用。主产于浙江、天津、黑龙江等地。

【性味归经】温，苦、微辛。入肝、脾经。

【功效】活血通经，行气止痛。

【主治】心胸痹痛，胸腹疼痛，跌打损伤，产后腹痛等。

【用量】马、牛 15～30 g；猪、羊 3～10 g；犬 1～5 g；兔、禽 0.5～1.5 g。

【附注】延胡索能活血行气，散淤止痛，凡气滞血淤所致诸痛，均有显著止痛效果，为活血行气止痛的佳品。临诊配伍应用：本品的止痛作用显著。作用部位广泛，持久而不具毒性，是良好的止痛药。兼有活血行气功效，多用于气滞血滞所致的多种疼痛等。如用治血滞腹痛，可与五灵脂、青皮、没药等配伍；用治跌打损伤，常与当归、川芎、桃仁等同用。

图 2-150 延胡索

【主要成分】含甲、乙、丑等 15 种生物碱，其中较重要的是甲、乙、丑素。

【药理研究】①能显著提高痛阈，有镇痛作用。②延胡索乙、丑素能使肌肉松弛，有解痉作用。③有中枢性镇吐作用。

【药性歌诀】元胡辛温，行气止痛，活血祛淤，安神定惊；

内外诸伤，崩漏积瘕，跌打肢挛，肚痛有功。

五灵脂

为鼯鼠科动物橙足鼯鼠或飞鼠科动物小飞鼠的干燥粪便(图 2-151)。主产于东北、华北及西北等地区。

【性味归经】温，咸。入肝经。

【功效】活血散淤，止痛。

图 2-151　五灵脂

【主治】产后淤血，胎衣不下，跌打损伤。

【用量】马、牛 15～30 g；猪、羊 6～10 g；犬 3～5 g。

【附注】五灵脂甘缓不峻，性温而通，入肝经血分，有通利血脉，行淤止痛之功，为治疗气血淤滞所致诸痛要药。临诊配伍应用：本品有活血散淤和止痛作用，适用于一切血淤疼痛及产后恶露不下等，常与蒲黄同用。

【主要成分】含多量树脂、尿素、尿酸等。

【药理研究】①有缓解平滑肌痉挛的作用。②对伤寒杆菌、结核杆菌、葡萄球菌及皮肤真菌有不同程度的抑制作用。

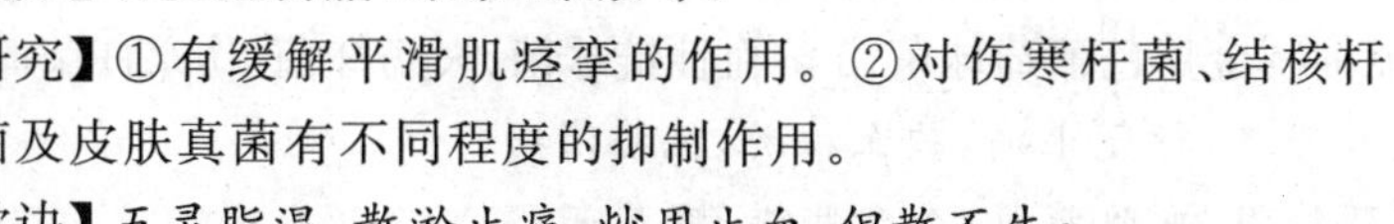

【药性歌诀】五灵脂温，散淤止痛，炒用止血，但散不生；

痛经闭经，脘腹淤证，胃痛水肿，蛇伤皆功。

三棱(荆三棱、京三棱)

为黑三棱科植物黑三棱的干燥块茎(图 2-152)。去皮，切段生用。主产于东北、黄河流域、长江中下游各省区。

【性味归经】平，苦。入肝、脾经。

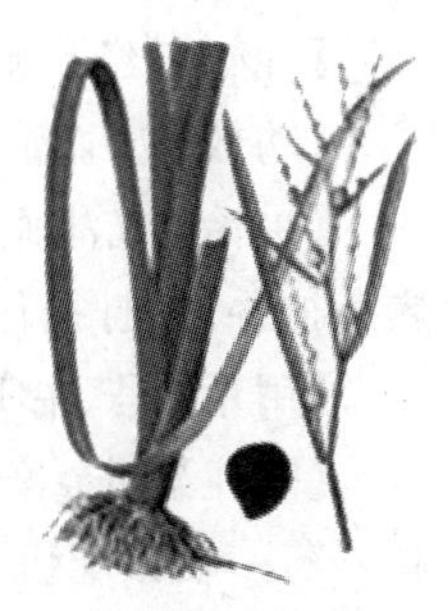

图 2-152　三棱

【功效】破血行气，消积止痛。

【主治】产后淤滞腹痛，淤血结块，食积气滞，肚腹胀痛等。

【用量】马、牛 15～60 g；猪、羊 5～10 g；犬、猫 1～3 g。

【附注】三棱破血中之气，有破血散结，行气消积之功，因药性峻烈，故使用时常以配扶正药。临诊配伍应用：①本品破血祛淤作用较强，又能行气止痛，适用于产后淤滞腹痛、淤血结块等，常与莪术、当归、红花、桃仁、郁金等同用。②能消食积，用治食积气滞、肚腹胀满疼痛等，常与木香、枳实、麦芽、山楂等配伍。

【主要成分】含挥发油及淀粉。

【药理研究】①水提取物能显著延长凝血酶对纤维蛋白的凝集时间，能抑制血小板的聚集，使全血黏度降低，并有抗体外血栓形成的作用。②水煎剂对离体兔子宫呈兴奋作用。

【药性歌诀】三棱苦平，行气止痛，破血祛淤，消积除癥；

淤痛闭经，痰滞食停，癥瘕积聚，肝脾硬肿。

莪术(蓬莪术)

为姜科植物蓬莪术、广西莪术或温郁金的干燥根茎(图 2-153)。切段生用。主产于广东、广西、台湾、四川、福建、云南等地。

图 2-153　莪术

【性味归经】温，苦、辛。入肝、脾经。

【功效】破血行气，消积止痛。

【主治】产后淤血疼痛，食积不化，肚腹胀满，跌打肿痛等。

【用量】马、牛 15～60 g；猪、羊 5～10 g。

【附注】莪术破气中之血，有行气散淤，攻坚化滞之功，常与三棱配伍，因药力较峻，应用时常配以扶正之品，以防伤正。临诊配伍应用：

①本品有与三棱相似的破血祛淤，行气止痛作用，用于血淤气滞所致的产后淤血疼痛，常与三棱相须为用。②行气止痛作用，较三棱强，用于食积气滞、肚腹胀满疼痛等，常与木香、青皮、山楂、麦芽等配伍；也可与三棱同用。

【主要成分】含挥发油，油中含倍半萜烯醇、莪术醇、β-姜烯、桉油精、β-莰烯，另含树脂、黏液质等。

【药理研究】①水提取液可显著抑制血小板聚集率，降低全血黏度；水提醇沉物对体内血栓形成有显著抑制作用。②可促进微动脉血液恢复，完全阻止微动脉收缩，明显促进局部微循环恢复。③挥发油能抑制金黄色葡萄球菌、β-溶血性链球菌、大肠杆菌、伤寒杆菌等的生长。

【药性歌诀】莪术苦温，行气止痛，破血祛淤，抗癌消癥；

宫颈外阴，皮肤癌肿，食积胀满，癥瘕闭经。

郁金(玉金)

为姜科植物温郁金、姜黄、广西莪术或蓬莪术的干燥块根(图 2-154)。前二者分别习称温郁金和黄丝郁金，其余按性状不同，习称桂郁金或绿丝郁金。切片生用。主产于四川、云南、广东、广西等地。

图 2-154　郁金

【性味归经】寒，辛、苦。入肝、心、肺经。

【功效】凉血清心，行气解郁，祛淤止痛，利胆退黄。

【主治】气滞血淤的胸腹疼痛，肝胆结石痛，急慢肠黄，湿热黄疸，热病神昏，跌打损伤，疮黄肿毒等。

【用量】马、牛 15～45 g；猪、羊 3～10 g；犬 3～6 g；兔、禽 0.3～1.5 g。

【附注】郁金辛散苦降，入血分，行血中之气，是凉血散淤、行气止痛要药。临诊配伍应用：①本品有凉血清心，行气开郁的功效，用于湿热病，浊邪蒙蔽清窍、神志不清、惊痫、癫狂等病证，常与菖蒲、白矾等配伍。②行气解郁，疏泄肝气，用治气滞血凝所致的胸腹疼痛，常与柴胡、白芍、香附、当归等同用。③凉血祛淤，用治血热妄行而兼有淤滞的病证，常与生地、丹皮、栀子等配伍。④利胆退黄，可治黄疸，常与茵陈、栀子等同用。

【主要成分】含姜黄素、挥发油、淀粉等。

【药理研究】①水煎剂能明显降低全血黏度和红细胞聚集指数，显著提高红细胞的变形指数。②郁金挥发油能促进胆汁的分泌和排泄，减少尿内的尿胆原。③对甲醛造成的大鼠实验性亚急性炎症有明显的抗炎作用，对多种细菌均有抑制作用。

【药性歌诀】郁金苦寒，行气疏肝，祛淤止痛，凉血利胆；

湿温痰蒙，胸胁痛满，黄疸血症，倒经癫痫。

穿山甲

为鲮鲤科动物穿山甲的鳞甲(图 2-155)。砂炒至黄色，用时打碎。主产于广东、广西、云南、贵州等省。

【性味归经】微寒，咸。入肝、胃经。

【功效】活血下乳，消肿排脓。

【主治】痈疮肿毒，乳汁不通，风湿痹症。

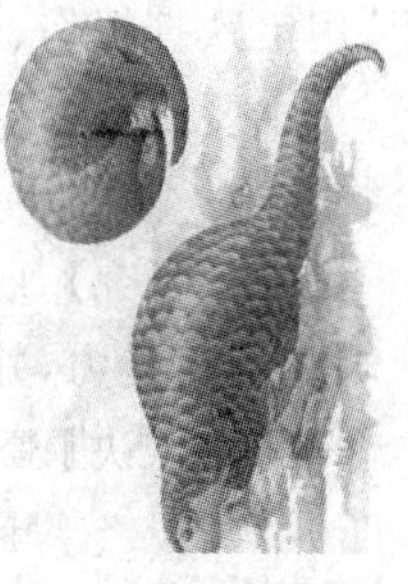
图 2-155　穿山甲

【用量】马、牛 25～45 g；猪、羊 6～10 g；犬 3～5 g。

【附注】穿山甲性喜走窜，有活血散淤，通经下乳，托毒排脓之功，是治疗母畜乳汁缺乏及疮黄肿毒常用之药。临诊配伍应用：①本品有较好的活血祛淤和攻坚散结作用。用治淤血阻滞所致的痈疽肿毒，未成脓者可消，已成脓者可溃，能托毒排脓穿溃，常与皂角刺、川芎、黄芪、红花、当归等同用。②能下乳。常与王不留行、当归、通草等配伍，用治乳汁不下。

【主要成分】氨基酸及蛋白质等。

【药理研究】有升高白细胞的作用。

【药性歌诀】味咸性凉穿山甲，消痈通络下乳佳；
　　风寒湿痹痈疮肿，经闭乳难及癥瘕。

自然铜

为硫化物类矿物黄铁矿族黄铁矿（图 2-156），主含二硫化铁（FeS_2）。醋淬研细或水飞用。主产于四川、广东、湖南等地。

【性味归经】平，辛。入肝经。

【功效】散淤止痛，续筋接骨。

【主治】跌打损伤，淤滞肿痛，筋骨折伤。

【用量】马、牛 15～45 g；猪、羊 3～10 g；犬 2～5 g。

图 2-156　自然铜

【附注】自然铜有祛淤止痛之功，能促进骨折愈合，为伤科接骨续筋要药。临诊配伍应用：本品入血行血，有散淤止痛的功效，为伤科接骨的要药。用于创伤、跌打损伤、淤滞疼痛等，常与当归、乳香、没药等配伍。

【主要成分】含二硫化铁，还含镍、砷、锑等。

【药理研究】含有自然铜的制剂，能显著加强实验性骨折愈合强度，能增强机体抗感染能力，有促进细胞增殖分化，增加局部血液循环，促进瘢痕组织软化吸收等作用。

【药性歌诀】自然铜平，散淤止痛，接骨续筋，破积消瘿；
　　跌扑折伤，淤阻血肿，疮疡烫伤，瘿瘤可治。

土鳖虫

为鳖蠊科昆虫地鳖或冀地鳖的干燥雌虫虫体（图 2-157），又称地鳖虫。生用。主产于福建、江苏、北京等地。

【性味归经】寒，咸。有毒。入肝经。

【功效】破血逐淤。

【主治】跌打损伤，筋骨折伤，淤血肿痛。

【用量】马、牛 10～15 g；猪、羊 3～6 g；犬、猫 1～3 g。

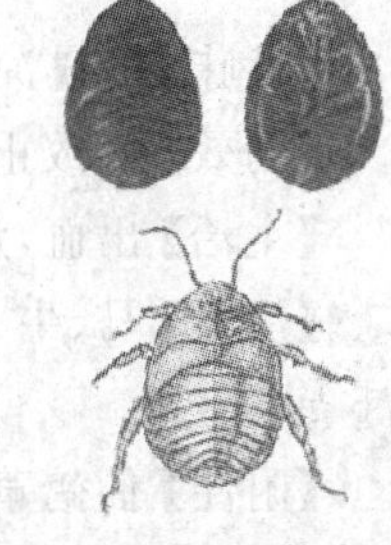
图 2-157　土鳖虫

【附注】土鳖虫入血分，有逐淤血，消肿痛，续筋骨之功，虽为破血逐淤药，但作用平稳，是破坚通淤，疗伤止痛的良药。临诊配伍应用：本品破血逐淤的作用较强，用于淤血凝滞的病证，常与大黄、水蛭、桃仁等同用;用治跌打损伤、骨折,常与自然铜、乳香、没药等配伍。

【主要成分】含谷氨酸、丙氨酸、酪氨酸等氨基酸及多种微量元素、甾醇和直链脂肪族化合物。

【药理研究】①提取液可明显抑制体外血栓的形成和血小板的聚集。②可提高心肌和脑对缺氧的耐受力,并可降低心、脑组织的耗氧量。

【药性歌诀】鳖虫咸寒,唯入肝经,破癥消瘕,行淤通经;

肝肿硬变,子宫包块,续筋接骨,痛经内服。

二、止血药

白及

为兰科植物白及的干燥块茎(图 2-158)。打碎或切片生用。主产于华东、华南及陕西、四川、云南等地。

【性味归经】微寒,苦、甘、涩。入肺、胃、肝经。

【功效】收敛止血,消肿生肌。

【主治】肺胃出血,外伤出血,疮疡肿毒。

【用量】马、牛 25～60 g;猪、羊 6～12 g;犬、猫 1～5 g;兔、禽 0.5～1.5 g。

图 2-158 白及

【附注】白及黏而涩,内服补益肺肾,收敛止血,外用散淤止痛,生肌止血,为收敛止血的良药。临诊配伍应用:①本品性涩而收敛,止血作用良好。主要用于肺、胃出血,可单用,也可配伍阿胶、藕节、生地等同用。还可用治外伤出血。②消肿生肌。用于疮痈初起未溃者,常配金银花、天花粉、乳香等同用;用治疮疡已溃,久不收口者,研粉外用,有敛疮生肌之效。

【主要成分】含白及胶、黏液质、淀粉、挥发油等。

【药理研究】①内服外用均有止血作用。②对人型结核杆菌有显著抑制作用。

【药性歌诀】白及涩平,生肌消肿,收敛止血,补肺多功;

肺痨溃疡,咯吐衄证,皮皲肛裂,金疮疔痈。

仙鹤草

为蔷薇科植物龙牙草的干燥地上部分(图 2-159)。切段生用。全国大部分地区均有分布。

【性味归经】凉,苦、涩。入肝、肺、脾经。

【功效】收敛止血。

【主治】出血,痈疮肿毒,血痢。

【用量】马、牛 15～60 g;猪、羊 10～15 g;犬、猫 2～5 g;兔、禽 1～1.5 g。

图 2-159 仙鹤草

【附注】仙鹤草有收敛止血之功,对于衄血、咳血、便血等证,无论寒、热、虚、实,适当配伍应用,均有显著止血效果。临诊配伍应用:①本品止血作用较好，用于治疗各种出血证，如衄血、便血、尿血等。可单用，也可与其他止血药，如茜草、侧柏叶、大蓟等同用。②解毒疗疮，治痢，用治疮痈肿毒，久痢不愈等病证。

【主要成分】含仙鹤草素、鞣质、甾醇、有机酸、酚性成分、仙鹤草内酯和维生素 C、维生素 K_1 等。

【药理研究】①能缩短凝血时间和促进血小板生成，故有止血作用。②对革兰氏阳性菌有抑制作用。

【药性歌诀】仙鹤草平，收敛止血，解毒疗疮，杀虫功捷；

衄咯吐崩，血痢发证，滴虫绦虫，痈肿疮疖。

棕榈

为棕榈科植物棕榈的干燥叶柄(图 2-160)。除去纤维状棕毛，炒炭或生用。主产于广东、福建等地。

【性味归经】平，苦、涩。入肝、肺、大肠经。

【功效】收敛止血。

【主治】各种出血。

【用量】马、牛 15～45 g；猪、羊 5～15 g。

【附注】有较强的收敛止血之功，但以去血多而淤血已尽者用之较宜；常炒炭入药。临诊配伍应用：本品有收敛止血功效，用治多种出血证，如衄血、咳血、便血、尿血、子宫出血等，常与侧柏叶、血余炭、蒲黄等同用，如十黑散。

图 2-160 棕榈

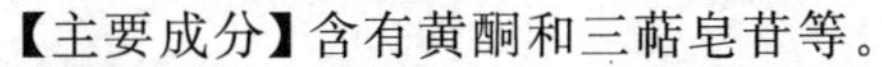

【主要成分】含有黄酮和三萜皂苷等。

【药理研究】对家兔和小鼠动物表现良好的止血效果。

【药性歌诀】苦涩性平棕榈皮，收涩止血功效奇；

吐衄赤痢二便血，崩带胎漏莫忧虑。

蒲黄

为香蒲科植物水烛香蒲、东方香蒲同属植物的干燥花粉(图 2-161)，又称香蒲。炒用或生用。主产于浙江、山东、安徽等地。

【性味归经】平，甘。入肝、脾、心经。

【功效】活血祛淤，收敛止血。

【主治】各种出血证。

【用量】马、牛 15～45 g；猪、羊 5～10 g；犬 3～5 g；兔、禽 0.5～1.5 g。

【附注】蒲黄甘缓，功能止血，性平无寒热之偏，尚可行血淤，利小便，为常用止血良药。临诊配伍应用：本品止血作用良好，用治各种出血证。可单用，也可配伍应用。如治子宫出血，常与益母草、艾叶、阿胶等同用；治尿血，常配白茅根、大蓟、小蓟；治咳血，常配白及、血余炭；治跌打淤滞，多与桃仁、红花、赤芍等同用。

图 2-161 蒲黄

【主要成分】含异鼠李苷、脂肪油、植物甾醇及黄色素等。

【药理研究】有收缩子宫作用，能缩短凝血时间。

【药性歌诀】蒲黄甘平，止血行经，活血祛淤，利尿排脓；

内外出血，经闭淤痛，儿枕崩漏，血淋耳痛。

血余炭

为人发煅制成的炭化物(图 2-162)。

【性味归经】平，苦。入肝、胃经。

【功效】收敛止血。

【主治】各种出血。

【用量】马、牛 15～30 g；猪、羊 6～12 g；犬 3～5 g。

【附注】血余炭有止血、消淤之功，为治多种出血证的佐使药。临诊配伍应用：本品有显著的止血功效，兼可化瘀，用于衄血、便血、尿血、子宫出血等证，常与侧柏叶、藕节、棕榈炭同用，如十黑散。

图 2-162　血余炭

【主要成分】为一种优角蛋白，无机成分为钙、钾、锌、铜、铁、锰等，有机质中主要含胱氨酸，以及含硫基酸等组成的头发黑色素。

【药理研究】①水煎液能明显缩短小鼠、大鼠和家兔的凝血时间，减少出血量。其止血作用可能与钙、铁离子有关。②煎剂对金黄色葡萄球菌、伤寒杆菌、甲型副伤寒杆菌及福氏痢疾杆菌有较强的抑制作用。

【药性歌诀】血余炭温，补阴利尿，止血消淤，关格可疗；

血淋崩漏，出血皆效，音哑儿痫，癃闭胞转。

大蓟

为菊科植物蓟的干燥地上部分或根(图 2-163)。生用或炒炭用。主产于江苏、安徽，我国南北各地均有分布。

【性味归经】凉，甘。入肝、心经。

【功效】凉血，止血，散痈肿。

【主治】出血证，痈疮肿毒。

【用量】马、牛 30～60 g；猪、羊 10～20 g。

【附注】大蓟清热、凉血、止血，可用于血热妄行所致血尿、便血、衄血以及外伤出血、疮黄中毒等证。临诊配伍应用：①能凉血，止血，主要用于血热妄行所致的各种出血证。用治衄血、尿血、便血、子宫出血等，常与生地、蒲黄、侧柏叶、丹皮同用。单用鲜根捣汁服，亦能止血。②散痈肿，用于治疮痈肿毒。可用鲜品捣服或煎服，并敷患处。

图 2-163　大蓟

【主要成分】挥发油、三萜、甾体、黄酮及其多糖。

【药理研究】①煎剂对犬、猫、兔等均有降低血压作用，其中根水煎液和根碱叶降压作用更显著。②根及全草煎剂对结核杆菌有抑制作用，水提取物对疱疹病毒有明显抑制作用。

【药性歌诀】大小蓟凉，破血消肿，凉血止血，利尿消痈；

咯衄尿血，血淋血崩，黄疸痈肿，高血压用。

小蓟

为菊科植物小蓟的干燥地上部分(图 2-164)。生用或炒炭用。我国各地均产。

【性味归经】凉,甘。入心、肝经。

【功效】凉血止血,散痈消肿。

【主治】出血证,痈疮肿毒。

【用量】马、牛 30～90 g,猪、羊 20～40 g;犬 5～10 g。

【附注】小蓟的功效与大蓟相似,其凉血止血及消肿功效都不及大蓟,但小蓟兼可利尿,故善止血尿。临床配伍应用:①用于治疗各种血热出血证,如尿血、鼻衄及子宫出血等。尤长于治尿血,多与蒲黄、木通、滑石等配伍。大剂量单味用,亦可治热结膀胱的血淋证。②用治热毒疮肿,单味内服或外敷均有疗效。

图 2-164 小蓟

【主要成分】含生物碱、皂苷。

【药理研究】本品对肺炎双球菌、溶血性链球菌、白喉杆菌、伤寒杆菌、变形杆菌、绿脓杆菌、痢疾杆菌、金黄色葡萄球菌等均有抑制作用。现代临床报道,用小蓟药膏治疮肿和外伤感染确有良效。

【药性歌诀】大小蓟凉,破血消肿,凉血止血,利尿消痈;
咯衄尿血,血淋血崩,黄疸痈疮,高血压用。

侧柏叶

为柏科植物侧柏的干燥枝叶(图 2-165)。生用或炒炭用。主产于辽宁、山东,我国大部地区也有分布。

【性味归经】微寒,苦、涩。入肝、肺、大肠经。

【功效】凉血止血,清肺止咳。

【主治】出血证,肺热咳嗽。

【用量】马、牛 15～60 g;猪、羊 5～15 g;兔、禽 0.5～1.5 g。

【附注】侧柏叶涩能止血,寒以清热,可用于血热妄行所致的各种出血;尚可清肺止咳。临诊配伍应用:①本品是收敛性凉血止血药,用于便血、尿血、子宫出血等属血热妄行者,常配生地、生荷叶、生艾叶同用;若属虚寒出血者,则配炮姜、艾叶等温经止血药。②清肺止咳,可用于肺热咳嗽。

图 2-165 侧柏叶

【主要成分】挥发油(主要成分为 2-2-蒎烯-倍半萜醇、丁香烯等)、生物碱、松柏苦素、侧柏醇、鞣质、树脂及维生素 C 等。

【药理研究】叶有止咳、祛痰、平喘作用;枝用于治慢性气管炎而偏热者,疗效较好,尤以平喘作用显著。

【药性歌诀】侧柏微寒,止血收敛,凉血解毒,止咳祛痰;
热证出血,热咳痰黏,肺痨烫伤,脂溢皮炎。

地榆

为蔷薇科植物地榆或长叶地榆的干燥根(图 2-166)。生用或炒炭用。主产于浙江、安徽、湖北、湖南、山东、贵州等地。

【性味归经】微寒,苦、酸。入肝、胃、大肠经。

【功效】凉血止血,收敛解毒。

【主治】各种出血,烧伤烫伤,湿疹,疮疡痈肿等。

【用量】马、牛 15～60 g;猪、羊 6～12 g;兔、禽 1～2 g。

图 2-166 地榆

【附注】地榆凉血、止血,可用于多种出血证,尤为治下焦出血的佳品;外用为治疗烫火伤的要药。临诊配伍应用:①本品能凉血止血,可用于各种出血证,但以治下焦血热的便血、血痢、子宫出血等最为常用。治便血,常与槐花、侧柏叶等同用,治血痢经久不愈,常与黄连、木香等配伍。②具有凉血、解毒、收敛作用,为治烧烫伤的要药。生地榆研末,麻油调敷,可使渗出减少,疼痛减轻,愈合加速。亦可用于湿疹、皮肤溃烂等。

【主要成分】含大量鞣质、地榆皂苷以及维生素 A 等。

【药理研究】①能缩短出血时间,对小血管出血有止血作用,其稀溶液作用更显著,并有降压作用。②对溃疡病大出血及烧伤有较好的疗效,因所含鞣质对溃疡面有收敛作用,并能抑制感染而防止毒血症,并可减少渗出,促进新皮生长。③对痢疾杆菌、大肠杆菌、绿脓杆菌、金黄色葡萄球菌等多种细菌均有抑制作用,但其抗菌力在高压消毒处理后显著降低,甚至消失。

【药性歌诀】地榆苦酸,解毒收敛,凉血止血,肿痛可蠲;
热淋尿闭,水肿黄疸,热咳吐衄,肝炎肾炎。

槐花

为豆科植物槐的干燥花及花蕾(图 2-167)。生用或炒用。主产于辽宁、湖北、安徽、北京等地。

【性味归经】微寒,苦。入肝、大肠经。

【功效】凉血止血,清肝明目。

【主治】各种出血,目赤肿痛等。

【用量】马、牛 30～45 g;猪、羊 5～15 g;犬 5～8 g。

图 2-167 槐花

【附注】槐花凉血、止血,可用于血热妄行所致的便血、肝热目赤等证。临诊配伍应用:①具有凉血止血的作用,凡衄血、便血、尿血、子宫出血等属于热证者,皆可应用,但多用于便血,并常与地榆配伍应用;也可与侧柏叶、荆芥炭、枳壳等配伍,如槐花散;若为大肠热盛,伤及络脉而引起的便血,可与黄连等同用。②清肝明目,用于肝火上炎所致的目赤肿痛,常与夏枯草、菊花、黄芩、草决明等配伍。

【主要成分】含芸香苷(又名芦丁,属黄酮苷,水解生成槲皮素、葡萄糖及鼠李糖等)、槐花甲素、槐花乙素、槐花丙素、鞣质、绿色素、油脂、挥发油及维生素 A 类物质。

【药理研究】所含芳香苷具有改善毛细血管功能,防治因毛细血管脆性过大、渗透性过高引起的出血。

【药性歌诀】槐花苦寒,止血炒炭,清热凉血,降火清肝;

热痢痔漏,热性血患,阳亢实证,目赤头眩。

茜草

为茜草科植物茜草的干燥根及根茎(图 2-168)。生用或炒用。全国各地均产。

【性味归经】寒,苦。入肝经。

【功效】凉血止血,活血祛淤。

【主治】出血证,跌打损伤。

【用量】牛、马 30～60 g;猪、羊 10～20 g。

图 2-168 茜草

【附注】茜草泄降,清热,炒炭用于止血,尤以血热有淤的出血证用之较宜。临诊配伍应用:①本品具有凉血止血作用,广泛用于血热妄行所致衄血、便血、子宫出血、尿血等。治血热便血,可与地榆、仙鹤草等同用;治血热子宫出血,常配伍侧柏叶、仙鹤草、生地、丹皮等凉血止血药;属虚证出血,可与牡蛎、山萸肉、棕榈炭等同用。②有活血祛淤之功,可用治跌打损伤,淤滞肿痛及痹证,常与川芎、赤芍、丹皮等活血通经之品配伍。

【主要成分】含蒽醌苷类茜草酸、紫色素及伪紫色素等。

【药理研究】①能缩短血液凝固时间。②对金黄色葡萄球菌有抑制作用。

【药性歌诀】茜草微寒,行气止血,通经活络,祛痰止咳;

吐衄血崩,经闭伤折,黄疸痈疮,咳喘痰热。

血竭

为棕榈科植物麒麟竭及同属植物的果实和树干渗出的树脂加工制成(图 2-169)。捣碎研末用。主产于广东、广西、云南等地。

【性味归经】平,甘、咸。入心、肝经。

【功效】止血,止痛,化淤,敛疮生肌。

【主治】跌打损伤,淤滞心腹疼痛,外伤出血,疮疡不敛。

【用量】马、牛 15～25 g;猪、羊 3～6 g;犬 1～3 g。

图 2-169 血竭

【附注】血竭入血分,有活血散淤,止痛止血,敛疮生肌之功,用于跌打损伤,疮疡等,不论内服或外敷均有良效。临诊配伍应用:①本品有止血作用,用治外伤出血。可单用,撒于出血处,或与蒲黄等同用;对鼻出血,可配血余炭,研末吹鼻。②敛疮生肌,兼能止痛。适用于疮面久不愈合者,常与乳香、没药、儿茶配伍,如生肌散。③化淤止痛。适用于产后淤阻疼痛及外伤淤滞疼痛等,常与乳香、没药等配伍。

【主要成分】含树脂、树胶、血竭素、血竭树脂烃、安息香酸及肉桂酸等。

【药理研究】对多种皮肤真菌有不同程度的抑制作用。

【药性歌诀】血竭味咸,入心和肝,行淤止血,治血敛疮;

跌打损伤,腰胯闪伤,产后蓄血,止血外用。

其他理血药见表 2-23,理血药功能比较见表 2-24。

表 2-23　其他理血药

药名	药用部位	性味归经	功效	主治
刘寄奴	全草	平,辛、苦。入心、脾经	清暑利湿,活血行淤	中暑,肠黄,跌打损伤,外伤出血,疮疡
虎杖	根茎	微凉,微苦。入肝、胆、肺经	活血止痛,清热利湿	风热痹通,跌打损伤,产后淤血,尿不利,湿热黄疸
墨旱莲	全草	微寒,甘、酸。入肝、肾、胃经	凉血止血、补肾益阴	尿血、便血,腰胯无力

表 2-24　理血药功能比较

类别	药 物	相同点	不同点
行血药	川芎 丹参 益母草 桃仁 红花 牛膝 王不留行 赤芍	活血通经	川芎活血之中并能行气,兼有祛风作用,丹参以活血止痛见长,并能清热凉血;益母草长于活血通经,专治产科诸证,又能利水消肿;桃仁、红花每多合用治产后淤积、跌打淤肿诸证,但桃仁质润可通便,红花则善于活血行淤;牛膝强筋骨,利关节,兼能下行;王不留行还善于催乳;赤芍兼能清血热,治目赤与衄血
	乳香 没药 延胡索 五灵脂 三棱 莪术 郁金 穿山甲 自然铜 土鳖虫	活血祛淤	乳香、没药活血之中长于消肿止痛,但乳香行气之力比没药强,而没药祛痰之力比乳香大;延胡索、五灵脂二者均能止痛,但延胡索善于行气止痛,而五灵脂则善于散淤止痛;三棱、莪术、郁金破淤消积,并能行气,但三棱、莪术以治食积气滞、肚腹胀痛见长,郁金虽能活血祛淤,但善于疏肝解郁; 自然铜常用于外伤跌打,散淤止痛之力较胜;穿山甲、土鳖虫均能活血散淤,但穿山甲以消痈溃脓及通乳见长,土鳖虫消痈散结及跌打肿痛较好
止血药	白及 仙鹤草 棕榈炭 血余炭 海螵蛸	收敛止血	白及善于生肌收口,多用于肺胃出血;仙鹤草对各种出血疗效均好;棕榈炭、血余炭多用于衄血及子宫出血;海螵蛸还能涩精、制酸
	三七 蒲黄	祛淤止血	三七用治多种出血证,又是治跌打损伤、淤血内阻的要药;蒲黄虽能治各种出血证,但功效不及三七
	大蓟 小蓟 侧柏叶 地榆 槐花 茜草 藕节 血竭	凉血止血	大蓟、小蓟作用基本相同,但大蓟凉血之力较大,并能消痈肿,小蓟止血力较缓,善治尿血、血淋;侧柏叶还能祛痰止咳;地榆、槐花均善清大肠湿热,用治便血、血痢,但地榆能收敛生肌,治烧伤有良效,而槐花则能清肝降压,茜草、藕节均善治血热、衄血,茜草兼治跌打淤积;血竭长于外伤止血,兼能化淤止痛、敛疮生肌,外科常用

【阅读资料】

表 2-25　常见的理血方

任务十六　补虚药

凡能补益机体气血阴阳的不足，治疗各种虚证的药物，称为补虚药。

虚证一般分为气虚、血虚、阴虚、阳虚四种，故补虚药也分为补气、补血、滋阴、助阳四类。但在畜体生命活动中，气、血、阴、阳之间是密切联系的，一般阳虚多兼气虚，而气虚也常导致阳虚；阴虚多兼血虚，而血虚也常导致阴虚。所以在应用补气药时，常与补阳药配伍；使用补血药时，常与滋阴药并用。同时，在临床上又往往数证兼见，如气血两亏、阴阳俱虚等。因此，补气药、补血药、滋阴药、助阳药常常相互配伍应用。此外，脾胃为后天之本，肺主一身之气，故应以补脾、胃、肺为主；又肾既主一身之阳，又主一身之阴，使用助阳药、滋阴药时，应以补肾阳及滋肾阴为主。

补虚药虽能扶正，但应用不当则有留邪之弊，故病畜实邪未尽时，不宜早用。若病邪未解，正气已虚，则以祛邪为主，酌加补虚药以扶正，增强抵抗力，达到既祛邪又扶正的目的。

（1）补气药　多味甘，性平或偏温，主入脾、胃、肺经，具有补肺气，益脾气的功效，适用于脾肺气虚证。因脾为后天之本，生化之源，故脾气虚则见精神倦怠、食欲不振、肚腹胀满、泄泻等；肺主一身之气，肺气虚则气短气少，动则气喘，自汗无力等。以上诸证多用补气药。又因气为血帅，气旺可以生血，故补气药又常用于血虚病证。

（2）补血药　多味甘，性平或偏温，多入心、肝、脾经，有补血的功效，适用于体瘦毛焦、口色淡白、精神萎靡、心悸脉弱等血虚之证。因心主血，肝藏血，脾统血，故血虚证与心、肝、脾密切相关，治疗时以补心、肝为主，配以健脾药物。如血虚兼气虚则配用补气药，如血虚兼阴虚则配以滋阴药。

（3）助阳药　味甘或咸，性温或热，多入肝、肾经，有补肾助阳，强筋壮骨作用，适于形寒肢冷、腰胯无力、阳痿滑精、肾虚泄泻等。因“肾为先天之本”，故助阳药主要用于温补肾阳。对肾阳虚不能温养脾阳所致的泄泻，也用补肾阳药治疗。助阳药多属温燥，阴虚发热及实热证等均不宜用。

（4）滋阴药　多味甘，性凉。主入肺、胃、肝、肾经。具有滋肾阴、补肺阴、养胃阴、益肝阴等功效，适用于舌光无苔、口舌干燥、虚热口渴、肺燥咳嗽等阴虚证。滋阴药多甘凉滋腻，凡阳虚阴盛，脾虚泄泻者不宜用。

一、补气药

人参

为五加科植物人参的干燥根(图 2-170)。野生者称山参,栽培者称园参。园参经晒干或烘干,称生晒参;山参经晒干,称生晒山参。生用。主产于吉林、辽宁、黑龙江等地。

图 2-170　人参

【性味归经】微温,甘、微苦。入脾、肺、心经。

【功效】大补元气,补益脾肺,生津安神。

【主治】体虚欲脱,脾胃虚弱,肺气亏虚,惊悸不安,热病伤津。

【用量】马、牛 15~30 g;羊、猪 5~10 g;犬、猫 0.5~2 g。

【附注】人参大补元气,以补心、脾、益肺气为主,为峻补之品。临诊配伍应用:本品能大补元气,用治各种虚脱证,独味显效。治病后津气两亏、汗多口渴者,可与麦冬、五味子等同用;治心气不足,神志不宁,可与当归、枣仁、桂圆肉等配伍。

【主要成分】含皂苷类、挥发油、脂肪酸、植物甾醇、维生素、糖等。

【药理研究】①对大脑皮层兴奋和抑制过程均有加强作用,尤其加强兴奋过程更为显著,故有抗疲劳作用。②能兴奋垂体一肾上腺系统,从而加强机体对有害因素的抵抗力,提高动物对低温或高温的耐受力。③能调节胆固醇代谢,抑制高胆固醇血证的发生。④有强心作用,故心力衰竭,休克时可用本品。⑤有促进蛋白质、核糖、核酸合成的作用。⑥能刺激造血器官,使造血机能旺盛。⑦能增强机体免疫力,促进免疫球蛋白及白细胞的生成,防治多种原因引起的白细胞下降,增强网状内皮系统功能。

【药性歌诀】人参甘温,大补元气,固脱生津,健脾补肺;
益智宁神,扶正免疫,强心稳压,调养营卫;
亡阴亡阳,血脱劳极,消渴虚喘,阳痿不举;
虚脱暴脱,怔忡心悸,失眠健忘,泄泻脾虚。

党参

为桔梗科植物党参、素花党参或川党参的干燥根(图 2-171)。生用或蜜炙用。野生者称野台党,栽培者称潞党参。主产于东北、西北、山西及四川等地。

【性味归经】平,甘。入脾、肺经。

【功效】补中益气,健脾生津。

【主治】久病气虚,倦怠乏力,器官下垂,肺虚喘促,脾虚泄泻,热病伤津等。

【用量】马、牛 20~60 g;猪、羊 5~10 g;犬 3~5 g;兔、禽 0.5~1.5 g。

【附注】党参有健脾益肺、养血生津之功,鼓舞清阳,振动中气,又无刚燥之弊,故称之为"平补和缓之剂"。其功效与人参不甚相远,故多代替人参以补益脾胃,扶正祛邪。临诊配伍应用:本品为常用的补气药。

图 2-171　党参

用于久病气虚、倦怠乏力、肺虚喘促、脾虚泄泻等，常与白术、茯苓、炙甘草等同用，如四君子汤；用于气虚下陷所致的脱肛、子宫脱垂，常配黄芪、白术、升麻等同用，如补中益气汤；用于津伤口渴、肺虚气短，常与麦冬、五味子、生地等同用。

【主要成分】含皂苷、蛋白质、维生素 B_1 和维生素 B_2、生物碱、菊糖等。

【药理研究】①能使周围血管扩张，故有降压作用。②对神经系统有兴奋作用，能增强机体的抵抗力。③能使红细胞增加，而使白细胞减少。对于因化学疗法或放射线疗法引起的白细胞下降，有使其升高的作用。④有升高血糖的作用。⑤可促进凝血。

【药性歌诀】党参甘平，益气补中，补血生津，祛痰有功；

脾虚胃弱，气虚诸病，血虚萎黄，喘咳虚证。

黄芪

为豆科植物膜荚黄芪或蒙古黄芪的干燥根（图 2-172）。生用或蜜炙用。主产于甘肃、内蒙古、陕西、河北及东北、西藏等地。

【性味归经】微温，甘。入脾、肺经。

【功效】补气升阳，固表止汗，托毒生肌，利水退肿。

【主治】脾肺气虚，食少倦怠，气短，表虚自汗，泄泻，器官下垂，疮疡溃后久不收口，气虚水肿，小便不利等。

【用量】马、牛 20～60 g；猪、羊 5～15 g；犬 5～10 g；兔、禽 1～2 g。

图 2-172　黄芪

【附注】黄芪甘温益气，健脾补虚。凡中气不振，脾土虚弱，清阳下陷诸证，用之最益。本品既可走里，补益脾肺，亦可行外，实卫固表，为益气健脾药中之长。临诊配伍应用：①黄芪为重要的补气药，适用于脾肺气虚、食少倦怠、气短、泄泻等，常与党参、白术、山药、炙甘草等同用；对气虚下陷引起的脱肛、子宫脱垂等，常与党参、升麻、柴胡等配伍，如补中益气汤。②固表止汗。用于表虚自汗，常与麻黄根、浮小麦、牡蛎等配伍；用于表虚易感风寒等，可与防风、白术同用。③补益元气而托毒，多用于气血不足，疮疡脓成不溃，或溃后久不收口等。如用于疮痈内陷或久溃不敛，可与党参、肉桂、当归等配伍；用于脓成不溃，可与白芷、当归、皂角刺等配伍。④益气健脾，利水消肿。适用于气虚脾弱、尿不利、水湿停聚而成的水肿，常与防己、白术同用。

【主要成分】含 2′,4′-二羟基-5,6-二甲氧基异黄酮、胆碱、甜菜碱、氨基酸、蔗糖、葡萄糖醛酸及微量叶酸。内蒙古黄芪含 β-谷甾醇、亚油酸及亚麻酸。

【药理研究】①能加强正常心脏收缩，对衰竭的心脏有强心作用。②能使冠状血管及全身末梢血管扩张，因而使血压下降。③有利尿作用。④有加强毛细血管抵抗力的作用，可防止组织胺、氯仿造成的毛细血管渗透性增强的现象，并能使 X 线引起的毛细血管脆性增加的病理现象迅速复常。⑤能闭塞皮肤的分泌孔，抑制出汗，故有止汗作用。⑥有类性激素的作用。⑦对痢疾杆菌、炭疽杆菌、溶血性链球菌、肺炎双球菌、金黄色葡萄球菌等有抑制作用。

【药性歌诀】黄芪甘温，补气升阳，固表利水，生肌托疮；

气虚气陷，宫垂脱肛，虚汗虚肿，久败疮疡。

山药

为薯蓣科植物薯蓣的干燥块茎(图 2-173)。切片生用或炒用。主产于河南、湖南、河北、广东等地。

【性味归经】平,甘。入脾、肺、肾经。

【功效】健脾胃,益肺肾。

【主治】脾胃虚弱,食少纳差,泄泻,肺虚久咳,肾虚遗精、尿频等。

【用量】马、牛 30～90 g;猪、羊 10～30 g;犬 5～15 g;兔、禽 1.3～5 g。

图 2-173 山药

【附注】山药性平,不寒不燥,益气固肾,补脾养阴,治诸虚百损,疗五劳七伤,为平补脾、肺、肾三经之品。临诊配伍应用:①本品性平不燥,作用和缓,为平补脾胃之药,不论脾阳虚或胃阴亏,皆可应用。治脾胃虚弱、食少倦怠、泄泻等,常配党参、白术、茯苓、扁豆等同用。②益肺气,养肺阴,用于肺虚久咳,可配沙参、麦冬、五味子等配伍。③补益肾气,用治肾虚滑精、尿频数等。治肾虚滑精,常与熟地、山萸肉等配伍;治肾虚尿频数,常与益智仁、桑螵蛸等同用。

【主要成分】含皂苷、黏液质、尿囊素、胆碱、精氨酸、淀粉酶、黏蛋白质、脂肪、淀粉及碘质。

【药理研究】其中所含的黏蛋白质在体内水解为有滋养作用的蛋白质和碳水化合物;所含之淀粉酶有水解淀粉为葡萄糖的作用。

【药性歌诀】山药甘平,固肾益精,健脾补肺,消渴多功;
遗精便频,滑泄久病,带下多嗽,三消皆用。

白术

为菊科植物白术的干燥根茎(图 2-174)。切片生用或炒用。主产于浙江、安徽、湖南、湖北及福建等地。

【性味归经】温,甘、苦。入脾、胃经。

【功效】补脾益气,燥湿利水,固表止汗。

【主治】寒湿痹痛,脾虚泄泻,食少,水肿,自汗,胎动不安等。

【用量】马、牛 20～60 g;猪、羊 10～15 g;犬、猫 1～5 g;兔、禽 1～2 g。

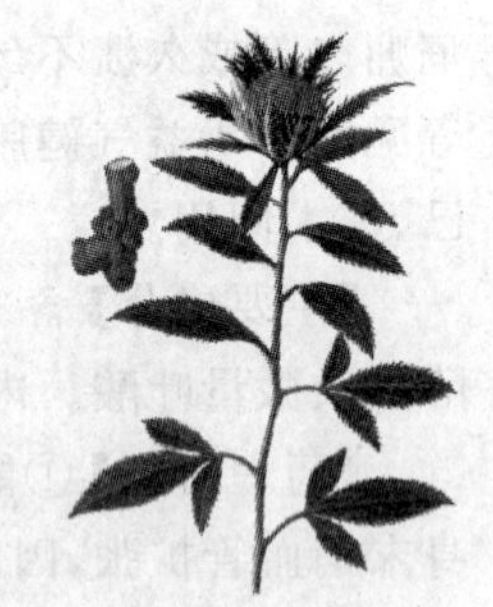
图 2-174 白术

【附注】白术甘温燥烈,既善补脾和胃,又能燥湿利水,凡脾虚气弱、泄泻、水湿停聚用之均良。此外,有止汗安胎功效。临诊配伍应用:①本品为补脾益气的重要药物,主要用于脾胃气虚、运化失常所致的食少胀满、倦怠乏力等,常与党参、茯苓等同用,如四君子汤;用于脾胃虚寒、肚腹冷痛、泄泻等,常与党参、干姜等配伍,如理中汤。②健脾燥湿,又能利水,可用于水湿内停或水湿外溢之水肿。治水肿常与茯苓、泽泻等同用,如五苓散。③补气固表,用于表虚自汗,常与黄芪、浮小麦同用。④安胎,治胎动不安,常与当归、白芍、黄芩配伍。

【主要成分】含挥发油,油中主要成分为苍术醇和苍术酮,并含维生素 A 样物质。

【药理研究】①有利尿作用,其利尿可能与抑制肾小管重吸收有关。②有轻度降血糖作用。③对于因化学疗法或放射线疗法引起的白细胞下降，有使其升高的作用。

【药性歌诀】白术甘温，补脾益气，固表止汗，燥湿利水；

脾虚失运，水肿泻痢，自汗痰饮，胎动湿痹。

甘草

为豆科植物甘草、胀果甘草或光果甘草的干燥根及根茎(图 2-175)。切片生用或炙用。主产于辽宁、内蒙古、甘肃、新疆、青海等地。

【性味归经】平，甘。入十二经。

【功效】补中益气，清热解毒，润肺止咳，缓和药性。

【主治】脾胃虚弱，倦怠乏力，疮疡肿痛，咳嗽痰多，咽喉肿痛，药物和食物中毒等。

【用量】马、牛 15～60 g；猪、羊 3～10 g；犬、猫 1～5 g；兔、禽 0.6～3 g。

图 2-175 甘草

【附注】甘草炙能补脾益气，润肺祛痰；生用清热泻火，疗疮解毒，解食毒而和百药，得中和之性，故称“国老”。临诊配伍应用：①本品炙用则性微温，善于补脾胃，益心气。治脾胃虚弱证，常与党参、白术等同用，如四君子汤。②生用能清热解毒，常用于疮痈肿痛，多与金银花、连翘等清热解毒药配伍；治咽喉肿痛，可与桔梗、牛蒡子等同用；此外，还是中毒的解毒要药。③有甘缓润肺止咳之功，用治咳嗽喘息等，常与化痰止咳药配伍，因其性质平和，肺寒咳喘或肺热咳嗽均可应用。④能缓和某些药物峻烈之性，具有调和诸药的作用，许多处方常配伍本品。

【主要成分】含甘草苷、甘露醇、β-谷甾醇、葡萄糖、蔗糖、有机酸及挥发油等。

【药理研究】①解毒作用：对食物、体内代谢产物的中毒及白喉毒素、破伤风毒素、蛇毒等有较强的解毒作用，其解毒的有效成分为甘草甜素。②甘草甜素和甘草次酸及其盐类有明显的抗利尿作用，甘草次酸还有肾上腺皮质激素样作用。③有镇咳作用，这是由于对咳嗽中枢的抑制及服药时能覆盖发炎的咽部黏膜，减少刺激的结果。④有抗炎、抗过敏作用。

【药性歌诀】甘草甘平，益气补中，祛痰止咳，缓急止痛；

解毒泻火，调和药性，腹痛筋急，喘咳疮痈；

气虚脉代，药毒诸种，消化溃疡，中满勿用。

大枣

为鼠李科植物枣的干燥成熟果实(图 2-176)。生用。主产于河北、河南、山东等地。

【性味归经】平，甘。入脾、胃经。

【功效】补脾和胃，养血安神，缓和药性。

【主治】脾胃虚弱，食少便溏。

【用量】马、牛 30～60 g；猪、羊 10～15 g；犬 5～8 g；兔、禽 1.3～5 g。

【附注】“主心腹邪气，安中养脾，助十二经。平胃气，通九窍，补少气、少津，大惊，四肢重，和百药。”临诊配伍应用：①本品为调补脾胃的常用辅助药，多用于脾胃虚弱、倦怠乏力、食少便溏等，常与党参、白术等配伍，以加强补益脾胃的功能。②养血安神，可用于内伤肝脾、耗伤营血证，常与甘草、浮小麦等同用。③甘缓性平，善能调和药性，如十枣汤，以芫花、甘遂、大戟逐水饮，用大枣保其脾胃，以防攻逐太过，达到攻邪而不伤正的目的。

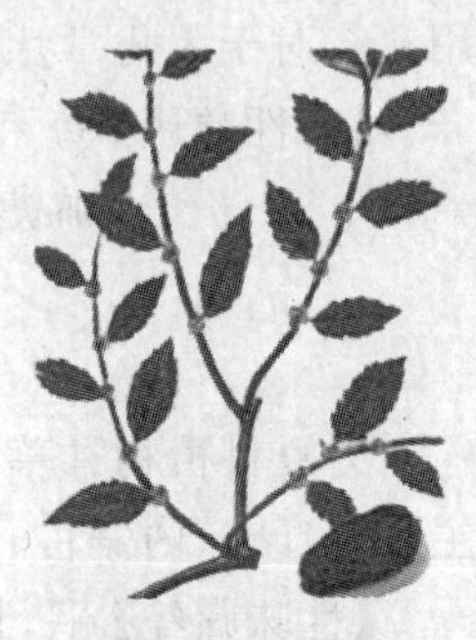

图 2-176　大枣

【主要成分】含蛋白质、脂肪、碳水化合物、钙、磷、铁及维生素 A、维生素 B_2、维生素 C 等。

【药理研究】①可明显增加四氯化碳肝损伤家兔的血清总蛋白与白蛋白，具有保肝作用；②可使小鼠体重明显增加，延长游泳时间，具有增强肌力的作用；③乙醇提取物具有镇静催眠和降压作用。

【药性歌诀】大枣甘平，缓和药性，养血安神，生津补中；
解毒护胃，脏燥怔忡，护肝补脾，和胃调营。

二、补血药

当归(全当归、归尾、归身)

为伞形科植物当归的干燥根(图 2-177)。切片生用或酒炒用。主产于甘肃、宁夏、四川、云南、陕西等地。

【性味归经】温，甘、辛、苦。入肝、脾、心经。

【功效】补血和血，活血止痛，润肠通便。

【主治】血虚劳伤，跌打损伤，淤血肿痛，胎产诸疾，风湿痹痛，肠燥便秘等。

图 2-177　当归

【用量】马、牛 15～60 g；猪、羊 10～15 g；犬、猫 2～5 g；兔、禽 1～2 g。

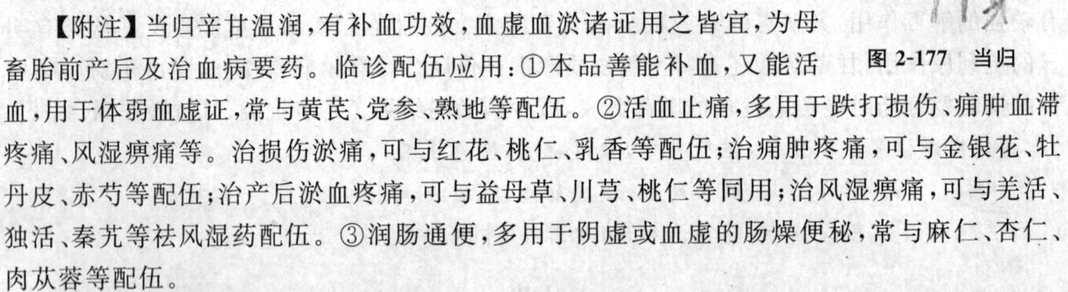

【附注】当归辛甘温润，有补血功效，血虚血淤诸证用之皆宜，为母畜胎前产后及治血病要药。临诊配伍应用：①本品善能补血，又能活血，用于体弱血虚证，常与黄芪、党参、熟地等配伍。②活血止痛，多用于跌打损伤、痈肿血滞疼痛、风湿痹痛等。治损伤淤痛，可与红花、桃仁、乳香等配伍；治痈肿疼痛，可与金银花、牡丹皮、赤芍等配伍；治产后淤血疼痛，可与益母草、川芎、桃仁等同用；治风湿痹痛，可与羌活、独活、秦艽等祛风湿药配伍。③润肠通便，多用于阴虚或血虚的肠燥便秘，常与麻仁、杏仁、肉苁蓉等配伍。

【主要成分】含挥发油、正-戊酸邻羧酸、正十二烷醇、β-谷甾醇、香柠檬内脂、脂肪油、棕榈酸、维生素 B_{12}、维生素 E、烟酸、蔗糖等。

【药理研究】①当归对子宫的作用具有“双向性”，其水溶性非挥发物质能兴奋子宫平滑肌，使收缩加强，其挥发性成分则有抑制子宫，减少其节律性收缩，使子宫弛缓，但二者以兴奋的成分为主。②对维生素 E 缺乏症有一定疗效。③对痢疾杆菌、伤寒杆菌、大肠杆菌、溶血性链球菌均有一定抑制作用。

【药性歌诀】当归甘温，行气调经，补血润肠，活血止痛；
血虚萎黄，燥秘淤肿，经少迟闭，经痛血崩。

白芍(杭芍、芍药)

为毛茛科植物芍药的干燥根(图 2-178)。切片生用或炒用。主产于东北、河北、内蒙古、陕西、山西、山东、安徽、浙江、四川、贵州等地。

【性味归经】微寒,苦、酸。入肝经。

【功效】养血敛阴,平肝止痛,安胎。

【主治】阴血不足,躁动不安,腹痛泻痢,阴虚盗汗,胎动不安等。

【用量】马、牛 15～60 g;猪、羊 6～15 g;犬、猫 1～5 g;兔、禽 1～2 g。

图 2-178 白芍

【附注】白芍性柔味酸,主养血敛阴又柔肝止痛。与赤芍比较,有"白补而赤泻,白收而赤散"之别。临诊配伍应用:①本品有平抑肝阳,敛阴养血作用,适用于肝阴不足、肝阳上亢、躁动不安等,常与石决明、生地黄、女贞子等配伍。②柔肝止痛,主要用于肝旺乘脾所致的腹痛,常与甘草同用。③养血敛阴,适用于血虚或阴虚盗汗等,常与当归、地黄等配伍。

【主要成分】含芍药苷、β-谷甾醇、鞣质、少量挥发油、苯甲酸、树脂、淀粉、脂肪油、草酸钙等。

【药理研究】①对肠胃平滑肌有不同程度的松弛作用,故有解痉止痛之效。②对葡萄球菌、溶血性链球菌、肺炎双球菌、痢疾杆菌、伤寒杆菌、霍乱弧菌、大肠杆菌及绿脓杆菌等有抑制作用。

【药性歌诀】白芍酸寒,养血柔肝,缓中止痛,敛阴收汗;

肋腹痛泄,泻痢肢挛,虚汗痛经,耳鸣眩晕。

阿胶(驴皮胶、阿胶珠)

为马科动物驴的皮熬煮加工而成的胶块(图 2-179)。溶化冲服或炒珠用。主产于山东、浙江。此外,北京、天津、河北、山西等地也有生产。

【性味归经】平,甘。入肺、肾、肝经。

【功效】补血止血,滋阴润肺,安胎。

【主治】血虚体弱,多种出血证,阴虚肺燥咳嗽,妊娠胎动等。

【用量】马、牛 15～60 g;猪、羊 10～15 g;犬 5～8 g。

图 2-179 阿胶

【附注】阿胶甘平滋腻,入肝经养血,入肺经润燥,入肾经滋水,为滋阴、补血、止血要药。临诊配伍应用:①本品补血作用较佳,为治血虚的要药,用于血虚体弱,常与当归、黄芪、熟地等配伍。②又有显著的止血作用,适用于多种出血证。配伍白及,可治肺出血;配生地、旱莲草、仙鹤草、茅根等,治衄血;配艾叶、生地、当归等,治子宫出血;配槐花、地榆等,治便血。③滋阴润燥,用于妊娠胎动、下血,可与艾叶配伍。

【主要成分】含骨胶原,与明胶相类似。水解生成多种氨基酸,但赖氨酸较多,还含有胱氨酸。

【药理研究】①有加速血液中红细胞和血红蛋白生长的作用。②能改善动物体内钙的平衡,促进钙的吸收,有助于血清中钙的存留,并有促进血液凝固作用,故善于止血。

【药性歌诀】阿胶甘平，补血滋阴，止血安胎，润燥坚筋；

血证胎漏，血虚眩晕，劳咳燥咳，虚风血淋。

熟地黄(熟地、九地、大熟地)

为玄参科植物地黄的块根(图 2-180)，经加工炮制而成。切片用。主产于河南、浙江、北京，其他地区也有生产。

【性味归经】微温，甘。入心、肝、肾经。

【功效】补血滋阴，益髓填精。

【主治】血虚诸证，肝肾阴虚所致的潮热、盗汗、腰胯疼痛等。

【用量】马、牛 30～60 g；猪、羊 5～15 g；犬 3～5 g。

图 2-180　熟地黄

【附注】熟地黄甘温滋腻，气味醇厚，滋肾而益真阴，养血而填骨髓，疗阴虚、血少、精亏之证，为补血佳品。生地、熟地同为一物，生地性凉，偏于清热凉血；熟地性温，偏于补血养阴。临诊配伍应用：①本品为补血要药，用于血虚诸证。治血虚体弱，常与当归、川芎、白芍等同用，如四物汤。②又为滋阴要药，用于肝肾阴虚所致的潮热、盗汗、滑精等，常与山茱萸、山药等配伍，如六味地黄丸。

【主要成分】含梓醇、地黄素、维生素 A 样物质、葡萄糖、果糖、乳糖、蔗糖及赖氨酸、组氨酸、谷氨酸、亮氨酸、苯丙氨酸等，还含有少量磷酸。

【药理研究】①有降低血糖的作用。②地黄流浸膏对蛙心有显著的强心作用。③有利尿作用。④对疮癣、石膏样小芽孢癣菌、羊毛状小芽孢癣菌等真菌均有抑制作用。

【药性歌诀】熟地微温，养肝滋阴，填精益髓，补血滋阴；

血虚萎黄，经产诸损，骨蒸虚秘，消渴眩晕。

何首乌(首乌、地精)

为蓼科植物何首乌的干燥块根(图 2-181)。生用或制用。晒干未经炮制的为生首乌，加黑豆汁反复蒸晒而成为制首乌。主产于广东、广西、河南、安徽、贵州等地。

【性味归经】微温，甘、苦、涩。入肝、肾经。

【功效】补肝肾，益精血，润肠通便。

【主治】阴虚血少，血虚便秘，腰膝痿软等。

【用量】马、牛 30～90 g；猪、羊 10～15 g；犬、猫 2～6 g；兔、禽 1～3 g。

图 2-181　何首乌

【附注】何首乌为滋补良品，制者敛精气，补而不腻，填补精髓力大；生者通络之力甚强。临诊配伍应用：①制首乌有补肝肾、益精血的功效，常用于阴虚血少、腰膝痿软等，多与熟地、枸杞子、菟丝子等配伍。②生首乌能通便泻下，适用于弱畜及老年患畜之便秘，常与当归、肉苁蓉、麻仁等同用。③生用还能散结解毒，用治瘰疬、疮疡、皮肤瘙痒等，常与玄参、紫花地丁、天花粉等同用。

【主要成分】含卵磷脂及蒽醌衍生物，以大黄素、大黄酚为最多，其次为大黄酸、大黄素甲醚、洋地黄蒽醌及食用大黄苷，此外，尚含淀粉及脂肪。

【药理研究】①所含卵磷脂为构成神经组织，特别是脑脊髓的主要成分，又是血细胞及其他细胞膜的重要原料，并能促进细胞的新生和发育。②大黄素、大黄酸均有促进肠管蠕动作用，故能通便；对痢疾杆菌有抑制作用。

【药性歌诀】首乌微温，养血滋阴，解毒通便，平补肝肾；

久疟风痒，精血亏损，虚秘痈瘰，脉硬眩晕。

三、助阳药

巴戟天(巴戟、巴戟肉)

为茜草科植物巴戟天的干燥根(图 2-182)。生用或盐炒用。主产于广东、广西、福建、四川等地。

【性味归经】微温，辛、甘。入肝、肾经。

【功效】补肾阳，强筋骨，祛风湿。

【主治】肾虚阳痿，腰膝疼痛，风湿痹痛，宫冷不孕，小便频数等。

【用量】马、牛 15～30 g；猪、羊 5～10 g；犬、猫 1～5 g；兔、禽 0.5～1.5 g。

图 2-182 巴戟天

【附注】巴戟天温阳助火，善治下焦虚寒，且兼有祛风除湿之功。临诊配伍应用：①本品能补肾助阳。主要用治肾虚阳痿、滑精早泄等，常与肉苁蓉、补骨脂、葫芦巴等同用，如巴戟散。②强筋壮骨。用治肾虚骨痿，运步困难，腰膝疼痛等，常与杜仲、续断、菟丝子等配伍；用治肾阳虚的风湿痹痛，可与续断、淫羊藿及祛风湿药配伍。

【主要成分】含维生素 C、糖类及树脂。

【药理研究】①其浸出物有皮质激素样作用及降低血压作用。②对枯草杆菌有抑制作用。

【药性歌诀】巴戟天温，壮阳补肾，散寒祛湿，健骨强筋；

阳痿早泄，便频不禁，痿痹骨痛，冷宫不孕。

肉苁蓉(苁蓉、大芸)

为列当科植物肉苁蓉的干燥带鳞叶的肉质茎(图 2-183)，用盐水浸渍，称咸苁蓉；再以清水漂洗，蒸熟晒干，称淡苁蓉。切片生用。主产于内蒙古、甘肃、青海、新疆等地。

【性味归经】温，甘、咸。入肾、大肠经。

【功效】补肾壮阳，润肠通便。

【主治】肾虚阳痿，滑精早泄，宫冷不孕，筋骨痿弱，腰膝疼痛，肠燥便秘等。

【用量】马、牛 15～45 g；猪、羊 5～10 g；犬 3～5 g；兔、禽 1～2 g。

图 2-183 肉苁蓉

【附注】肉苁蓉温而不燥，补而不峻，药力和缓从容，补肾壮阳之中兼有润燥益精之力。临诊配伍应用：①本品补肾阳，温而不燥，补而不峻，是性质温和的滋补强壮药。主要用于肾虚阳痿、滑精早泄及肝肾不足、筋骨痿弱、腰膝疼痛等，常与熟地、菟丝子、五味子、山茱萸等同用。②润肠通便，适用于老弱血虚及病后、产后津液不足、肠燥便秘等，常与麻仁、柏子仁、当归等配伍。

【主要成分】含 6-甲基吲哚，3-甲基-3-乙基己烷，*N*，*N*-二甲基甘氨酸甲酯和甜菜碱等。

【药理研究】①对阳虚动物的肝脾核酸含量下降和升高有调整作用；有激活肾上腺释放皮质激素的作用。②水煎剂能显著升高红细胞膜 Na^+、K^+、ATP 酶活性，这可能是其补益作用的机制之一。③对麻醉犬、猫、兔等有降压作用。

【药性歌诀】肉苁蓉温，益精补肾，润肠通便，壮阳固本；

阳痿早泄，崩带不孕，腰酸神衰，虚秘可润。

淫羊藿(仙灵脾)

为小檗科植物淫羊藿、箭叶淫羊藿、柔毛淫羊藿、巫山淫羊藿、朝鲜淫羊藿的干燥茎叶(图 2-184)。切段生用。主产于陕西、甘肃、四川、台湾、安徽、浙江、江苏、广东、广西、云南等地。

【性味归经】温，辛。入肾经。

【功效】补肾壮阳，强筋骨，祛风湿。

【主治】肾虚阳痿，宫冷不孕，风湿痹痛，筋骨无力，腰膝冷痛，尿频。

【用量】马、牛 15～30 g；猪、羊 10～15 g；犬 3～5 g；兔、禽 0.5～1.5 g。

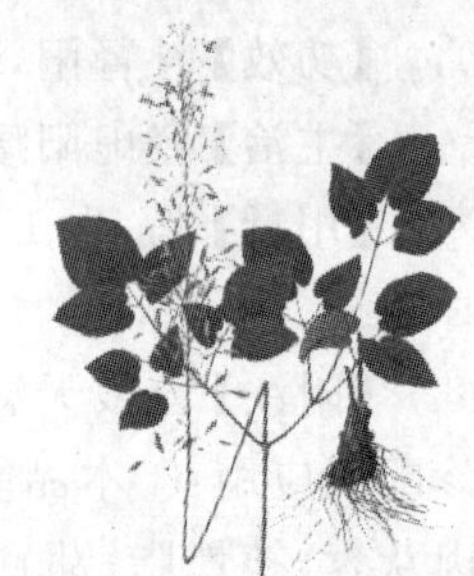

图 2-184　淫羊藿

【附注】淫羊藿性温而不热，补命门助肾阳，为催情要药。临诊配伍应用：①本品有补肾壮阳的功能，主要用于肾阳不足所致的阳痿、滑精、尿频、腰膝冷痛、肢冷恶寒等，常与仙茅、山茱萸、肉苁蓉等补肾药同用，以加强药效。②强筋骨、祛风湿，适用于风湿痹痛、四肢不利、筋骨痿弱、四肢瘫痪等，常与威灵仙、独活、肉桂、当归、川芎等配伍。

【主要成分】含淫羊藿苷、淫羊藿素、维生素 E、植物甾醇。

【药理研究】淫羊藿素具有兴奋性神经和促进精液分泌的作用。②对金黄色葡萄球菌、肺炎双球菌、结核杆菌有抑制作用。

【药性歌诀】淫羊藿温，壮阳补肾，祛风除湿，健骨强筋；

阳痿遗泄，痿痹不仁，虚性高压，咳喘痰饮。

益智仁

为姜科植物益智的干燥成熟果实(图 2-185)。主产于广东、云南、福建、广西等地。

【性味归经】温，辛。入脾、肾经。

【功效】温肾固精，缩尿，暖脾止泻，摄涎。

【主治】滑精，尿频，泄泻。

【用量】马、牛 15～45 g；猪、羊 5～10 g；犬 3～5 g；兔、禽 1～3 g。

【附注】益智仁温补脾肾，但温中散寒之力胜于暖肾，其摄涎，缩尿功效，为其他药所不及。临诊配伍应用：①本品有温补肾阳、涩精缩尿的作用，适用于肾阳不足、不能固摄所致的滑精、尿频等，常配山药、桑螵蛸、菟丝子等同用。②温脾止泻，适用于脾阳不振、运化失常引起的

图 2-185　益智仁

虚寒泄泻、腹部疼痛，常与党参、白术、干姜等配用；治脾虚不能摄涎，以致涎多自流者，常与党参、茯苓、半夏、山药、陈皮等配伍。

【主要成分】含挥发油，油中主要成分为桉油精、姜烯、姜醇等倍半萜类。

【药理研究】①本品有健胃、抗利尿、减少唾液分泌的作用。②具有抗副交感神经兴奋剂毛果芸香碱所引起的吐涎，缓解肠兴奋的作用。

【药性歌诀】益智仁温，补脾温肾，止泻缩尿，摄涎退阴；

冷痛吐泻，滑精尿频，滑泻白浊，唾涎失禁。

补骨脂

为豆科植物补骨脂的干燥成熟果实(图 2-186)，又称破故纸。生用或盐水炒用。主产于河南、安徽、山西、陕西、江西、云南、四川、广东等地。

【性味归经】大温，辛、苦。入脾、肾经。

【功效】温肾壮阳，止泻。

【主治】肾阳不足，命门火衰，阳痿不举，腰膝冷痛，跌打损伤，久泻久痢。

【用量】马、牛 15～45 g；猪、羊 5～10 g；犬 2～5 g；兔、禽 1～2 g。

图 2-186　补骨脂

【附注】补骨脂具阳热之性，温肾助阳而固下元；补火温脾止泻，为壮火益土要药。临诊配伍应用：①本品为温性较强的补阳药，能助命门之火，用于肾阳不振的阳痿、滑精、腰胯冷痛及尿频等，常与淫羊藿、菟丝子、熟地等助阳益阴药配伍。②有止泻作用，因其既能补肾阳，又能温脾阳，故常用于脾肾阳虚引起的泄泻，多与肉豆蔻、吴茱萸、五味子等同用，如四神丸。

【主要成分】含补骨脂内酯、补骨脂里定、异补骨脂内酯、补骨脂乙素。此外，尚含豆甾醇、棉子糖、脂肪油、挥发油及树脂等。

【药理研究】①补骨脂乙素具有兴奋心脏的作用。②对因化学疗法及放射疗法引起的白细胞下降，有使其升高的作用。③对霉菌有抑制作用。

【药性歌诀】补骨脂温，壮火补肾，暖脾止泻，兴阳助心；

阳痿滑精，遗溺尿频，虚喘肾泻，滑泻失禁。

杜仲(绵杜仲)

为杜仲科植物杜仲的干燥树皮(图 2-187)。切丝生用，或酒炒、盐炒用。主产于四川、贵州、云南、湖北等地。

【性味归经】温，甘、微辛。入肝、肾经。

【功效】补肝肾，强筋骨，安胎。

【主治】腰膝酸痛，筋骨乏力，肾虚阳痿，风寒湿痹，胎动不安或习惯性流产。

【用量】马、牛 15～60 g；猪、羊 5～10 g；犬 3～5 g。

图 2-187　杜仲

【附注】杜仲偏入肾经，有养肝肾，利腰膝，固冲任之功。临诊配伍应用：①本品能补肝肾，强筋健骨。主要用于腰胯无力、阳痿、尿频等肾阳虚证，常与补骨脂、菟丝子、枸杞子、熟地、山茱萸、牛膝等同用；又可配伍祛风湿药治久患风湿、麻木痹痛。②安胎。对孕畜体虚、肝肾亏损所致的胎动不安，常配续断、阿胶、白术、党参、砂仁、艾叶等同用。

【主要成分】含树脂、鞣质、杜仲胶、桃叶珊瑚苷、山柰醇、咖啡酸、绿原酸、酒石酸、还原糖及脂肪油等。

【药理研究】①有降低血压及减少胆固醇的吸收作用。炒杜仲的降压作用比生杜仲强，煎剂比酊剂强。②有利尿作用。③对大鼠、兔的离体子宫有抑制作用，并对抗垂体的收缩子宫的作用。④大剂量煎剂对正常犬有使其安静和贪睡的作用。

【药性歌诀】杜仲甘温，功补肝肾，强阳安胎，壮骨强筋；

腰膝诸痛，胎动尿频，阳虚眩晕，筋痿骨损。

续断

为川续断科植物川续断的干燥根(图 2-188)。生用、酒炒或盐炒用。主产于四川、贵州、湖北、云南等地。

【性味归经】温，苦。入肝、肾经。

【功效】补肝肾，强筋骨，续伤折，安胎。

【主治】腰膝酸软，胎动不安，骨折。

【用量】马、牛 25～60 g；猪、羊 5～15 g；兔、禽 1～2 g。

图 2-188 续断

【附注】续断补肝肾，行血脉，利关节，续筋接骨，消肿止痛，补而不滞，为伤科常用药。临诊配伍应用：①本品能补肝肾而强筋骨，又能通血脉，故常用于肝肾不足、血脉不利所致的腰胯疼痛及风湿痹痛，常与杜仲、牛膝、桑寄生等同用。②通利血脉，接骨疗伤，为伤科常用药。治跌打损伤或骨折，常配骨碎补、当归、赤芍、红花等同用。③既补肝肾又能安胎，常配阿胶、艾叶、熟地等治胎动不安。

【主要成分】含续断碱、挥发油、维生素 E 及有色物质。

【药理研究】有排脓、止血、镇痛、促进组织再生及抗维生素 E 缺乏等作用。

【药性歌诀】续断苦温，主补肝肾，通脉安胎，强骨续筋；

腰腿诸痛，跌打折损，崩漏胎动，痈疽疮渍。

菟丝子

为旋花科植物菟丝子的干燥成熟种子(图 2-189)。生用或盐水炒用。主产于东北、河南、山东、江苏、四川、贵州、江西等地。

【性味归经】微温，甘、辛。入肝、肾经。

【功效】补肝肾，益精髓。

【主治】阳痿不举，宫冷不孕，肾虚滑精。

【用量】马、牛 15～45 g；猪、羊 5～15 g。

【附注】菟丝子助阳、益精，不燥不腻，疗肝肾不足诸证，为平补精髓之剂。临诊配伍应用：①本品为补肝肾常用药，既补阳，又益阴，适用于肾虚阳痿、滑精、尿频数、子宫出血等，常与枸杞子、覆盆子、五味子等配伍；又用于肝肾不足所致的目疾等，常与熟地、枸杞子、车前子

图 2-189 菟丝子

等同用。②补肾止泻，主要用于脾肾虚弱、粪便溏泄等，常与茯苓、山药、白术等同用。

【主要成分】含胆甾醇、菜油甾醇、β-谷甾醇、豆甾醇、β-香树精及三萜酸类物质。另据报道，种子含树脂苷、糖类；全草含维生素及淀粉酶。

【药理研究】本品浸剂能抑制肠运动。

【药性歌诀】菟丝子平，补肾益精，安胎明目，止泻补中；
滑精阳痿，腰膝酸痛，目暗昏花，泄泻胎动。

骨碎补

为水龙骨科植物槲蕨的干燥根茎(图 2-190)。去毛晒干切片生用。

【性味归经】温，苦。入肝、肾经。

【功效】补肾壮骨，活血。

【主治】跌打损伤，肾虚腰痛久泻。

【用量】马、牛 15～45 g；猪、羊 5～10 g；犬 3～5 g；兔、禽 1.3～5 g。

【附注】骨碎补补肾气，消瘀血，止疼痛，为续筋接骨要药。

【主要成分】含橙皮苷、淀粉及葡萄糖等。

【药理研究】在试管内能抑制葡萄球菌生长。

【药性歌诀】骨碎补温，折伤骨节，风雪积痛，最能破血。

图 2-190　骨碎补

锁阳

为锁阳科植物锁阳的干燥肉质茎(图 2-191)。切片生用。主产于内蒙古、青海、甘肃等地。

【性味归经】温，甘。入肾、肝、大肠经。

【功效】补肾壮阳，润燥养筋，滑肠。

【主治】肝肾亏虚痿证，腰膝酸痛，筋骨痿软，滑精，小便频数，阳痿，不孕，肠燥便秘。

【用量】马、牛 25～45 g；猪、羊 5～15 g；犬 3～6 g；兔、禽 1～3 g。

【附注】锁阳入肝走肾，益精壮阳，主治肾阳不足，精血亏虚等证。临诊配伍应用：①本品有补肾阳、益精血的功效。用治肾虚阳痿、滑精等，常与肉苁蓉、菟丝子等配伍。②有润燥养筋起痿的作用。用治肝肾阴亏、筋骨痿弱、步行艰难等，多与熟地、牛膝、枸杞子、五味子等配伍。③润肠通便，并有滋养作用。用治弱畜、老年患畜及产后肠燥便秘等，可与肉苁蓉、火麻仁、柏子仁等配伍。

图 2-191　锁阳

【主要成分】主要成分为花色苷、三萜苷等。

【药性歌诀】锁阳甘温，壮阳补肾，润燥滑肠，益精养津；
阳痿梦遗，血秘伤津，阳虚肢痿，诸瘫皆饮。

葫芦巴

为豆科植物葫芦巴的干燥成熟种子(图 2-192)。蒸用或炒用。主产于安徽、河南、四川、甘肃等地。

图 2-192　葫芦巴

【性味归经】温，苦。入肾经。

【功效】温肾散寒，止痛。

【主治】寒疝腹痛，阳痿滑泄。

【用量】马、牛 15～45 g；猪、羊 5～10 g；犬 3～5 g。

【附注】葫芦巴温肾阳、逐寒湿，善除肾虚湿冷。临诊配伍应用：本品具有较强的温肾散寒及止痛作用，可用于肾阳不足、寒气凝滞所致的阳痿、寒伤腰胯等。治阳痿，常与巴戟天、淫羊藿等同用；治寒伤腰胯，多与补骨脂、杜仲等配伍。

【主要成分】含葫芦巴碱、胆碱、黏液质、脂肪油、蛋白质、卵磷质、糖类、皂苷、维生素 B_1 等。

【药性歌诀】葫芦巴温，温阳补肾，散寒逐湿，止痛强身；

冷气疝痛，囊缩睾引，寒湿脚气，冷痛要品。

蛤蚧

为壁虎科动物蛤蚧除去内脏的干燥体(图 2-193)。主产于广西、云南、广东等地。

图 2-193　蛤蚧

【性味归经】平，咸。有小毒。入肺、肾经。

【功效】补肺滋肾，定喘止咳。

【主治】肺肾虚咳，虚喘。

【用量】马、牛 1～2 对。

【附注】蛤蚧为血肉之品，主治肾不纳气之虚喘、久咳。临诊配伍应用：本品长于补肺益肾，尤能摄纳肾气，对于肾虚气喘及肺虚咳喘都可应用，常配贝母、百合、天门冬、麦冬等同用，如蛤蚧散。

【主要成分】蛤蚧的乙醇浸出物给小鼠注射后，可使其交尾期延长；去势鼠注射蛤蚧乙醇浸膏后，可使其交尾期再出现。

四、滋阴药

沙参(南沙参、北沙参)

为桔梗科植物轮叶沙参、沙参或伞形科植物珊瑚菜等的干燥根(图 2-194)。前两种习称南沙参，后者习称北沙参。切片生用。南沙参主产于安徽、江苏、四川等地，北沙参主产于山东、河北等地。

【性味归经】凉，甘。入肺、胃经。

【功效】润肺止咳，养胃生津。

【主治】肺热咳喘，热病伤津，口干舌燥等。

【用量】马、牛 30～60 g；猪、羊 10～15 g；犬、猫 2～5 g；兔、禽 1～2 g。

【附注】沙参具轻阳上浮之性，入上焦益肺气、滋肺阴而止痰咳，入中焦养胃阴、生津液而止烦渴。北沙参偏于养肺胃而益气，南沙参偏于宣肺气而化痰。临诊配伍应用：①本品能清肺热、养肺阴，并能益气祛痰，常用于肺虚久咳及热伤肺阴干咳少痰等，常与麦冬、天花粉等配伍。②养胃阴，可用于热病后或久病伤阴所致的口干舌燥、便秘、舌红脉数等，常与麦冬、玉竹等养阴生津药配用。

两种沙参作用相似，但北沙参养阴作用较强，而南沙参祛痰作用较好。

【主要成分】南沙参含沙参皂苷，具有祛痰作用。杏叶沙参含呋喃香豆精、花椒毒素。北沙参含挥发油、三萜酸、豆甾醇、β-谷甾醇、生物碱、淀粉，有祛痰解热作用。

【药性歌诀】沙参甘凉，润燥功强，养阴生津，肺胃得养；

虚嗽燥咳，咽干阴伤，口渴便干，血燥瘙痒。

图 2-194　沙参

天门冬

为百合科植物天门冬的干燥块根(图 2-195)。生用或酒蒸用。主产于华南、西南、华中及河南、山东等地。

【性味归经】寒，甘、微苦。入肺、肾经。

【主治】干咳少痰，阴虚内热，口干痰稠，肺肾阴虚，津伤口渴等。

【用量】马、牛 30～60 g；猪、羊 10～15 g；犬、猫 1～3 g；兔、禽 0.5～2 g。

【附注】天门冬清热滋阴，理肺肾二脏，主治肺肾两亏之燥咳劳嗽。临诊配伍应用：①能清肺化痰，可用于干咳少痰的肺虚热证，常与麦冬、川贝等配伍，治阴虚内热、口干痰稠者，可与沙参、百合、花粉等配伍。②滋肾阴、润燥通便，可用于肺肾阴虚、津少口渴等，常配生地、党参等同用。治温病后期肠燥便秘，可与玄参、生地、火麻仁等配伍。

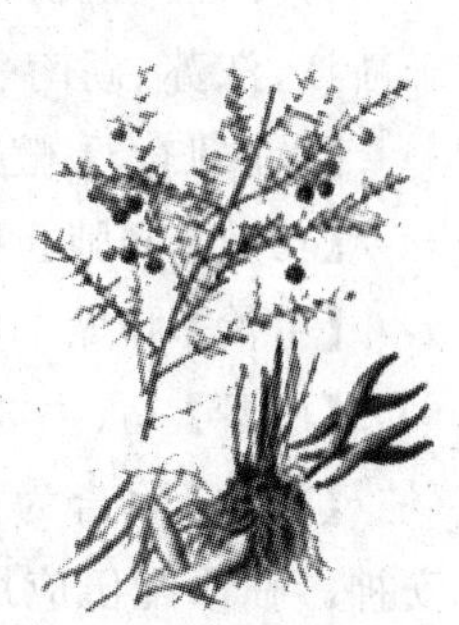

图 2-195　天门冬

【主要成分】含天冬酰胺(即天冬素)、5-甲氧基糠醛、葡萄糖、果糖、维生素 A 及少量 β-谷甾醇、黏液质等。

【药理研究】①有镇咳祛痰作用。②水煎剂对溶血性金黄色葡萄球菌、绿脓杆菌、大肠杆菌、肺炎双球菌有抑制作用。

【药性歌诀】天冬甘寒，清热化痰，润肺滋阴，润肠通便；

肺痿肺痈，虚咳痰黏，乳瘤血癌，燥秘流产。

麦冬

为百合科植物麦冬的干燥块根(图 2-196)。生用。主产于江苏、安徽、浙江、福建、四川、广西、云南、贵州等地。

【性味归经】凉，甘、微苦。入肺、胃、心经。

【功效】清心润肺，养胃生津。

【主治】肺阴不足，燥热干咳，劳热咳嗽，口渴贪饮，肠燥便秘，躁动不安等。

【用量】马、牛 20～60 g；猪、羊 10～15 g；犬 5～8 g；兔、禽 0.6～1.5 g。

【附注】麦冬甘寒多汁，入中焦清胃生津而止渴，入上焦润肺养阴

图 2-196　麦冬

而止嗽，为养阴生津良品。临诊配伍应用：①本品清热养阴，润肺止咳作用与天冬相似，适用于阴虚内热、干咳少痰等，常与天冬、生地等配用。②养胃生津，适用于阴虚内热，或热病伤津、口渴贪饮、肠燥便秘等，常与生地、玄参等配伍，如增液汤。此外，在凉血清心和养心安神的处方中，亦常加入本品。

【主要成分】含黏液质、多量葡萄糖、维生素A样物质及少量β-谷甾醇。

【药理研究】①有镇咳祛痰、强心利尿作用。②对白色葡萄球菌、大肠杆菌、伤寒杆菌等均有较强的抑制作用。

【药性歌诀】麦冬甘寒，润肺利咽，养阴益胃，清心除烦；

虚嗽燥咳，喉哑咽干，热病伤津，汗烦不眠。

百合(白百合、药百合)

为百合科植物百合、细叶百合或卷丹的干燥肉质鳞叶(图2-197)。生用或蜜炙用。主产于浙江、江苏、湖南、广东、陕西等地。

【性味归经】微寒，甘、微苦。入心、肺经。

【功效】润肺止咳，清心安神。

【主治】肺燥干咳，肺虚久咳，躁动不安，心神不宁。

【用量】马、牛30～60 g；猪、羊5～10 g；犬3～5 g。

【附注】百合为甘寒濡润之品，有清润肺燥，消痰止嗽功效，亦可宁心安神。临诊配伍应用：①本品清肺润燥而止咳，并能益肺气，适用于肺燥咳或肺热咳以及肺虚久咳等，常与麦冬、贝母等配伍，如百合固金汤。②清热，宁心安神，可用于热病后余热未清、气阴不足而致躁动不安、心神不宁等证，常与知母、生地等同用。

图2-197　百合

【主要成分】含淀粉、蛋白质、脂肪及微量秋水仙碱。

【药性歌诀】百合甘平，清心滋养，润肺调中，止血疗疮；

虚烦惊悸，神思恍惚，燥咳出血，胃痛痈疡。

石斛

为兰科植物金钗石斛的干燥茎(图2-198)。生用或熟用。主产于广西、台湾、四川、贵州、云南、广东等地。

【性味归经】微寒，甘。入肺、胃、肾经。

【功效】滋阴生津，清热养胃。

【主治】津伤烦渴，阴虚发热。

【用量】马、牛15～60 g；猪、羊5～15 g；犬、猫3～5 g；兔、禽1～2 g。

【附注】石斛气味清轻，能滋养肺胃之阴而清虚热。临诊配伍应用：石斛重在滋养肺胃之阴而清虚热，故适用于热病伤阴、津少口渴或阴虚久热不退者，常与麦冬、沙参、生地、天花粉等配伍；肺、胃有热、口渴贪饮者亦可应用。

图2-198　石斛

【主要成分】含石斛碱、石斛次碱、石斛奥克新碱、石斛胺、黏液质及淀粉等。

【药理研究】①石斛煎剂能促进胃液分泌，帮助消化；低浓度时使肠管兴奋，高浓度时则使之抑制。②用石斛碱动物试验，能引起中毒程度的血糖过多症，大剂量能抑制心脏，降低血压，抑制呼吸。

【药性歌诀】石斛甘凉，养阴滑肠，清热养胃，生津入方；

口感燥渴，热病津伤，易饥消瘦，呕而舌光。

女贞子

为木犀科植物女贞的干燥成熟果实（图 2-199）。生用或蒸用。主产于江苏、湖南、河南、湖北、四川等地。

【性味归经】平，甘、微苦。入肝、肾经。

【功效】滋阴补肾，养肝明目。

【主治】久病虚损，腰酸膝软，阴虚发热。

【用量】马、牛 15～60 g；猪、羊 6～12 g；犬 3～6 g。

【附注】女贞子益肝肾，强腰膝，明眼目，为清补之品。临诊配伍应用：本品长于益肝肾之阴，以强腰膝、明目，故常用于肝肾阴虚所致的腰胯无力、眼目不明、滑精等，常配枸杞子、菟丝子、熟地、菊花等同用；用于阴虚发热可与旱莲草、白芍、熟地等配伍。

图 2-199　女贞子

【主要成分】果皮含齐墩果酸、乙酰齐墩果酸、乌索酸、甘露醇、葡萄糖；种子含脂肪油，其中有软脂酸、硬脂酸及亚麻仁油酸等。

【药理研究】①所含的齐墩果酸有强心、利尿及保肝作用。②对于因化学疗法及放射线疗法引起的白细胞下降，有使其升高的作用。③煎剂对痢疾杆菌有抑制作用。

【药性歌诀】女贞子平，明目益精，补养肝肾，止痢退肿；

头晕目花，腰酸耳鸣，疫痢腹水，发白早生。

鳖甲

为鳖科动物鳖的背甲（图 2-200）。生用或炒后浸醋用。主产于安徽、江苏、湖北、浙江等地。

【性味归经】平，咸。入肝、肾经。

【功效】滋阴潜阳，散结消癥。

【主治】阴虚发热，癥瘕积聚。

【用量】马、牛 15～60 g；猪、羊 5～10 g；犬 3～5 g。

【附注】鳖甲为至阴之物，滋阴清热，助肾养肝，有除骨蒸、补虚损、破症瘕功效。临诊配伍应用：①本品生用能滋阴潜阳、退虚热。适用于阴虚发热、盗汗等，常与龟板、地骨皮、青蒿、地黄等同用。②软坚散结，通血脉而消症瘕，适用于症瘕积聚作痛，常配三棱、莪术、木香、桃仁、红花、青皮、香附等。

图 2-200　鳖甲

【主要成分】含动物胶、角蛋白、碘、维生素 D 等。

【药理研究】能抑制结缔组织增生，有软肝脾的作用，故对肝硬化，脾肿大有治疗作用，并有提高血浆蛋白的作用。

【药性歌诀】鳖甲味咸其性平，平肝软坚滋阴性；

骨蒸风动疟母瘕，经闭经漏惊痫病。

枸杞子(贡果)

为茄科植物宁夏枸杞的干燥成熟果实(图 2-201)。生用。主产于宁夏、甘肃、河北、青海等地。

【性味归经】平，甘。入肝、肾经。

【功效】养阴补血，益精明目。

【主治】肝肾亏损，阳痿遗精，腰胯无力，不孕，视物不清等。

【用量】马、牛 30～60 g；猪、羊 10～15 g；犬 5～8 g。

【附注】枸杞子滋肾养肝，益精明目，为平补滋养之品。其根皮为地骨皮，退虚热最优。临诊配伍应用：①本品为滋阴补血的常用药，对于肝肾亏虚、精血不足、腰胯乏力等，常配菟丝子、熟地、山萸肉、山药等同用。②益精明目，用于肝肾不足所致的视力减退、眼目昏暗、瞳孔散大等，常与菊花、熟地、山萸肉等配伍，如杞菊地黄丸。

图 2-201 枸杞子

【主要成分】含甜菜碱、胡萝卜素、硫胺素、核黄素、烟酸、抗坏血酸、钙、磷、铁等。

【药理研究】①有降低血糖的作用。②有促进肝细胞新生的作用。③有降低胆固醇作用。

【药性歌诀】枸杞甘平，补血生津，滋肾养肝，阴阳两尖；

滑精阳痿，目眩不明，消渴劳嗽，腰酸耳鸣。

黄精

为百合科植物黄精、多花黄精或滇黄精的干燥根茎(图 2-202)。生用或熟用。主产于广西、四川、贵州、云南、河南、河北、内蒙古等地。

【性味归经】平，甘。入脾、肺经。

【功效】养阴生津，补脾润肺。

【主治】脾胃虚弱，肺虚燥咳，精血不足。

【用量】马、牛 20～60 g；猪、羊 5～15 g；兔、禽 1～3 g。

【附注】黄精味甘如饴性平质润，滋补脾肺，益气增液，尤以补养脾阴不足见长，诸虚劳损用之均良。临诊配伍应用：本品主要为滋补脾肺、益气增液之品，适用于脾胃虚弱，肺虚燥咳及病后体虚、精血不足等。用治脾胃虚弱、食少便溏、体倦无力，常与党参、山药等合用；对肺虚燥咳，常与沙参、麦冬、天门冬等配伍；对久病体虚、精血不足，多与熟地、枸杞子等同用。

图 2-202 黄精

【主要成分】含烟酸、黏液质、淀粉及糖分等。

【药理研究】①有降低血糖及降压作用。②对痢疾杆菌、伤寒杆菌、金黄色葡萄球菌、多种皮肤真菌有抑制作用。

【药性歌诀】黄精甘平，益气补中，滋阴润肺，抗痨杀虫；

病后虚羸，食少舌红，痨嗽消渴，燥咳癖病。

玉竹

为百合科植物玉竹的干燥根茎(图 2-203)。生用。主产于华东、华北、东北及西南等地。

【性味归经】平，甘。入肺、胃经。

【功效】滋阴润肺，养胃生津。

【主治】口渴贪饮，肺燥干咳。

【用量】马、牛 30～60 g；猪、羊 10～15 g；兔、禽 0.5～2 g。

【附注】玉竹除烦闷，止渴，润心肺，补五劳七伤，虚损。临诊配伍应用：玉竹长于养阴，补而不腻，有润肺养胃，清热生津功效，适用于肺胃燥热、阴液不足所致的口渴贪饮、肺燥干咳等，常配天门冬、麦冬、沙参等同用。

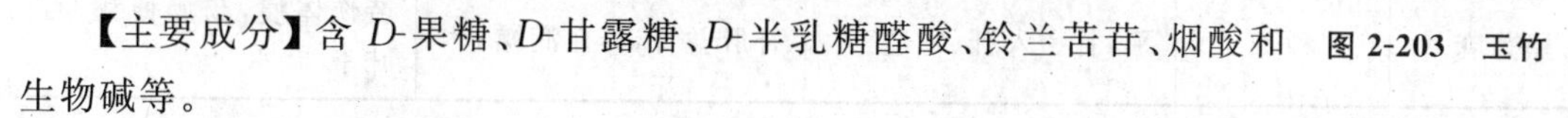

【主要成分】含 *D*-果糖、*D*-甘露糖、*D*-半乳糖醛酸、铃兰苦苷、烟酸和生物碱等。

图 2-203 玉竹

【药理研究】①离体蛙心实验，小量有强心作用，但大剂量则能引起心跳减弱，甚至停止，并有降低血糖的作用。②能轻度增强离体子宫的活动。

【药性歌诀】玉竹甘平善养阴，除烦止渴能生津；

咳嗽咽干虚劳热，胃燥目暗眼痛淋。

山茱萸

为山茱萸科植物山茱萸的干燥成熟果肉(图 2-204)。生用或熟用。主产于山西、陕西、山东、安徽、河南、四川、贵州等地。

【性味归经】微温，酸、涩。入肝、肾经。

【功效】补益肝肾，涩精敛汗。

【主治】腰膝酸软，阳痿不举，滑精，体虚欲脱。

【用量】马、牛 30～60 g；猪、羊 10～15 g；犬、猫 3～6 g；兔、禽 1.3～5 g。

图 2-204 山茱萸

【附注】山茱萸补益肝肾，滋养精血而壮元阳；且具收敛之性，秘藏精气而固摄下元，适用于肝肾不足，精气失藏病症。临诊配伍应用：①本品有滋补肝肾、固肾涩精的作用，适用于肝肾不足所致的腰胯无力、滑精早泄等，常与菟丝子、熟地、杜仲等配伍。②固脱敛汗，适用于大汗亡阳欲脱证，可与党参、附子、牡蛎等同用；与地黄、牡丹皮、知母等配伍，可治阴虚盗汗之证。

【主要成分】含山茱萸苷、番木鳖苷、皂苷、鞣质、维生素 A 样物质、没食子酸、酒石酸、苹果酸等。

【药理研究】①有利尿降压作用。②对因化学疗法及放射线疗法引起的白细胞下降，有使其升高作用。③对痢疾杆菌、金黄色葡萄球菌有抑制作用。

【药性歌诀】山萸肉温，补肝壮肾，收敛固脱，涩精助神；

腰膝酸软，阳痿尿频，自盗大汗，虚脱眩晕。

其他补虚药见表 2-26，补虚药功能比较见表 2-27。

表 2-26　其他补虚药

药名	药用部位	性味归经	功效	主治
狗脊	根茎	温，甘、苦。入肝、肾经	补肝肾，强腰膝，祛风湿	寒伤腰胯，四肢风湿等
龙眼肉	果实	温，甘。入心、脾经	补心脾、益肺肾	心气虚、心血虚
沙苑蒺藜	种子	温，甘。入肝、肾经	补益肝肾，固精、缩尿，明目	肾虚腰肢无力，滑精，尿频，目暗不清
冬虫夏草	子座及寄主	平，甘。入肺、肾经	补肺阴，益肾阳	久咳虚喘，肾虚腰胯无力
胡桃仁	核仁	温，甘。入肺、肝、肾经	补肾，温肺润肠	肾虚腰胯痛，肺虚久咳，肠燥便秘
饴糖	糖类食品	温，甘。入脾、胃、肺经	补脾益气，缓急止痛，润肺止咳	乏力伤脾，草料减少，虚寒腹痛，肺虚咳嗽
黑芝麻	种子	平，甘。入肝、肾经	补肝益肾，养血润燥	劳伤体瘦，肠燥便秘，百叶干

表 2-27　补虚药功能比较

类别	药 物	相同点	不同点
补气药	人参 党参 黄芪 白术 山药	补脾益气	人参补气之力最大，独能大补元气；党参补气之力小于人参，多用于补脾益气；黄芪补中益气，善于固表升阳，并有利水消肿，托疮排脓等功效；白术苦温，主补脾阳，兼能燥湿；山药甘平，主补脾阴，并能益肺滋肾
	大枣 甘草	补气和中，调和药性	大枣与生姜同用，善于调和营卫；甘草炙用补脾益气，生用能清热解毒，治肺热、咽痛、咳嗽及疮疡肿毒。
补血药	当归 熟地 阿胶 何首乌 白芍	补血	当归味辛苦而气香，性善走散，长于活血止痛，但阴虚者不能用；熟地滋阴之力较大，而性滋腻；阿胶滋肺润燥，又善止血；何首乌长于养血，滋阴之力不及熟地、阿胶，但滋而不腻，温而不燥，并有涩精作用；白芍并能平肝止痛，调和营卫
助阳药	巴戟天 肉苁蓉 淫羊藿 锁阳 葫芦巴 补骨脂 益智仁 蛤蚧 菟丝子	温肾壮阳	巴戟天兼治风湿痹痛；肉苁蓉、锁阳又有润肠通便的作用；淫羊藿温性较大，能去寒湿，而治寒湿痹痛；补骨脂兼治冷泻；葫芦巴以治虚冷见长；益智仁长于治尿频兼能温脾止泻；蛤蚧善于纳气平喘，多用于虚劳喘咳；菟丝子补肾助阳之力较大，长于缩尿，并能安胎，又能明目
	杜仲 续断 骨碎补	补肝肾，强筋骨，安胎	杜仲补肾强腰之力较优，又长于降血压；续断、骨碎补长于利关节，续筋骨，是跌打损伤的常用药

续表 2-27

类别	药 物	相同点	不同点
滋阴药	沙参 玉竹 天门冬 麦冬 石斛 百合	养阴清热，润肺止咳	沙参补养生津之力较大，北沙参养阴润肺较佳，南沙参长于清肺祛痰；玉竹润燥之力不及沙参；天冬长于润肺燥，滋肾阴，故肺肾阴虚多用天冬；麦冬长于养胃生津兼清心火，故热病伤津常用麦冬；石斛性善清养，清虚热之功较胜；百合还可清心安神
	女贞子 枸杞子 山茱萸 黄精 鳖甲	滋养肝肾	枸杞子长于益精明目，治肝虚视物不清的眼病；女贞子以补而不腻见长；山茱萸并有敛汗固脱之功；黄精长于益精，并能润肺；鳖甲清虚热之力较大，并能软坚散结，治症瘕积聚见长

【阅读资料】

表 2-28 常见的补虚方

任务十七 收涩药

凡具有收敛固涩作用，能治疗各种滑脱证的药物，称为收涩药。

滑脱病证，主要表现为子宫脱出、滑精、自汗、盗汗、久泻、久痢、二便失禁、脱肛、久咳虚喘等。由于脱证的表现各异，故本类药物又分为涩肠止泻和敛汗涩精两类。

(1)涩肠止泻药　具有涩肠止泻的作用，适用于脾肾虚寒所致的久泻久痢、二便失禁、脱肛或子宫脱等。

(2)敛汗涩精药　具有固肾涩精或缩尿的作用，适用于肾虚气弱所致的自汗、盗汗、阳痿、滑精、尿频等，在应用上常与补肾药、补气药同用。

现代药理研究证明：收涩药分别具有止汗、镇咳、促进胃液分泌、帮助消化或抑制胃液分泌、收敛或保护胃肠黏膜、抑制肠的蠕动等作用；还具有止血、强心、抗过敏、抗菌等作用。这些作用对于多种滑脱证具有改善症状的作用。

使用收涩药应注意，凡表邪未解或内有实邪者，应当慎用或忌用；相火过旺的滑精和湿热未清的久泻，也应忌用。

一、涩肠止泻药

乌梅(乌梅肉、酸梅)

为蔷薇科植物梅的干燥成熟果实的加工熏制品(图 2-205)。打碎生用。主产于浙江、福建、广东、湖南、四川等地。

【性味归经】平,酸、涩。入肝、脾、肺、大肠经。

【功效】敛肺涩肠,生津止渴,驱虫。

【主治】肺虚久咳,久泻久痢,口渴贪饮,蛔虫等。

【用量】马、牛 15～30 g;猪、羊 6～10 g;犬、猫 2～5 g;兔、禽 0.6～1.5 g。

图 2-205 乌梅

【附注】乌梅酸涩,涩肠敛肺,益胃生津,安蛔,凡久泻、久咳、虚热口渴,均可应用。临诊配伍应用:①本品能敛肺止咳,主要用治肺虚久咳,常与款冬花、半夏、杏仁等配伍。②涩肠止泻,用治久泻久痢,常与诃子、黄连等同用,如乌梅散;亦可与党参、白术等配伍应用。③生津止渴,用于虚热所致的口渴贪饮,常与天花粉、麦冬、葛根等同用。④本品味酸,蛔虫得酸则静,故有安蛔作用,适用于蛔虫引起的腹痛、呕吐等,常与干姜、细辛、黄柏等配伍。

【主要成分】含苹果酸、枸橼酸、酒石酸、琥珀酸、蜡醇、β-谷甾醇、三萜成分等。

【药理研究】①对离体肠管有抑制作用。②对豚鼠的蛋白质过敏及组织胺休克有对抗作用。③对大肠杆菌、痢疾杆菌、伤寒杆菌、霍乱弧菌、绿脓杆菌、结核杆菌及多种球菌、真菌有抑制作用。

【药性歌诀】乌梅酸平,敛肺涩肠,生津安蛔,止血蚀疮;
久咳消渴,虫痛疟瘴,泻痢便血,胬肉外疡。

诃子(柯子)

为使君子科植物诃子或绒毛诃子的干燥成熟果实(图 2-206)。煨用或生用。主产于广东、广西、云南等地。

【性味归经】温,苦、酸、涩。入肺、大肠经。

【功效】涩肠止泻,敛肺止咳。

【主治】久泻久痢,肺虚肺热所致咳喘等证。

【用量】牛、马 30～60 g;猪、羊 6～10 g;犬、猫 1～3 g;兔、禽 0.5～1.5 g。

图 2-206 诃子

【附注】诃子苦降酸收,生用入肺经,敛肺止咳喘;煨用入大肠,涩肠而止泻痢。临诊配伍应用:①本品涩肠止泻,适用于久泻久痢。对痢疾而偏热者,常与黄连、木香、甘草等同用;若泻痢日久,气阴两伤,须与党参、白术、山药等配伍。②敛肺利咽,适用于肺虚咳喘,常与党参、麦冬、五味子等同用;用于肺热咳嗽,可配瓜蒌、百部、贝母、玄参、桔梗等。

【主要成分】含鞣质,主要为诃子酸、没食子酸、黄酸、诃黎勒酸、含鞣云实素、鞣花酸等。

【药理研究】①醇提取物口服或灌肠，治疗痢疾均有较满意的效果。②对肺炎双球菌、痢疾杆菌有较强的抑制作用，对伤寒杆菌也有抑制作用。

【药性歌诀】诃子涩温，涩肠调中，解毒敛肺，利咽开声；

久泻久痢，久咳病症，肺炎白喉，胎动带崩。

肉豆蔻(肉蔻、肉叩)

为肉豆蔻科植物肉豆蔻的干燥种仁(图2-207)。又称肉果。煨用。主产于印度尼西亚、西印度洋群岛和马来半岛等地。我国广东有栽培。

【性味归经】温，辛。入脾、胃、大肠经。

【功效】收敛止泻，温中行气。

【主治】久泻不止，肚腹胀痛，食欲不振。

【用量】马、牛15～30 g；猪、羊5～10 g；犬3～5 g。

【附注】肉豆蔻暖胃消食，行气宽中，固肠止泻，凡久泻久痢、肚腹胀痛、胃寒草少等证，均可应用。临诊配伍应用：①本品善温脾胃，长于涩肠止泻，适用于久泻不止或脾肾虚寒引起的久泻。常与补骨脂、吴茱萸、五味子等同用，如四神丸。②温中行气，适用于脾胃虚寒引起的肚腹胀痛和食欲不振，常与木香、半夏、白术、干姜等配伍。

图2-207 肉豆蔻

【主要成分】含挥发油(豆蔻油)、脂肪油(蔻酸甘油酯、油酸甘油酯)。

【药理研究】生肉豆蔻有滑肠作用，经煨去油后则有涩肠止泻作用；少量服用，可增加胃液分泌，增进食欲、促进消化，并有轻微制酵作用。

【药性歌诀】肉叩辛温，温中行气，收敛止泻，生则滑利；

冷痢虚泄，五更最宜，寒呕腹胀，小量入剂。

石榴皮

为石榴科植物石榴的干燥果皮(图2-208)。切碎生用。我国南方各地均有。

【性味归经】温，酸、涩。入大肠经。

【功效】收敛止泻，杀虫。

【主治】久泻久痢，虫积。

【用量】马、牛15～30 g；猪、羊3～15 g；犬、猫1～5 g；兔、禽1～2 g。

【附注】石榴皮涩肠，止血，安蛔。凡久泻久痢、便血及蛔虫证均可应用。临诊配伍应用：①本品收敛之性较强，适于虚寒所致的久泻久痢，常与诃子、肉豆蔻、干姜、黄连等同用。②还可用于驱杀蛔虫、蛲虫，可单用或与使君子、槟榔等配伍。

图2-208 石榴皮

【主要成分】含鞣质及微量生物碱。

【药理研究】对痢疾杆菌、绿脓杆菌、伤寒杆菌、结核杆菌及各种皮肤真菌有抑制作用。

【药性歌诀】石榴皮温，涩肠止泻，收敛杀虫，固崩止血；

久泻久痢，脱肛效切，蛔绦蛲虫，崩带银屑。

五倍子

为漆树科植物盐肤木、青麸杨或红麸杨叶上的虫瘿，主要由五倍子蚜寄生而形成（图 2-209）。研末用。主产于四川、贵州、广东、广西、河北、安徽、浙江及西北各地。

【性味归经】寒，酸、涩。入肺、肾、大肠经。

【功效】涩肠止泻，止咳，止血，杀虫解毒。

【主治】久泻久痢，肺虚久咳，虚汗，出血等

【用量】马、牛 10～35 g；猪、羊 3～10 g；犬、猫 0.5～2 g；兔、禽 0.2～0.6 g。

图 2-209　五倍子

【附注】五倍子酸涩，敛肺涩肠，敛汗生津，止血解毒，凡久咳、久泻、虚汗、外伤出血、疮疡等证均可应用。临诊配伍应用：①本品涩肠止泻，用治久泻久痢、便血日久，可与诃子、五味子等同用。②敛肺止咳，对肺虚久咳，常与党参、五味子、紫菀等配伍。③杀虫止痒，兼有消疮解毒作用，适用于疮癣肿毒，皮肤湿烂等，可研末外敷或煎汤外洗。

【主要成分】含五倍子鞣质、没食子酸、脂肪、树脂、蜡质、淀粉等。

【药理研究】①具有鞣质的药理作用，能使皮肤、黏膜溃疡等局部组织蛋白凝固，而呈现收敛止血作用。②因能沉淀生物碱，故有解生物碱中毒作用。③煎剂对金黄色葡萄球菌、肺炎双球菌、绿脓杆菌、猪霍乱杆菌、痢疾杆菌、大肠杆菌均有抑制作用。

【药性歌诀】五倍子寒，涩肠止泻，敛肺降火，敛汗止血；

便咳血伤，血盗汗却，久咳泻痢，痈疮瘢结。

罂粟壳

为罂粟科植物罂粟的干燥成熟果壳（图 2-210）。晒干醋炒或蜜炙用。主产于云南省。

【性味归经】平，涩。有毒。入肺、肾、大肠经。

【功效】涩肠敛肺，止痛。

【主治】久咳，久泻久痢。

【用量】马、牛 30～60 g；猪、羊 5～15 g；犬 3～5 g。

图 2-210　罂粟壳

【附注】罂粟壳以收敛固气为专长，凡久咳、久痢、滑精均可应用，且有良好止痛功效。临诊配伍应用：①收敛肺气之力较强，适用于肺气不收，久咳不止，常与乌梅配伍应用。②涩肠止泻，常用于久泻、久痢兼腹痛者，可单用或配伍木香、黄连。

【主要成分】含罂粟酸、吗啡、可待因、那可丁、罂粟碱、酒石酸、枸橼酸及蜡质等。

【药理研究】①能减少呼吸的频率和咳嗽反射的兴奋性，具有镇咳作用。②能抑制中枢神经系统对疼痛的感受性。③有松弛胃肠平滑肌的作用，使肠蠕动减少而止泻。④有缓解气管平滑肌痉挛的作用，从而达到止支气管喘息之效。⑤用量大时可引起中枢性的呕吐、缩瞳、抽搐等作用。

【药性歌诀】粟壳涩平，涩脱定痛，敛肺止咳，有毒慎用；

久泻久痢，久咳堪切，腹痛脱肛，便血滑精。

二、敛汗涩精药

五味子(五味、北五味子)

为木兰科植物五味子和南五味子的干燥成熟果实(图 2-211)。生用或经醋、蜜等拌蒸晒干。前者习称北五味子,为传统使用的正品,主产于东北、内蒙古、河北、山西等地;南五味子主要产于西南及长江以南地区。

图 2-211　五味子

【性味归经】温,酸。入肺、心、肾经。

【功效】敛肺,滋肾,敛汗涩精,止泻。

【主治】肺虚或肾不纳气所致的久咳虚喘,津少口渴,体虚多汗,脾肾阳虚泄泻,滑精及尿频数等。

【用量】马、牛 15～30 g;猪、羊 3～10 g;犬、猫 1～2 g;兔、禽 0.5～1.5 g。

【附注】五味子五味俱备,唯酸独胜,上敛肺气,下滋肾水,内益气生津,外收敛止汗,酸敛中尚可滋补,为治疗久咳、虚汗、口渴、久泻、滑精等证的良药。临诊配伍应用:①本品上敛肺气,下滋肾阴,用治肺虚或肾虚不能纳气所致的久咳虚喘,常与党参、麦冬、熟地、山萸肉等同用。②生津止渴、敛汗。用治津少口渴,常与麦冬、生地、天花粉等同用;治体虚多汗,常与党参、麦冬、浮小麦等配伍。③益肾固精,涩肠止泻。用治脾肾阳虚泄泻,常与补骨脂、吴茱萸、肉豆蔻等同用,如四神丸;治滑精及尿频数等,可与桑螵蛸、菟丝子同用。

【主要成分】含挥发油(内含五味子素)、苹果酸、枸橼酸、酒石酸、维生素 C、鞣质及大量糖分、树脂等。

【药理研究】①能增加中枢神经系统的兴奋,调节心血管系统而改善血液循环。②能兴奋子宫、使子宫节律性收缩加强,故可用于催产。③能降低血压。④能调节胃液及促进胆汁分泌。⑤煎剂对人型结核杆菌有完全抑制作用,对福氏痢疾杆菌、伤寒杆菌、金黄色葡萄球菌有较强的抑制作用。

【药性歌诀】五味酸温,益气生津,收敛固涩,补肾养心;
肺虚咳喘,虚汗衰神,遗精久泻,病伤气阴。

牡蛎(牡蛤、蛎蛤)

为牡蛎科动物长牡蛎、近江牡蛎或大连湾牡蛎的贝壳(图 2-212)。生用或煅用。主产于沿海地区。

【性味归经】微寒,咸、涩。入肝、肾经。

【功效】平肝潜阳,软坚散结,敛汗涩精。

【主治】阴虚阳亢引起的躁动不安等证,自汗,盗汗,滑精等。

【用量】马、牛 30～90 g;猪、羊 10～30 g;犬 5～10 g;兔、禽 1～3 g。

【附注】牡蛎质重性寒,滋阴潜阳,敛汗固脱,软坚散结,常用于虚热、虚汗、滑精、泄泻、瘰疬等证。临诊配伍应用:①本品能平肝潜阳,适用于阴虚阳亢引起的躁动不安等证,常与龟板、白芍等配伍。②软坚散结,用以消散瘰疬,常与玄参、贝母等同用。③煅用长于敛汗涩精,可用于自汗、盗汗、滑精等。用治自汗、盗汗,常与浮小麦、麻黄根、黄芪等配伍,如牡蛎散;治滑精,常与金樱子、芡实等配伍。

图 2-212　牡蛎

【主要成分】含碳酸钙、磷酸钙及硫酸钙,并含铝、镁、硅及氧化铁等。

【药理研究】酸性提取物在活体中对脊髓类病毒有抑制作用,使感染鼠的死亡率降低。

【药性歌诀】牡蛎咸寒,固涩收敛,平肝潜阳,散结软坚;

滑泄遗精,带崩虚寒,阳亢肝风,瘰疬玩痰。

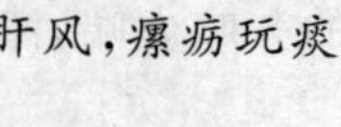

浮小麦

为禾本科植物小麦干燥瘪瘦果实(图 2-213)。生用或炒用。各地均产。

【性味归经】凉,甘。入心经。

【功效】止汗。

【主治】虚汗。

【用量】马、牛 60～90 g;猪、羊 15～30 g;犬 5～8 g。

图 2-213　浮小麦

【附注】浮小麦味甘性凉,益气止汗,药力平和,可用于虚汗。临诊配伍应用:主要用于治疗自汗、虚汗,常与牡蛎等同用。用治产后虚汗不止,可与麻黄根、牡蛎、黄芪等配伍。

【主要成分】主要成分含多量淀粉及维生素 B 等。

【药性歌诀】浮小麦甘,凉止虚汗,养心安神,益气除烦;

自盗汗出,脏燥可安,骨蒸劳热,皮膝热蠲。

金樱子

为蔷薇科植物金樱子的干燥成熟果实(图 2-214)。擦去刺,剥去核,洗净晒干,备用。

【性味归经】平,酸,涩。入肾、膀胱、大肠经。

【功效】固肾涩精,涩肠止泻。

【主治】滑精,脾虚久泄,脱肛,子宫脱。

【附注】金樱子以固涩下焦为长,可用于滑精、尿频、泄泻、子宫脱垂等证。临诊配伍应用:①本品有固精缩尿作用,适用于肾虚引起的滑精、尿频等,常与芡实、莲子、菟丝子、补骨脂等配伍。②涩肠止泻,可用于脾虚泄泻,常与党参、白术、山药、茯苓等同用。

图 2-214　金樱子

【用量】马、牛 20～45 g;猪、羊 10～15 g。

【主要成分】含苹果酸、枸橼酸、糖分、鞣质、树脂、维生素 C、皂苷等。

【药理研究】①口服能促进胃液分泌，帮助消化，并能使肠黏膜收缩，分泌减少而止泻。②煎剂对金黄色葡萄球菌、大肠杆菌、绿脓杆菌、痢疾杆菌、钩端螺旋体及多型流感病毒，均有抑制作用。③水煎剂、酒精煎剂对破伤风杆菌有抑制作用。

【药性歌诀】金樱子平，缩尿固精，涩肠止泻，解毒健中；

滑精遗尿，久泻痢崩，宫肛脱垂，带下食停。

桑螵蛸

为螳螂科昆虫大刀螂、小刀螂或巨斧螳螂的干燥卵鞘（图 2-215）。分别习称团螵蛸、长螵蛸和黑螵蛸。生用或炙用。主产于各地桑蚕区。

【性味归经】平，甘、咸、涩。入肝、肾经。

【功效】益肾助阳，固精缩尿。

【主治】阳痿，滑精，尿频。

【附注】桑螵蛸既能收敛固精，又能补肾助阳，为益肾、固精、缩尿之良药。临诊配伍应用：①本品能补肾固精及缩尿，主要用于肾气不固所致的滑精早泄及尿频数等，常配益智仁、菟丝子、黄芪等同用。②有助阳之效，用治阳痿，常与巴戟天、肉苁蓉、枸杞子等配伍。

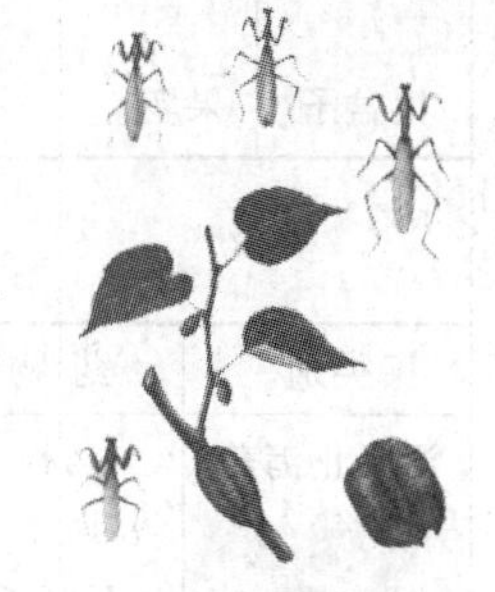

图 2-215　桑螵蛸

【用量】马、牛 15～30 g；猪、羊 5～15 g；兔、禽 0.5～1 g。

【主要成分】含蛋白质、脂肪、粗纤维、铁、钙及胡萝卜素样的色素。

【药性歌诀】桑螵蛸平，缩尿固精，补肾助阳，敛汗炙用；

遗尿便频，滑精无梦，阳痿为佐，带浊虚症。

芡实

为睡莲科植物芡的干燥成熟种仁（图 2-216）。生用或炒用。主产于湖南、江苏、广东、福建等地。

【性味归经】平，甘、涩。入脾、肾二经。

【功效】固肾涩精，健脾止泻。

【主治】滑精，尿频，脾虚泄泻。

【附注】芡实既能补脾祛湿，又能益肾涩精，可用于久泻、滑精、尿频等证。临诊配伍应用：①固肾涩精，适用于肾虚、精关不固所致的滑精早泄及尿频数等，常与菟丝子、桑螵蛸、金樱子等同用。②健脾止泻，适用于脾虚久泻不止，常与党参、白术、茯苓等配伍。

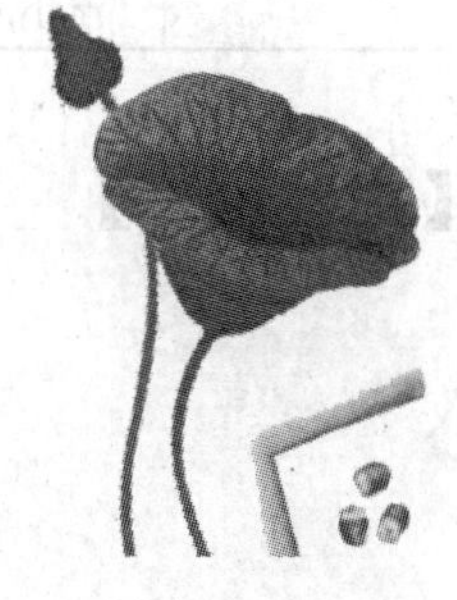

图 2-216　芡实

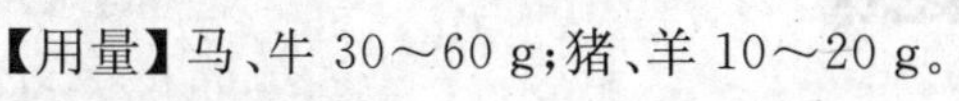

【用量】马、牛 30～60 g；猪、羊 10～20 g。

【主要成分】含蛋白质、脂肪、碳水化合物、钙、磷、铁、维生素 B_2 及维生素 C 等。

【药性歌诀】芡实涩平，固肾涩精，健脾止泻，祛湿有功；

遗精夜尿，腰膝酸痛，泄泻久痢，带浊堪清。

其他收涩药见表 2-29，收涩药功能比较见表 2-30。

表 2-29 其他收涩药

药名	药用部位	性味归经	功效	主治
赤石脂	黏土矿物	温，甘、涩。入大肠、胃经	涩肠止泻，收敛止血，敛疮生肌	久泻久痢，便血，疮疡久溃
莲子	果实	平，甘、涩。入脾、肾、心经	补脾止泻，益肾固精，养心安神	脾虚泄泻，肾虚滑精
海螵蛸	骨状内壳	微温，咸、涩。入肝、肾经	固精止带，收敛止血，收湿敛疮	肾虚遗精，吐血，便血，外伤出血，湿疹等
禹余粮	褐铁矿的矿石	微寒，甘、涩。入胃、大肠经	涩肠止泻，收敛止血	脾肾阳虚所致的泄泻，便血等证
覆盆子	果实	温，甘、酸。入肾、膀胱	益精，固肾，缩尿	阳痿，滑精，尿频

表 2-30 收涩药功能比较

类别	药 物	相同点	不同点
涩肠止泻药	乌梅 诃子 五倍子 罂粟壳	涩肠止泻	乌梅并能生津止渴，驱蛔止痛；诃子生用清肺，治咽喉疼痛，煨用止泻；五倍子外用治疮癣肿毒，皮肤湿烂；罂粟壳善治久咳久泻，并有止痛之功
	肉豆蔻 石榴皮	涩肠止泻	肉豆蔻并能温中以治脾胃虚寒腹痛、呕吐；石榴皮还能驱杀蛔虫
敛汗涩精药	五味子 牡蛎	固肾、涩精、敛汗	五味子还能生津安神、敛肺止咳；牡蛎能平肝潜阳，软坚散结
	金樱子 桑螵蛸 芡实 浮小麦	涩精，缩尿	金樱子酸涩，收敛之力较大；桑螵蛸又可助阳；芡实兼能健脾止泻；浮小麦功专收敛止汗，并能养心安神

【阅读资料】

表 2-31 常见的收涩方

任务十八 平肝药

凡能清肝热、息肝风的药物，称为平肝药。

肝藏血，主筋，外应于目。故当肝受风热外邪侵袭时，表现目赤肿痛，羞明流泪，甚至云翳遮睛等症状；当肝风内动时，可引起四肢抽搐，角弓反张，甚至猝然倒地。根据本类药物疗效，可分为平肝明目和平肝息风两类。

(1)平肝明目药　具有清肝火，退目翳的功效，适用于肝火亢盛、目赤肿痛、睛生翳膜等证。

(2)平肝息风药　具有潜降肝阳，止息肝风的作用，适用于肝阳上亢、肝风内动，惊痫癫狂、痉挛抽搐等证。

一、平肝明目药

石决明

为鲍科动物杂色鲍或皱纹盘鲍的贝壳(图 2-217)。打碎生用或煅后碾碎用。主产于广东、山东、辽宁等地。

【性味归经】平，咸。入肝经。

【功效】平肝潜阳，清肝明目。

【主治】目赤肿痛，畏光流泪，睛生翳障等。

【用量】马、牛 30～60 g；猪、羊 15～25 g；犬、猫 3～5 g；兔、禽 1～2 g。

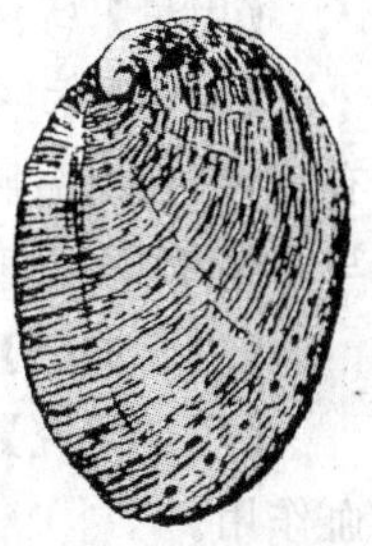

【附注】石决明味咸质重，功专明目、去翳障、益肝阴，为平肝明目之要药。临诊配伍应用：①本品善于平肝潜阳，适用于肝肾阴虚、肝阳上亢所致的目赤肿痛，常与生地、白芍、菊花等配用。②为平肝明目的要药，适用于肝热实证所致的目赤肿痛、羞明流泪等，常与夏枯草、菊花、钩藤等同用；治目赤翳障，多与密蒙花、夜明砂、蝉蜕等同用。

图 2-217　石决明

【主要成分】含碳酸钙、胆素、壳角质等。

【药理研究】为拟交感神经药，可治视力障碍及眼内障，为眼科明目退翳的常用药。

【药性歌诀】石决明凉，平肝潜阳，清肺除蒸，明目除障；

骨蒸劳热，眩晕阳亢，风热目赤，内障清盲。

决明子

为豆科植物决明或小决明的干燥成熟种子(图 2-218)。生用或炒用。主产于安徽、广西、四川、浙江、广东等地。

【性味归经】微寒，甘、苦。入肝、大肠经。

【功效】清肝明目，润肠通便。

【主治】目赤肿痛，畏光流泪，粪便燥结。

【用量】马、牛 20～60 g；猪、羊 10～15 g；犬 5～8 g；兔、禽 1.3～5 g。

【附注】决明子善泄肝经实火，兼益肾阴，又能润肠通便，为明目通便良品。临诊配伍应用：①本品有清肝明目作用，对肝热或风热引起的目赤肿痛、羞明流泪，可单用煎服或与龙胆、夏枯草、菊花、黄芩等配伍。②润肠通便，用于粪便燥结，可单用或与蜂蜜配伍。

图 2-218　决明子

【主要成分】含大黄素、芦荟大黄素、大黄酚、大黄酸、大黄酚蒽酮、决明子内酯、红夫刹林、甜菜碱、维生素A样物质、蛋白质、脂肪油等成分。

【药理研究】①有泻下作用。②有降压作用。③含有多糖类物质，具有收缩子宫或催产作用。④其醇浸出液对葡萄球菌、伤寒杆菌、副伤寒杆菌、大肠杆菌及多种致病性皮肤真菌均有抑制作用。

【药性歌诀】决明子凉，益肾平肝，清肝明目，利水通便；
青盲雀目，风热赤眼，阳亢便秘，腹水肝炎。

木贼

为木贼科植物木贼的干燥地上部分(图 2-219)，又称锉草。切碎生用。主产于山西、吉林、内蒙古及长江流域各地。

【性味归经】平，甘、苦。入肝、肺经。

【功效】疏风热，退翳膜。

【主治】目赤肿痛，翳膜遮睛。

【用量】马、牛 20～60 g；猪、羊 10～15 g；犬 5～8 g。

【附注】木贼草发散肝胆风邪，主目疾风热暴翳。临诊配伍应用：本品有疏风热、退翳膜的作用，用治风热目赤肿痛、羞明流泪或睛生翳膜者，常与谷精草、石决明、草决明、白蒺藜、菊花、蝉蜕等同用。

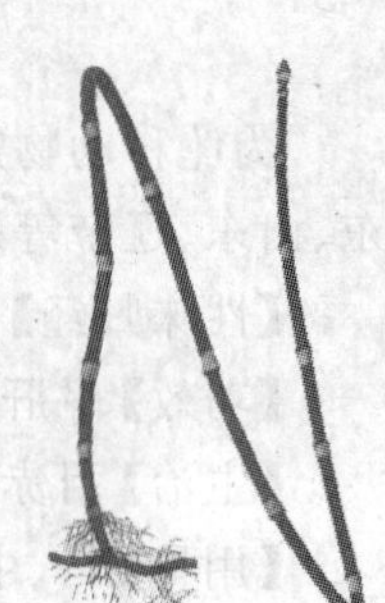

图 2-219 木贼

【主要成分】含无水硅酸、烟碱、木贼酸、糖、二甲砜、鞣质及树脂等。

【药理研究】所含硅酸盐和鞣质有收敛作用，对所接触部位有消炎、止血作用。

【药性歌诀】木贼甘平，散热疏风，退翳利水，止血敷用；
目赤多泪，翳障水肿，泻痢黄疸，血伤淋症。

谷精草

为谷精草科植物谷精草的干燥带花茎的头状花序(图 2-220)。切碎生用。主产于华东、华南、西南及陕西等地。

【性味归经】微寒，辛、甘。入肝、胃经。

【功效】疏散风热，明目退翳。

【主治】风热目赤，翳膜遮睛。

【用量】马、牛 30～60 g；猪、羊 10～15 g；犬 5～8 g；兔、禽 1～3 g。

【附注】谷精草味辛体轻，宣散风热，明目退翳。临诊配伍应用：本品适用于风热目疾、羞明流泪、翳膜遮睛等，常与菊花、桑叶、防风、生地、赤芍、木贼、决明子等同用。

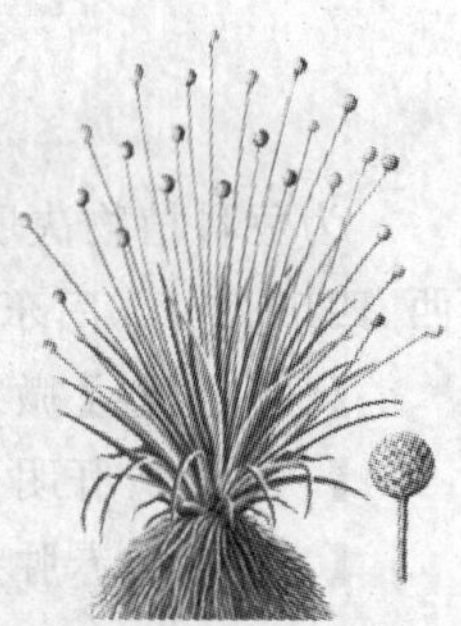

图 2-220 谷精草

【药理研究】对绿脓杆菌及常见致病性皮肤真菌有抑制作用。

【药性歌诀】谷精草平，散热疏风，明目退翳，轻浮上升；
风热目赤，翳膜遮睛，鼻衄喉痹，头风齿痛。

密蒙花

为马钱科植物密蒙花的干燥花蕾及其花序(图 2-221)。生用。主产于湖北、陕西、河南、四川等地。

【性味归经】微寒，甘。入肝经。

【功效】清肝明目，退翳。

【主治】风热目赤，睛生翳障。

【用量】马、牛 30～60 g；猪、羊 10～15 g。

【附注】密蒙花甘以养血，寒以除热，有清肝退翳、养血明目功效，为治翳障之良品。临诊配伍应用：本品有较强的清肝热及退翳膜的作用。用于肝热目赤肿痛、羞明流泪、睛生翳障等，常与石决明、青葙子、决明子、木贼等同用；用治肝虚有热之目疾，多与枸杞、菊花、熟地、蒺藜等配伍。

图 2-221　密蒙花

【主要成分】含柳穿鱼苷、刺槐素及鼠李糖、葡萄糖等。

【药性歌诀】密蒙花凉，清肝明目，祛风退翳，虚热宜服；

目赤肿痛，多泪眵糊，肤翳目痒，赤脉贯珠。

青葙子

为苋科植物青葙的干燥成熟种子(图 2-222)。生用。全国大部分地区均有分布。

【性味归经】微寒，苦。入肝经。

【功效】清肝火，退翳膜。

【主治】目赤肿痛，睛生翳膜。

【用量】马、牛 30～60 g；猪、羊 10～15 g；兔、禽 0.5～1.5 g。

【附注】青葙子苦寒沉降，清肝明目，唯肝火上炎，热毒冲眼，用之为宜。临诊配伍应用：本品能清肝退翳，主要用于肝热引起的目赤肿痛、睛生翳膜、视物不见等，常配决明子、密蒙花、菊花等同用。

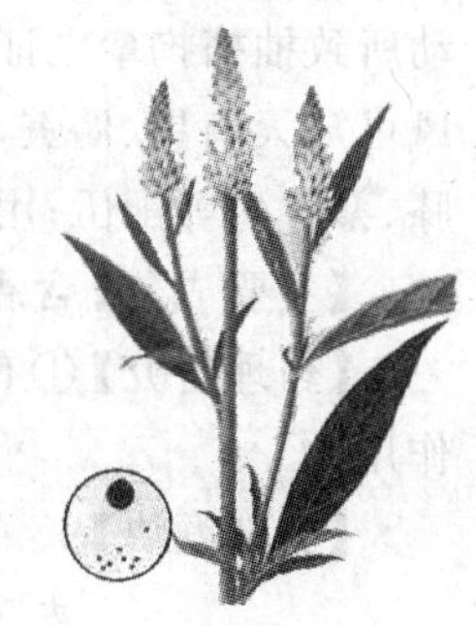
图 2-222　青葙子

【主要成分】含青葙子油、烟酸及硝酸钾等。

【药理研究】①有散瞳和降低血压的作用。②对绿脓杆菌有抑制作用。

【药性歌诀】青葙微寒，子清肝火，明目退翳，祛散风热；

目赤羞明，暗影翳膜，阳亢头胀，风痒可劫。

夜明砂

为蝙蝠科动物蝙蝠或菊头蝠科动物菊头蝠的粪便(图 2-223)。生用。主产于我国南方各地。

【性味归经】寒，辛。入肝经。

【功效】清肝明目，散淤消积。

【主治】目赤肿痛，睛生翳障。

【用量】马、牛 30～45 g；猪、羊 10～15 g；犬 5～8 g。

【附注】夜明砂辛散血淤，寒清血热，功能清肝、散淤、明目，为肝经血分药。临诊配伍应用：本品能明目退翳，兼能消淤积，用于肝热目赤，白睛溢血，可单用或配桑白皮、黄芩、赤芍、丹皮、生地、白茅根等同

图 2-223　夜明砂

用;用治内外翳障可与苍术等配伍。

【主要成分】含尿素、尿酸、胆甾醇及少量维生素A等。

【药性歌诀】夜明砂寒,清肝明目,散淤消积,散热疏风;

肝热目赤,白睛溢血,内外障翳,翳膜遮睛。

二、平肝息风药

天麻

为兰科植物天麻的干燥块茎(图2-224)。生用。主产于四川、贵州、云南、陕西等地。

【性味归经】微温,甘。入肝经。

【功效】平肝息风,镇痉止痛。

【主治】抽搐拘挛,破伤风,麻木不仁,风湿痹痛。

【用量】马、牛20~45 g;猪、羊6~10 g;犬、猫1~3 g。

【附注】天麻甘平柔润,疗虚风,定惊痫,止抽搐,且无燥烈之弊,为治内风通用之品。临诊配伍应用:本品有息风止痉作用,适用于肝风内动所致抽搐拘挛之证,可与钩藤、全蝎、川芎、白芍等配伍;若用于破伤风可与天南星、僵蚕、全蝎等同用,如千金散;用治偏瘫、麻木等,可与牛膝、桑寄生等配伍;用治风湿痹痛,常与秦艽、牛膝、独活、杜仲等配伍。

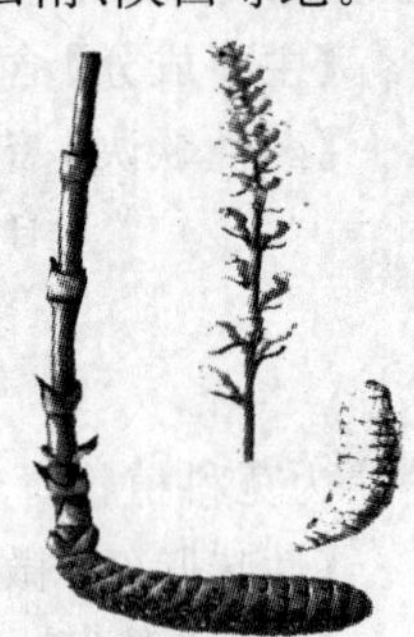

图2-224 天麻

【主要成分】含香草醇、黏液质、维生素A样物质,苷类及微量生物碱。

【药理研究】①有抑制癫痫发作的作用。②香草醇有促进胆汁分泌的作用。③有镇痛作用。

【药性歌诀】天麻甘平,平肝熄火,定惊祛痰,除湿止痛;

内风惊痫,眩晕痰盛,肢麻唇蹇,中风痹证。

钩藤

为茜草科植物钩藤、大叶钩藤或毛钩藤等同属植物的干燥带钩茎枝(图2-225)。生用。不宜久煎。主产于广西、广东、湖南、江西、浙江、福建、台湾等地。

【性味归经】微寒,甘。入肝、心包经。

【功效】息风止痉,平肝清热。

【主治】痉挛抽搐,目赤肿痛,外感风热等。

【用量】马、牛30~60 g;猪、羊10~15 g;犬5~8 g;兔、禽1.5~2.5 g。

【附注】钩藤微寒质轻,善清肝经风热而定惊止痉,为治肝热动风常用之品。临诊配伍应用:①本品有息风止痉作用,又可清热,适用于热盛风动所致的痉挛抽搐等证,常与天麻、蝉蜕、全蝎等同用。②平肝清热,适用于肝经有热、肝阳上亢的目赤肿痛等,常配石决明、白芍、菊花、夏枯草等同用。③兼有疏散风热之效,适用于外感风热之证,常与防风、蝉蜕、桑叶等配伍。

图2-225 钩藤

【主要成分】含钩藤碱和异钩藤碱。

【药理研究】①钩藤碱能兴奋呼吸中枢，抑制血管运动中枢，扩张外周血管，使麻醉动物血压下降、心率减慢，但经煮沸20分钟以上，则降压效能降低，故不宜久煎。②有明显镇痛作用。③能制止癫痫反应发生。

【药性歌诀】钩藤甘寒，清热平肝，熄风止痉，阳亢后煎；
肝热头痛，肢麻眩晕，惊痫热抽，中风面瘫。

全蝎

为钳蝎科动物东亚钳蝎的干燥体(图2-226)，又称全虫。生用、酒洗用或制用。主产于河南、山东等地。

【性味归经】平，辛、甘。有毒。入肝经。

【功效】息风止痉，解毒散结，通络止痛。

【主治】惊痫，破伤风，恶疮肿毒，风湿痹痛。

【用量】马、牛15～30 g；猪、羊3～9 g；犬、猫1～3 g；兔、禽0.5～1 g。

【附注】全蝎功专息风，歪嘴风、破伤风最常用，为祛风解痉之品。临诊配伍应用：①本品为息风止痉的要药。用治惊痫及破伤风等，常与蜈蚣、钩藤、僵蚕等同用；用治中风口眼歪斜之证，常与白附子、白僵蚕等配伍。②解毒散结，治恶疮肿毒，用麻油煎全蝎、栀子加黄蜡为膏，敷于患处。③通络止痛，用治风湿痹痛，常与蜈蚣、僵蚕、川芎、羌活等配伍。

图2-226 全蝎

【主要成分】含蝎毒素(为一种毒性蛋白，与蛇毒中的神经毒类似)，并含蝎酸、三甲胺、甜菜碱、牛磺酸、软脂酸、硬脂酸、胆甾醇、卵磷脂及铵盐等。

【药理研究】①蝎毒素可使呼吸中枢产生麻痹作用，能使血压上升，且有溶血作用。②对心脏、血管、小肠、膀胱、骨骼肌等有兴奋作用。③全蝎有显著的镇静和抗惊厥作用。

【药性歌诀】全蝎辛平，息风止痉，解毒散结，通络止痛；
疮痉面瘫，偏瘫惊风，疮肿瘰疬，头痛癖症。

蜈蚣

为蜈蚣科少棘巨蜈蚣的干燥体(图2-227)。生用或微炒用。主产于江苏、浙江、安徽、湖北、湖南、四川、广东、广西等地。

【性味归经】温，辛。有毒。入肝经。

【功效】息风止痉，解毒散结，通络止痛。

【主治】痉挛抽搐，疮疡肿毒，风湿痹痛。

【用量】马、牛5～10 g；猪、羊1～1.5 g；犬0.5～1 g。

【附注】蜈蚣性善走窜，为治风要药；并有散结、通络之功。临诊配伍应用：①本品息风止痉作用较强，适用于癫痫、破伤风等引起的痉挛抽搐，常与全蝎、钩藤、防风等同用。②解毒散结，用治疮疡肿毒、瘰疬溃烂等，可与雄黄配伍外用。还可治毒蛇咬伤。③通络止痛，用于风湿痹痛，常与天麻、川芎等配伍。

【主要成分】含两种类似蜂毒的有毒成分，即组织胺样物质及溶血蛋白质；尚含酪氨酸、亮氨酸、蚁酸、脂肪油、胆甾醇。

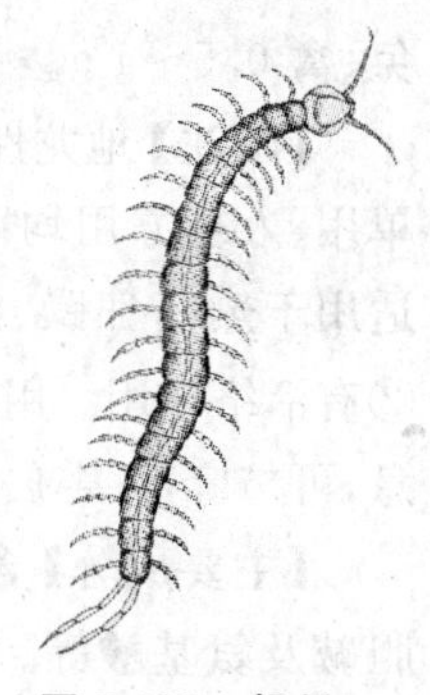
图2-227 蜈蚣

【药理研究】①有抗惊厥作用，并有显著的镇静作用。②对结核杆菌及常见致病性皮肤真菌有抑制作用。

【药性歌诀】蜈蚣辛温，祛风定惊，攻毒散结，通络止痛；

中风面瘫，抽痉惊风，瘰疬疮癣，头痛痹证。

僵蚕

为蚕蛾科昆虫家蚕的幼虫，感染或人工接种淡色丝菌科白僵菌而致死的干燥体（图 2-228）。生用或炒用。主产于浙江、江苏、安徽等地。

【性味归经】平，辛、咸。入肝、肺经。

【功效】息风止痉，祛风止痛，化痰散结。

【主治】癫痫中风，目赤肿痛，咽喉肿痛等。

【用量】马、牛 30～60 g；猪、羊 10～15 g；犬 5～8 g。

图 2-228　僵蚕

【附注】僵蚕辛能发散，咸可软坚，疗中风抽搐，消喉肿痰结，为镇惊化痰药。临诊配伍应用：①能息风止痉，又可化痰。用治肝风内动所致的癫痫、中风等，常与天麻、全蝎、牛黄、胆南星等配伍。②祛风止痛。用治风热上扰而致的目赤肿痛，常与菊花、桑叶、薄荷等同用；用治风热外感所致的咽喉肿痛，可与桂枝、荆芥、薄荷等配伍。此外，尚能化痰散结，用治瘰疬结核，常与贝母、夏枯草等同用。

【主要成分】含蛋白质、脂肪。

【药理研究】所含蛋白质有刺激肾上腺皮质作用。

【药性歌诀】僵蚕咸平，熄风止痉，化痰散结，解毒祛风；

惊痫抽搐，面瘫毒痈，瘰疬痄腮，痒疹喉痛。

地龙

为钜蚓科动物参环毛蚓、通俗环毛蚓、栉盲环毛蚓或威廉环毛蚓等的干燥体（图 2-229）。生用，制用或炒用。全国均产，以广东、山东、江苏等地较多。

【性味归经】寒，咸。入脾、胃、肝、肾经。

【功效】息风，清热，活络，平喘，利尿。

【主治】痉挛抽搐，风湿痹痛，肺热气喘，小便不利。

【用量】马、牛 30～60 g；猪、羊 10～15 g；犬、猫 1～3 g；兔、禽 0.5～1 g。

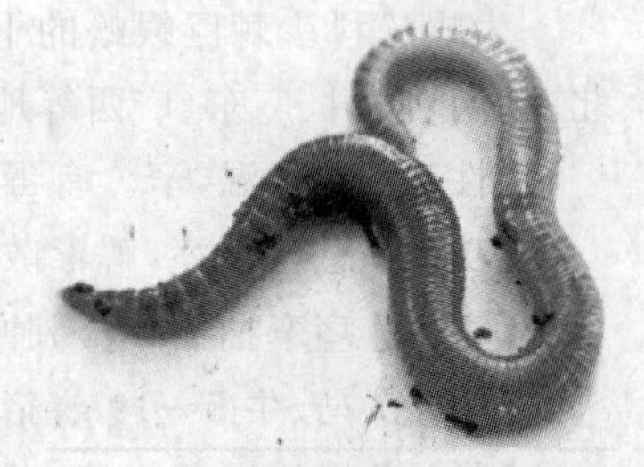

图 2-229　地龙

【附注】地龙性寒，主治有热之惊痫、喘息、尿闭，且能通络，单用、入复方用均可。临诊配伍应用：①息风止痉，又善清热。适用于热病狂躁、痉挛抽搐等，可与全蝎、钩藤、僵蚕等配伍。②有活络作用。用治风湿痹痛，可与天南星、川乌、草乌等配伍。③平喘，利尿。用治肺热喘息，可与麻黄、杏仁等同用；用治热结膀胱、尿不利以及水肿等，常与车前子、冬瓜等配伍。

【主要成分】含蚯蚓素、蚯蚓毒素、蚯蚓解热碱、海波黄嘌呤、脂肪酸类、琥珀酸、胆甾醇、胆碱及氨基酸等。还提出一种含氮物质 6-羟基嘌呤。

【药理研究】①有降压作用。②浸剂对豚鼠实验性哮喘有平喘作用。③有解热、镇静、抗惊厥作用,并有抗组织胺的作用。

【药性歌诀】地龙咸寒,清肺平喘,利尿通络,定惊平肝;

阳亢中风,热喘多痰,热痹尿闭,热狂惊痫。

天竺黄

为禾本科植物青皮竹或华思劳竹等的秆内的分泌液干燥后的块状物(图 2-230)。生用。主产于云南、广西、广东等地。

【性味归经】寒,甘。入肝、心经。

【功效】清化热痰,凉心定惊。

【主治】痰热痉搐,中风痰壅,咳嗽痰多。

【用量】马、牛 20～45 g;猪、羊 6～10 g;犬 3～5 g。

【附注】天竺黄性寒,凉心血,豁热痰,且有定惊安神之功,凡神昏狂躁属热痰者,均可应用。临诊配伍应用:本品功专清热豁痰,兼有定惊作用。用于痰热惊搐、中风痰壅等,常与朱砂、僵蚕、牛黄、郁金、黄连等同用;用于肺热咳嗽痰多,常与瓜蒌、贝母等配伍。

图 2-230　天竺黄

【主要成分】含氢氧化钾、硅土、三氧化二铝、三氧化二铁等。

【药理研究】对常见化脓性球菌和肠道致病菌均有较强的抑制作用。

【药性歌诀】天竺黄寒,清热豁痰,凉心定惊,熄风止痫;

中风痰厥,热病昏迷,急慢惊风,痫疾热喘。

白附子

为天南星科植物独角莲的干燥块茎(图 2-231)。切片生用。主产于河南、湖北、山西、四川、陕西等地。

【性味归经】温,辛、甘。有毒。入脾、胃经。

【功效】燥湿化痰,祛风止痉,解毒散结。

【主治】口眼歪斜,风湿痹痛。

【用量】马、牛 15～30 g;猪、羊 5～10 g;犬、猫 0.3～5 g。

【附注】白附子有祛风化痰燥湿之功,善引药势上行。与黑附子皆为温热燥烈之品,白附子专走上焦,治头部风痰;黑附子偏走下焦,以温阳助火。临诊配伍应用:①本品能燥湿痰,并有祛风止痉作用。用于中风痰壅,常与天麻、天南星、川乌等同用;治中风口眼歪斜,常与僵蚕、全蝎同用,如牵正散;用治破伤风,常与半夏、南星、全蝎、僵蚕等配伍。②祛风邪,逐寒湿。用治风湿痹痛,常与天麻、白芷、川乌等同用。③解毒散结。用治毒蛇咬伤,可单用本品内服或外敷;治瘰疬可用鲜品捣烂外敷或制成注射液用。

图 2-231　白附子

【主要成分】含 β-谷甾醇及右旋葡萄糖苷、肌醇、皂苷、有机酸、糖类及黏液质。

【药理研究】有与链霉素相似的抗结核杆菌的作用。

【药性歌诀】白附子温,燥湿化痰,祛风止痉,结毒能散;

中风痰痫,疮痉面瘫,痹木阴疽,跌打面瘫。

其他平肝药见表 2-32,平肝药功能比较见表 2-33。

表 2-32 其他平肝药

药名	药用部位	性味归经	功效	主治
茺蔚子	种子	寒，辛、苦。入心、肝、膀胱经	凉血明目，益精养血	目赤翳障，目暗不明
羚羊角	赛加羚羊的角	寒，咸。入肝、心经	平肝熄风，清热解毒	肝风内动，高热神昏
珍珠母	贝类动物贝壳的珍珠	寒，咸。入肝、心经	平肝潜阳，清肝明目	肝阴不足之癫狂，惊痫，肝热目翳
蛇蜕	蛇脱下的干燥表皮膜	大温，甘、辛，有小毒。入肝、肺经	祛风定惊，去翳杀虫	惊痫，破伤风，目翳，疥癞

表 2-33 平肝药功能比较

类别	药物	相同点	不同点
平肝明目药	石决明 草决明 谷精草 密蒙花 青葙子 夜明砂	清肝明目	石决明质重而长于潜敛浮阳；草决明善解肝经郁热，并有润肠通便之功；青葙子、密蒙花都能退翳膜，但谷精草偏于疏肝热，多用于风热目疾，密蒙花则长于除翳障；夜明砂治夜盲及退翳见长
	木贼	平肝祛风，明目	专用于风热目疾与退翳
	天麻 钩藤 蔓荆子	平肝息风镇痉	天麻善治内风；钩藤长于解痉，兼疏风热，蔓荆子长于清利头目，以治风热目赤多泪见长
平肝息风药	全蝎 蜈蚣 僵蚕 地龙	定惊止痉	全蝎、蜈蚣都有毒性，兼能解毒疗疮，但全蝎力缓，蜈蚣力峻；僵蚕能化痰散结而治咽喉痹痛，但无止痛解毒之功；地龙兼能通经活络、清热平喘
	白附子 天竺黄	祛痰定惊，止痉	白附子祛风之力较大，多用于风痰壅塞之证；天竺黄祛风之力不大，但能清心，故多用于痰热惊搐之证

【阅读资料】

表 2-34 常见的平肝方

任务十九　安神开窍药

凡具有安神、开窍作用，治疗心神不宁，窍闭神昏病证的药物，称为安神开窍药。由于药物性质及功用的不同，故本类药又分为安神药与开窍药两类。

(1)安神药　以入心经为主，具有镇静安神作用。适用于心悸、狂躁不安之证。

(2)开窍药　这类药善于走窜，通窍开闭，苏醒神昏，适用于高热神昏、癫痫等病出现猝然昏倒的证候。

一、安神药

朱砂

为硫化物类矿物辰砂族辰砂，主含硫化汞(HgS)，又称丹砂。研末或水飞用。主产于湖南、湖北、四川、广西、贵州、云南等地。

【性味归经】凉，甘。有毒。入心经。

【功效】镇心安神，定惊解毒。

【主治】躁动不安、惊痫，心神不宁，疮疡肿毒，口舌生疮、咽喉肿痛。

【用量】马、牛 3～6 g；猪、羊 0.3～1.5 g；犬 0.05～0.45 g。

【附注】朱砂质重，秉寒降之性，有镇心、安神、解毒之功，为治心经实热，惊痫狂乱、热毒疮疡主药。临诊配伍应用：①本品有镇心安神的作用。用于心火上炎所致躁动不安、惊痫等，常与黄连、茯神同用，如朱砂散，可使心热得清，邪火被制，则心神安宁；若用治因心虚血少所致的心神不宁，尚需配伍熟地、当归、酸枣仁等，以补心血，安心神。②朱砂外用有良好的解毒作用，主要用于疮疡肿毒，常与雄黄配伍外用，治口舌生疮、咽喉肿痛，多与冰片、硼砂等研末吹喉。

【主要成分】含硫化汞(HgS)，常混有少量黏土及氧化铁等杂质。

【药理研究】①有镇静和催眠作用，能降低大脑中枢神经兴奋性。②外用能抑杀皮肤细菌及寄生虫。

【药性歌诀】朱砂甘凉，清心解毒，重镇安神，定睛明目；
惊悸不睡，眩晕心速，目暗疮痈，癫狂恍惚。

酸枣仁

为鼠李科植物酸枣的干燥成熟种子(图 2-232)。生用或炒用。主产于河北、河南、陕西、辽宁等地。

【性味归经】平，甘、酸。入心、肝经。

【功效】养心安神，益阴敛汗。

【主治】心虚惊恐，躁动不安，虚汗外泄。

【用量】马、牛 20～60 g；猪、羊 5～10 g；犬 3～5 g；兔、禽 1～2 g。

【附注】酸枣仁能养肝血，益心阴，宁心安神，善治心血虚、躁动不安等证，为安神良品。临诊配伍应用：①本品养心阴、益肝血而安神，主要用于心肝血虚不能滋养，以致虚火上炎，出现躁动不安等，常配党参、熟地、柏子仁、茯苓、丹参等同用。②敛汗益阴，常用治虚汗，多与山茱萸、白芍、五味子或牡蛎、麻黄根、浮小麦等配伍。

图 2-232　酸枣仁

【主要成分】含桦木素、桦木酸、有机酸、谷甾醇、伊百灵内酯、脂肪油、蛋白质及丰富的维生素 C。

【药理研究】①有镇静作用。②有持续性降低血压的作用。③有对抗苯甲酸钠咖啡因所致的兴奋作用。④对子宫有兴奋作用。

【药性歌诀】酸枣仁平，宁心养肝，敛汗生津，安神除烦；

惊悸怔忡，虚烦不眠，烧伤肿痛，烦渴虚汗。

柏子仁

为柏科植物侧柏的干燥成熟种仁（图 2-233）。生用。主产于山东、湖南、河南、安徽等地。

【性味归经】平，甘。入心、肝、肾经。

【功效】养心安神，润肠通便。

【主治】心虚惊悸，肠燥便秘。

【用量】马、牛 30～60 g；猪、羊 10～20 g；犬 5～10 g。

【附注】柏子仁味甘质润，甘以养心血，润以滋肠燥。为补心安神之良品。临诊配伍应用：①本品有与酸枣仁相似的作用，常用于血不养心引起的心神不宁等，常与酸枣仁、远志、熟地、茯神等同用。②柏子仁油多质润，具有润肠通便作用，适用于阴虚血少及产后血虚的肠燥便秘，常与火麻仁、郁李仁等配伍。

图 2-233　柏子仁

【主要成分】含大量脂肪油及少量挥发油、皂苷等。

【药理研究】含大量脂肪油，故有润肠作用。

【药性歌诀】柏子仁平，润肠通便，养心安神，益血止汗；

阴虚便秘，虚烦不眠，惊悸怔忡，盗汗自痉。

远志

为远志科植物远志或卵叶远志的根或根皮（图 2-234）。生用或炙用。主产于山西、陕西、吉林、河南等地。

【性味归经】微温，辛、苦。入心、肺经。

【功效】宁心安神，祛痰开窍，消痈肿。

【主治】心神不宁，躁动不安，惊痫，痰多等。

【用量】马、牛 10～30 g；猪、羊 5～10 g；犬 3～6 g；兔、禽 0.5～1.5 g。

【附注】远志味辛气温，安神开窍，散淤豁痰，为安神益智之品。临诊配伍应用：①用于心神不宁、躁动不安，常与朱砂、茯神等配伍。②祛痰开窍，可治痰阻心窍所致的狂躁、惊痫等，常与菖蒲、郁金等同用。咳

图 2-234　远志

嗽而痰多难咯者，用本品可使痰液稀释易于咯出，常与杏仁、桔梗等同用。③消散痈肿，用于痈疽疖毒、乳房肿痛，单用为末加酒灌服，外用调敷患处。

【主要成分】含远志皂苷、糖、远志素等。

【药理研究】①有较强的祛痰作用。②对子宫有促进收缩和增强张力的作用。③有降压作用。④有溶血作用。⑤有刺激胃黏膜而反射地引起轻度呕吐的副作用。⑥有镇静、催眠作用。⑦对金黄色葡萄球菌、痢疾杆菌、伤寒杆菌等均有抑制作用。

【药性歌诀】远志辛温，散郁化痰，益智安神，痈疽可蠲；
痰嗽难咯，神昏癫痫，痈疽肿毒，惊悸不眠。

二、开窍药

石菖蒲

为天南星科植物石菖蒲的干燥根茎(图 2-235)。切片生用。主产于四川、浙江等地。

【性味归经】温，辛。入心、肝、胃经。

【功效】宣窍豁痰，化湿和中。

【主治】神昏，癫狂，食欲不振，肚腹胀满。

【用量】马、牛 20～45 g；猪、羊 10～15 g；犬、猫 3～5 g；兔、禽 1～1.5 g。

图 2-235　石菖蒲

【附注】石菖蒲辛苦而温，上行去痰浊，开心气；下行化湿浊，和胃气。临诊配伍应用：①有芳香开窍的作用，用于痰湿蒙蔽清窍、清阳不升所致的神昏、癫狂，常与远志、茯神、郁金等配伍。②芳香化湿又能健胃，常用于湿困脾胃、食欲不振、肚腹胀满等，常与香附、郁金、藿香、陈皮、厚朴等同用。

【主要成分】含挥发油(油中主要为细辛醚、β-细辛醚)、氨基酸和糖类。

【药理研究】①内服可促进消化液分泌，制止胃肠异常发酵，并有弛缓肠管平滑肌痉挛的作用。②外用对皮肤微有刺激作用，能改善局部血液循环。③水浸剂(1∶3)对常见致病性皮肤真菌有不同程度的抑制作用。

【药性歌诀】石菖蒲辛，入心肝脾，开窍祛痰，破血行气；
神昏癫狂，瘤胃积食，食积膨大，产后腹痛。

皂角

为豆科植物皂荚的干燥成熟果实(图 2-236)。打碎生用。皂角刺为皂荚茎上的干燥棘刺。主产于东北、华北、华东、中南和四川、贵州等地。

【性味归经】温，辛。有小毒。入肺、大肠经。

【功效】豁痰开窍，消肿排脓。

【主治】顽痰，风痰，猝然倒地，恶疮肿毒。

【用量】马、牛 20～40 g；猪、羊 5～10 g；犬 1.3～5 g。

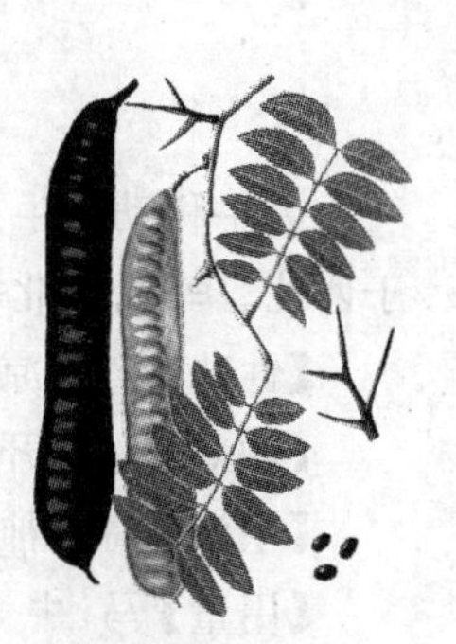
图 2-236　皂角

【附注】皂角辛散走窜，具祛痰开窍之力，善治风痰壅盛，官窍阻闭病证。临诊配伍应用：本品辛散走窜，有强烈的祛痰作用。主要用于顽痰、结痰或风痰阻闭、猝然倒地的病证，常配细辛、天南星、半夏、薄荷、雄黄等研末吹鼻，促使通窍苏醒；还有消肿散毒之效，外用治恶疮肿毒(破溃疮禁用)。

【主要成分】含三萜皂苷、鞣质、蜡醇、二十九烷、豆甾醇、谷甾醇等。

【药理研究】①皂苷对呼吸道黏膜有刺激作用。②对离体子宫有兴奋作用，并有溶血作用。③用量过大，可产生全身毒性，特别是影响中枢神经系统，先痉挛、后麻痹，呼吸中枢麻痹即导致死亡。④对大肠杆菌、痢疾杆菌、绿脓杆菌及皮肤真菌等有抑制作用。

【药性歌诀】皂角味辛，通关利窍，敷肿痛消，吐风痰妙；

热闭昏迷，癫痫痰盛，顽痰结痰，降气通门。

蟾酥

为蟾酥科动物中华大蟾蜍、黑眶蟾蜍的干燥分泌物(图 2-237)。蟾蜍耳后腺及皮肤腺所分泌的白色浆液，经收集加工而成。产于全国大部分地区。

【性味归经】温，甘、辛。有毒。入心、胃经。

【功效】解毒消肿，辟秽通窍。

【主治】咽喉肿痛，疮黄疔毒。

【用量】马、牛 0.1～0.2 g；猪、羊 0.03～0.06 g；犬 0.075～0.15 g。

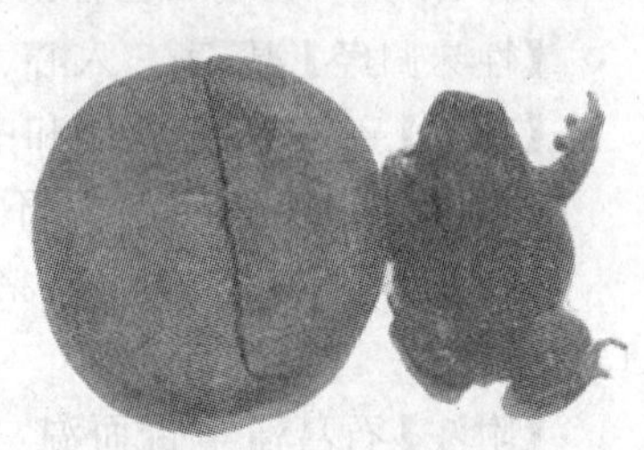

图 2-237　蟾酥

【附注】蟾酥疗咽闭，外用消疔毒，研末吹鼻有开心窍、止冷痛之功。临诊配伍应用：①外用内服均有较强解毒止痛作用，主要用于痈肿疔毒、咽喉肿痛等，多外用。也常入丸剂用，如六神丸中即含有本品。②开窍醒脑，适用于感受秽浊之气，猝然昏倒之证，常与麝香、雄黄等配伍。

【主要成分】含华蟾蜍素、华蟾蜍次素、去乙酰基华蟾蜍素均为强心成分。此外，尚含甾醇类、5-羟基吲哚胆碱、精氨酸及辛二酸，后一种有利尿作用。

【药理研究】①有强心和使动物升高血压及兴奋呼吸的作用。②对放射性物质引起的白细胞减少症，有升高白细胞的作用。③有局麻和镇痛作用。④有抗炎作用，在体外无抑菌作用。⑤对小鼠实验性咳嗽，有止咳作用。⑥静脉或腹腔注射蟾蜍注射液，小鼠出现呼吸急促、肌肉痉挛、心律不齐，最后麻痹而死。

牛黄

为牛科动物牛的干燥胆囊结石(图 2-238)。研细末用。主产于西北、华北、东北等地。

【性味归经】凉，苦、甘。入心、肝经。

【功效】豁痰开窍，清热解毒，息风定惊。

【主治】高热神昏，痰热癫痫，咽喉肿痛，痉挛抽搐。

【用量】马、牛 3～12 g；猪、羊 0.6～2.4 g；犬 0.3～1.2 g。

图 2-238　牛黄

【附注】牛黄气味苦凉，善清心经热邪，熄肝木之风，泄脏腑火毒，为清心佳品。临诊配伍应用：①本品能化痰开窍，兼能清热，适用于热病神昏、痰迷心窍所致的癫痫，狂乱等，多与麝香、冰片等配伍。②清热解毒，适用于热毒郁结所致的咽喉肿痛、口舌生疮、痈疽疔毒等，常与黄连、麝香、雄黄等同用。③息风止痉，用于温病高热引起的痉挛抽搐等，常与朱砂、水牛角等配伍。

【主要成分】含胆红素、胆酸、胆固醇、麦角固醇、脂肪酸、卵磷脂、维生素 D、钙、铜、铁、锌等。

【药理研究】小剂量能促进红细胞及血色素增加，大剂量反而有破坏红细胞的作用。此外，尚有镇静、抗惊厥及强心作用。

【药性歌诀】牛黄清心苦甘凉，利疸化痰镇惊狂，
神昏谵语癫痫风，痈肿牙疳口舌疮。

麝香

为鹿科动物林麝、马麝或麝成熟雄体香囊中的分泌物干燥制成（图 2-239）。研末用。主产于四川、西藏、云南、陕西、甘肃、内蒙古等地。

【性味归经】温，辛。入十二经。

【功效】开窍通络，活血散淤，催产下胎。

【主治】高热神昏，疮疡肿毒。

【用量】马、牛 0.6～1.5 g；猪、羊 0.1～0.2 g；犬 0.05～0.1 g。

【附注】麝香芳香走窜，为开窍醒脑之品。临诊配伍应用：①本品有较强的开窍醒脑作用，适用于温病热入心包之热闭神昏、惊厥及中风痰厥等，多与冰片、牛黄等配伍。②活血散结，消肿止痛。用治疮疡肿毒，常与雄黄、蟾蜍等配伍；用治跌打损伤，常与活血祛淤药同用。此外，还有下胎作用，可用于死胎和胎衣不下。

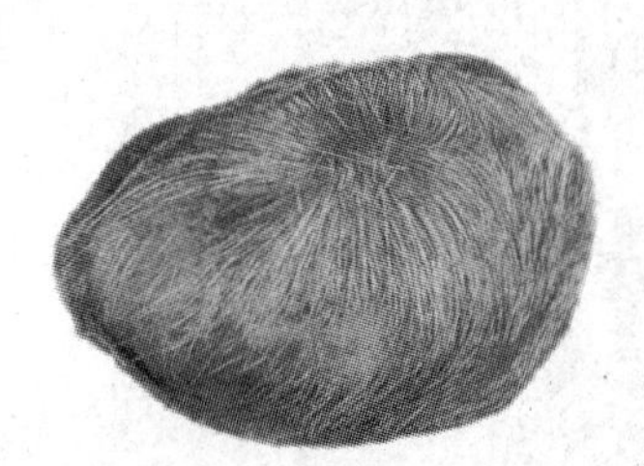

图 2-239　麝香

【主要成分】含麝香酮、甾体激素雄素酮、5-β-雄素酮、脂肪、树脂、蛋白质和无机盐。

【药理研究】①少量可增进大脑机能，多量有麻醉作用。②能使心跳、呼吸增加。③能促进腺体的分泌，有发汗和利尿作用。④对家兔离体子宫有兴奋作用。⑤对猪霍乱杆菌、大肠杆菌、金黄色葡萄球菌有抑制作用。

【药性歌诀】麝香辛温，开窍醒神，活血散结，堕胎功真；
中风痰厥，热抽神昏，癥瘕死胎，痹痛伤损。

其他安神开窍药见表 2-34，安神开窍药功能比较见表 2-35。

表 2-34　其他安神开窍药

药名	药用部位	性味归经	功效	主治
磁石	磁铁矿	寒，辛，咸。入心、肝、肾经	潜阳纳气，镇惊安神，明目	烦躁不安，癫痫，视物不清
合欢皮（花）	树皮	平，甘。入心、肝经	安神解郁，活血消肿	心烦不宁，跌打损伤，疮痈肿毒

表 2-35　安神开窍药功能比较

类别	药 物	相同点	不同点
安神药	酸枣仁 柏子仁 远 志	养心安神	酸枣仁安神之力较优，又可益阴敛汗；柏子仁并能润肠通便；远志以宁心安神为主，兼能祛痰利窍
开窍药	麝香 石菖蒲 牛黄 蟾蜍 皂角	开窍醒脑	麝香辛窜之力最大，并能活血散淤，治疮痈肿毒及跌打损伤之证；石菖蒲开窍之力不及麝香，但能和中化浊，治痰迷心窍引起的神昏、癫痫等；牛黄善祛热痰，多用于痰热内闭引起神昏及痰鸣之证；蟾酥兼能解毒消肿外治痈疽肿毒；皂角之性辛窜，主用于风痰阻闭，猝然倒地，并治恶疮肿毒

【阅读资料】

表 2-36　常见的安神开窍方

任务二十　驱虫药

凡能驱除或杀灭畜、禽体内、外寄生虫的药物，称为驱虫药。

虫证一般具有毛焦肷吊、饱食不长或粪便异常等症状。使用驱虫药时，必须根据寄生虫的种类，病情的缓急和体质的强弱，采取急攻或缓驱。对于体弱脾虚的病畜，可采用先补脾胃后驱虫或攻补兼施的办法。为了增强驱虫作用，应配合泻下药。驱虫时以空腹投药为好，同时要注意驱虫药对寄生虫的选择作用，如治蛔虫病选用使君子、苦楝子，驱绦虫时选用槟榔等。驱虫时应适当休息，驱虫后要加强饲养管理，使虫去而不伤正，迅速恢复健康。

驱虫药不但对虫体有毒害作用，而且对畜体也有不同程度的副作用，所以使用时必须掌握药物的用量和配伍，以免引起中毒。

雷丸

为白蘑科真菌雷丸的干燥菌核（图 2-240）。多寄生于竹的枯根上。切片生用或研粉用，不宜煎煮。主产于四川、贵州、云南等地。

图 2-240　雷丸

【性味归经】寒，苦。有小毒。入胃、大肠经。

【功效】杀虫。

【主治】虫积腹痛。

【用量】马、牛 30～60 g；猪、羊 10～20 g。

【附注】雷丸善驱绦虫，但忌高温。临诊配伍应用：有杀虫作用，以驱杀绦虫为主，亦能驱杀蛔虫、钩虫。使用时可以单用或配伍槟榔、牵牛子、木香等同用，如万应散。

【主要成分】含一种蛋白分解酶(雷丸素)，并含钙、镁、铝等。

【药理研究】①有驱杀绦虫的作用，并能破坏肠内虫体的节片，其功效可能是对蛋白质的分解作用；在碱性溶媒中，其分解蛋白质的效力最大，在酸性溶媒中则无效。②对丝虫病、脑囊虫病也有一定的疗效。

【药性歌诀】雷丸有毒味苦寒，消积杀虫功效显；
钩绦蛲虫腹疼痛，小儿惊啼风痫痟。

使君子

为使君子科植物使君子的干燥成熟果实(图 2-241)。打碎生用或去壳取仁炒用。主产于四川、江西、福建、台湾、湖南等地。

【性味归经】温，甘。入脾、胃经。

【功效】杀虫消积。

【主治】虫积腹痛。

【用量】马、牛 30～90 g；猪、羊 10～20 g；犬 5～10 g；兔、禽 1.5～2 g。

【附注】使君子杀虫、益脾胃，驱蛔虫效力最佳。临诊配伍应用：本品为驱杀蛔虫要药，也可用治蛲虫病，可单用或配槟榔、鹤虱等同用，如化虫汤；外用可治疥癣。

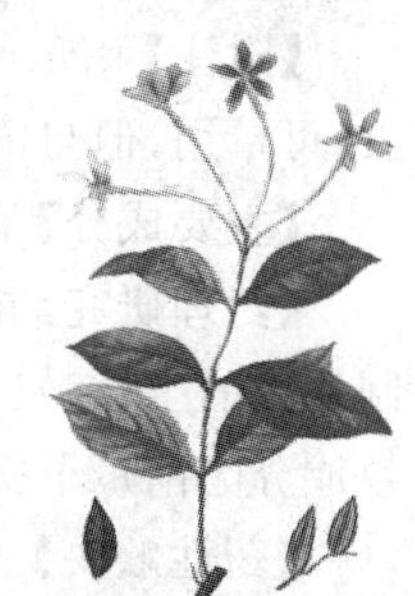
图 2-241　使君子

【主要成分】含使君子酸钾、使君子酸、葫芦巴碱、脂肪油(油中主要成分为油酸及软脂酸的酯)。此外，还含蔗糖、果糖等。

【药理研究】①使君子酸钾对蛔虫有麻痹作用。②对皮肤真菌有抑制作用。

【药性歌诀】使君子温，健脾益胃，兼敛虚热，驱虫杀蛔；
乳积食滞，虫积疳痞，肠道滴虫，虚热癣疾。

川楝子

为楝科植物川楝的干燥成熟果实(图 2-242)。又称金铃子。生用或炒用。主产于四川、湖北、贵州、云南等地。

【性味归经】寒，苦。有小毒。入肝、心包、小肠、膀胱经。

【功效】杀虫，理气，止痛。

【主治】肚腹胀痛，虫积。

【用量】马、牛 15～45 g；猪、羊 5～10 g；犬 3～5 g。

【附注】川楝子有疏肝行气之效，川楝子皮有燥湿杀虫之功。临诊配伍应用：用于驱杀蛔虫、蛲虫，常与使君子、槟榔等同用，但本品驱虫之力不及苦楝根皮，故少用以驱虫；因能理气止痛，主要用于湿热气滞所致的肚腹胀痛，常配延胡索、木香等同用。

苦楝皮：苦，寒。有毒。入脾、肝、胃经。有杀多种肠内寄生虫的作用，但以驱杀蛔虫效强。马、牛一般可用 100～150 g；猪、羊 30～50 g。用量过大则引起中毒，故须严格控制。

图 2-242　川楝子

【主要成分】含川楝素、生物碱、楝树碱、中性脂肪、鞣质等。

【药理研究】①本品苦楝皮(树皮、根皮)体外试验可麻醉虫体而确有杀虫作用,尤以根皮作用明显。②对铁锈色小芽孢癣菌有抑制作用。

【药性歌诀】楝子苦寒,膀胱疝气,利水之剂,中湿伤寒;
疏肝止痛,疗癣杀虫,乳腺发炎,痛经肋痛。

南瓜子

为葫芦科植物南瓜的干燥成熟种子。研末生用。主产于我国南方各地。

【性味归经】平,甘。入胃、大肠经。

【功效】驱虫。

【主治】绦虫,血吸虫病。

【用量】马、牛 60～150 g;猪、羊 60～90 g;犬、猫 5～10 g。

【附注】南瓜子性味甘平而无毒,驱绦虫内服安全而有效。临诊配伍应用:用于驱杀绦虫,可单用,但与槟榔同用,疗效更好。也可用于血吸虫病。

【主要成分】含脂肪油、蛋白质、南瓜子氨酸、尿酶及维生素 A、维生素 B、维生素 C 等。

【药理研究】能麻痹牛绦虫中后段节片而起驱虫作用;小鼠感染血吸虫后,服南瓜子能抑制幼虫的生长、发育,对成虫表现为虫体缩小,色素消失,卵巢萎缩、子宫内虫卵减少。其有效成分为南瓜子氨酸。

【药性歌诀】南瓜子温,杀绦功珍,抗血吸虫,大剂吞粉;
产后浮肿,缺乳用仁,糖尿钝咳,黄萎病损。

大蒜

为百合科植物蒜的鳞茎(图 2-243)。去皮捣碎用。各地均产。

【性味归经】温,辛。入肺、脾、胃经。

【功效】驱虫健胃,化气消胀,消疮。

【主治】虫积,泻痢,疮痈。

【用量】马、牛 60～120 g;猪、羊 12～30 g;犬、猫 1～3 g。

【附注】大蒜味辛性温,补饲有健脾理气、消肿止痢、杀虫解毒之功;外用有治疮痈、疗蛇虫咬之力。临诊配伍应用:①内服解毒,杀虫,主要用以驱杀蛲虫、钩虫,但须与槟榔、鹤虱等配伍;用治痢疾、腹泻。可单用,亦可 5%浸液灌肠。

图 2-243 大蒜

【主要成分】含大蒜辣素及微量碘。

【药理研究】对化脓性球菌、结核杆菌、痢疾杆菌、伤寒杆菌、霍乱弧菌等均有抑制作用。

【药性歌诀】大蒜辛温,行气健中,杀虫消淤,解毒消痈;
秃癣痈疡,钩蛲滴虫,钝咳肺痨,泻痢积冷。

蛇床子

为伞形科植物蛇床的干燥成熟果实(图 2-244)。生用。全国各地广有分布。

【性味归经】温,辛、苦。入肾经。

【功效】燥湿杀虫，温肾壮阳。

【主治】湿疹瘙痒，肾虚阳痿，宫寒不孕。

【用量】马、牛 30～60 g；猪、羊 15～30 g；犬 5～12 g。

【附注】蛇床子内服温肾益火，外用燥湿杀虫，善治湿疮、虫疥及皮肤瘙痒之症。临诊配伍应用：①外用有杀虫止痒之效，主要用于湿疹瘙痒，多与白矾、苦参、银花等煎水外洗；用于荨麻疹，可配地肤子、荆芥、防风等煎水外洗；亦可用以驱杀蛔虫。②内服有温肾壮阳之功，可治肾虚阳痿、腰胯冷痛、宫冷不孕等，可与五味子、菟丝子、巴戟天等同用。

图 2-244　蛇床子

【主要成分】含蛇床子素及挥发油，油中主要成分为左旋蒎烯、异戊酸、龙脑酯及莰烯等。

【药理研究】①有类性激素作用，故内服能壮阳。②对皮肤真菌，流感病毒有抑制作用。

【药性歌诀】蛇床子温，壮阳温肾，燥湿杀虫，暖宫助孕；
宫寒精衰，阳痿尿频，带下阴痒，滴虫湿疹。

鹤虱

为菊科植物天名精或伞形科植物野胡萝卜的干燥成熟果实(图 2-245)。前者习称北鹤虱，后者习称南鹤虱。生用。北鹤虱产于华北各地，南鹤虱主产于江苏、浙江、安徽等地。

【性味归经】平，苦、辛。有小毒。入脾、胃经。

【功效】杀虫。

【主治】虫积腹痛。

【用量】马、牛 15～30 g；猪、羊 3～6 g；兔、禽 1～2 g。

【附注】鹤虱杀诸虫之辅药，外用可治疥癞。临诊配伍应用：可用于多种肠内寄生虫病，但较多用驱杀蛔虫、蛲虫、绦虫、钩虫等，常与川楝子、槟榔等同用。还可外治疥癞。

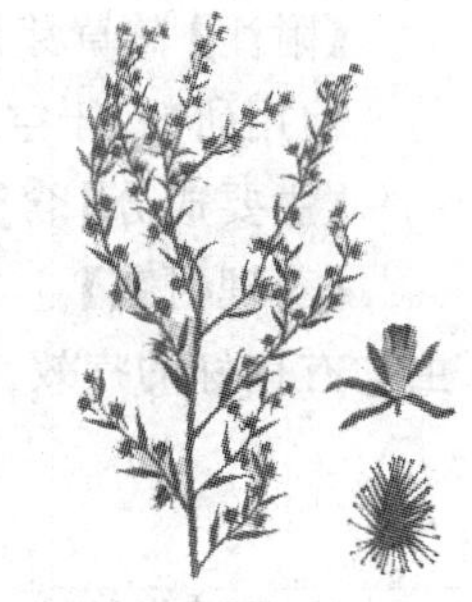

图 2-245　鹤虱

【主要成分】北鹤虱含挥发油，主要成分为天名精内酯和天名精酮、正己酸；南鹤虱含挥发油，油中含巴豆酸、细辛酮、甜没药烯、胡萝卜萜烯、胡萝卜醇、南鹤虱醇。不挥发成分为细辛醛和胡萝卜甾醇。

【药理研究】①天名精煎剂有驱杀绦虫、蛲虫、钩虫作用。②对大肠杆菌、葡萄球菌等有抑制作用。

【药性歌诀】鹤虱辛平，功主杀虫，解毒敷疮，调逆止痛；
蛔虫钩绦，肠虫多种，腹痛虫积，蛇毒疮疔。

贯众

为鳞毛蕨科植物粗茎毛蕨的干燥根茎及叶柄残基(图 2-246)，又称绵马贯众。主产于湖南、广东、四川、云南、福建等地。

【性味归经】寒，苦。有小毒。入肝、胃经。

【功效】杀虫，清热解毒。

【主治】虫积腹痛，湿热疮毒，出血证。

【用量】马、牛 30～90 g；猪、羊 3～10 g。

项目二　各论

【附注】贯众生用驱虫解毒；炒炭清热止血。临诊配伍应用：用于驱杀绦虫、蛲虫、钩虫，可与芜荑、百部等同用；用于湿热毒疮，时行瘟疫等，可单用或配伍应用。还可用于外治疥癞。

图 2-246　贯众

【主要成分】含绵马素，能分解产生绵马酸、绵马酚、白绵马酸、黄绵马酸、绵马次酸等。

【药理研究】①绵马素有驱虫作用。②其煎剂对脑膜炎双球菌、痢疾杆菌均有抑制作用。

【药性歌诀】贯众苦平，止血杀虫，清热解毒，炒炭止崩；

吐衄血痢，蛲绦虫痛，热疮疖腮，瘟疫可清。

鹤草芽

为蔷薇科植物龙牙草的干燥地上部分。晒干，研粉用。全国大部分地区均有分布。

【性味归经】凉，苦、涩。入肝、大肠、小肠经。

【功效】杀虫。

【主治】绦虫病。

【用量】马、牛 100～200 g；猪、羊 30～60 g。

【附注】鹤草芽是仙鹤草之冬芽，为驱杀绦虫要药。临诊配伍应用：本品为驱除绦虫要药。但用研粉，于空腹时投服。一般服药后 5～6 h 即可排出绦虫。

【主要成分】含鹤草酚。

【药理研究】①本品能使绦虫体痉挛致死，对头节、颈节、体节均有作用。对猪、羊、猫绦虫均有良好的疗效。②驱虫有效成分鹤草酚几乎不溶于水，故用时以散剂为宜。

常山

为虎耳草科植物常山的干燥根(图 2-247)。晒干切片，生用或酒炒用。主产于长江以南各省及甘肃、陕西等地。

【性味归经】寒，苦、辛。有小毒。入肝、肺经。

【功效】截疟，杀虫，解热。

【主治】球虫病，宿草不转。

【用量】马、牛 30～60 g；猪、羊 10～15 g；兔、禽 0.3～5 g。

【附注】常山有毒，引吐杀虫。临诊配伍应用：本品是抗疟专药，除杀灭疟原虫外并杀球虫，故能治鸡疟、鸭疟及鸡、兔球虫病。还可退热。

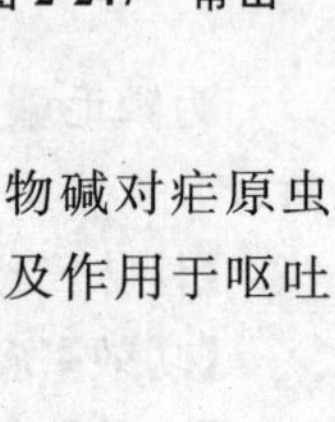

图 2-247　常山

【主要成分】含常山碱甲、乙、丙、常山次碱等多种生物碱及伞形花内酯等。

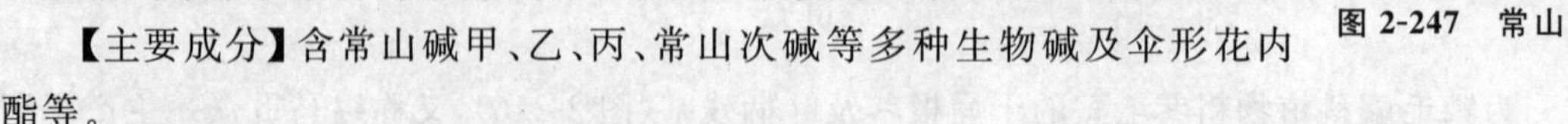

【药理研究】①常山对甲型流行性感冒病毒(PR8)有抑制作用。②所含生物碱对疟原虫有较强的抑制作用。③常山碱甲、乙、丙均有降压作用。④常山能刺激胃肠道及作用于呕吐中枢，引起呕吐。

【药性歌诀】常山苦寒，主治结痰，伐治疟疾，呕吐是偏，

新久疟疾，胸胁胀满，瘰疬疟病，甲型流感。

驱虫药功能比较见表2-37。

表2-37　驱虫药功能比较

类别	药物	相同点	不同点
驱虫药	使君子 鹤虱 川楝子	驱杀蛔虫	使君子并能健脾胃而去积；鹤虱还能驱杀绦虫、蛲虫、钩虫；川楝子驱杀蛔虫，且有行气止痛之功
	槟榔 雷丸 南瓜子 贯众 鹤草芽 石榴皮	驱杀绦虫、蛔虫	槟榔兼能泻下导滞，行气利水；雷丸并能杀钩虫；贯众还能清热解毒，预防流感；南瓜子驱蛔之力弱，但无毒性而可多用；鹤草芽专驱绦虫，少作他用；石榴皮还驱蛲虫，又可涩肠止泻
	常山	驱杀疟原虫、球虫	治疟原虫及球虫外，还能退热

【阅读资料】

表2-38　常见的驱虫方

任务二十一　外用药

凡以外用为主，通过涂敷、喷洗方式治疗家畜外科疾病的药物，称为外用药。

外用药一般具有杀虫解毒、消肿止痛、去腐生肌、收敛止血等功用。临床多用于疮疡肿毒、跌打损伤、疥癣等病证。由于疾病发生部位及症状不同，用药方法各异，如内服、外敷、喷射、熏洗、浸浴等。

外用药多数具有毒性，内服时必须严格按制药的方法，进行处理及操作，以保证用药安全。本类药一般都与他药配伍。较少单味使用。

冰片(片脑，梅片，龙脑香)

为菊科植物大风艾的鲜叶经蒸馏、冷却所得的结晶品，或以松节油、樟脑为原料通过化学方法合成。主产于广东、广西及上海、北京、天津等地。

【性味归经】微寒，辛、苦。入心、肝、脾、肺经。

【功效】宣窍除痰，消肿止痛。

【主治】神昏、惊厥，疮疡、咽喉肿痛、口舌生疮及目疾。

【用量】入丸、散剂用，不宜煎煮。马、牛 3～6 g；猪、羊 1～1.5 g；犬 0.5～0.75 g。

【附注】冰片辛散苦泄，芳香走窜，内服有开窍醒脑之功，外用具有生肌止痛功效，为疮科常用之品。临诊配伍应用：①本品为芳香走窜之药，内服有开窍醒脑之效，适用于神昏、惊厥诸证，但效力不及麝香，二者常配伍应用，如安宫牛黄丸。②外用有清热止痛、防腐止痒之效，常用于各种疮疡、咽喉肿痛、口舌生疮及目疾等。治咽喉肿痛，常与硼砂、朱砂、玄明粉等配伍，如冰硼散；用于目赤肿痛，可单用点眼。

【主要成分】合成冰片为消旋龙脑，艾片为左旋龙脑。

【药理研究】本品 1∶400 的酊剂在试管内能抑制猪霍乱弧菌、大肠杆菌及金黄色葡萄球菌的生长。

硫黄(石硫黄)

为自然元素类矿物硫族自然硫，或用含硫矿物经加工而成。主产于山西、陕西、河南、广东、台湾等地。

【性味归经】温，酸。有毒。入肾、脾、大肠经。

【功效】外用解毒杀虫，内服补火助阳。

【主治】皮肤湿烂、疥癣阴疽，命门火衰、阳痿，肾不纳气。

【用量】宜作丸、散、膏剂用。马、牛 10～30 g；猪、羊 0.3～1 g。

【附注】硫黄外用杀虫治疥，内服益火助阳。临诊配伍应用：用治皮肤湿烂、疥癣阴疽等，常制成 10%～25%的软膏外敷，或配伍轻粉、大风子等同用；用于命门火衰、阳痿等，可与附子、肉桂等配伍应用；治肾不纳气的喘逆，可配黑锡丹、葫芦巴、补骨脂等同用。

【主要成分】含硫及杂有少量砷、铁、石灰、黏土、有机质。

【药理研究】①硫黄与皮肤接触后变为硫化氰与五硫黄酸，然后有溶解皮肤角质和杀灭皮肤寄生虫的作用。②内服后在肠内有一部分变为硫化氢、硫化砷，能刺激肠壁而起缓泻作用。③对皮肤真菌有抑制作用，对疥虫有杀灭作用。

【药性歌诀】硫黄甘温，疏利大肠，解毒杀虫，益火助阳；
阳痿虚喘，冷泄烫伤，阴疽冷秘，疥癣疮湿。

雄黄(雄精、腰黄、明雄)

为硫化物类矿物雄黄族雄黄，主含三硫化二砷(As_2S_3)。主产于湖南、贵州、湖北、云南、四川等地。

【性味归经】温，辛。有毒。入肝、胃经。

【功效】杀虫解毒。

【主治】恶疮疥癣及毒蛇咬伤，湿疹。

【用量】马、牛 5～15 g；猪、羊 0.5～1.5 g；犬 0.05～0.15 g；兔、禽 0.03～0.1 g。

【附注】雄黄辛温，杀虫，解毒，切忌火煅。临诊配伍应用：有解毒和止痒作用，外用治各种恶疮疥癣及毒蛇咬伤。如治疥癣，可研末外撒或制成油剂外涂；用治湿疹，可同煅白矾研末外撒；本品与五灵脂为末，酒调 2～3 g，并以药末涂患处，可治毒蛇咬伤。

【主要成分】含三硫化二砷及少量重金属盐。

【药理研究】①内服在肠道吸收，毒性较大，有引起中毒危险，也能从皮肤吸收，故外用时亦应注意，大面积或长期使用会产生中毒；若中毒时按砷中毒处理。②对常见化脓性球菌、肠道致病菌、人型和牛型结核杆菌、皮肤真菌均有抑制作用。

【药性歌诀】雄黄辛温，解毒杀虫，外敷内服，燥湿祛风；

蛇丹胬肉，疥癣疮疔，肠虫蛇疮，痄腮喘证。

木鳖子

为葫芦科植物木鳖的干燥成熟种子(图 2-248)。主产于广东、广西、湖北、安徽等地。

【性味归经】温，苦、微甘。有毒。入肝、大肠经。

【功效】散淤消肿，拔毒生肌。

【主治】疮痈，乳痈。

【用量】马、牛 3～9 g；猪、羊 1～1.5 g。

【附注】木鳖子消肿散结，与番木鳖皆为有毒之品，番木鳖偏治湿痹作痛。临诊配伍应用：本品能散结消肿、拔毒排脓，适用于外敷治疮痈肿痛(日久不溃者可促使破溃排脓)、瘰疬槽结、跌打损伤肿痛等。

使用时要与番木鳖加以区别。番木鳖是马钱科植物马钱子及皮氏马钱的种子，其功效也有相似之处，但毒性更大。

图 2-248　木鳖子

【主要成分】含木鳖子素、皂苷及脂肪油。

炉甘石

为碳酸盐类矿物方解石族菱锌矿，主含碳酸锌($ZnCO_3$)。火煅或醋淬后，研末用或水飞用。主产于广西、湖南、四川等地。

【性味归经】平，涩。入胃经。

【功效】明目去翳，收湿生肌。

【主治】疮疡不敛，目赤翳障。

【用量】适量外用。

【附注】炉甘石性平力缓，有退翳、收湿、敛疮之功，为外用止眼病要药。临诊配伍应用：①为眼科要药，外用点眼，既能解毒，又长于去翳脱腐及收涩止泪。主要用于肝热目赤肿痛、羞明多泪及睛生翳膜等。常与冰片、硼砂、玄明粉等为末点眼。②有解毒、止痒和吸湿敛疮之效，可用于湿疹、疮疡多脓或久不收口等，多与铅丹、煅石膏、枯矾、冰片等合用。

【主要成分】含碳酸锌和钴、铁、锰、镁、钙的碳酸盐和极微量的镉和钼等。煅烧后为氧化锌。

【药理研究】能部分溶解并吸收创面分泌液，起收敛、保护作用；并能抑制葡萄球菌的生长。

【药性歌诀】炉甘石平，收湿敛疮，明目去翳，外用入方；

烂弦风眼，胬肉翳障，疮脓淋漓，湿疹溃疡。

石灰

为石灰石($CaCO_3$)煅烧而成的氧化钙(CaO)。各地均产。

【性味归经】温，辛。有毒。

【功效】生肌，杀虫，止血，消胀。

【主治】创伤，烫伤，肚胀。

【用量】牛、马 10～30 g；猪、羊 3～6 g，制成石灰水澄清液；外用适量。

【附注】生石灰腐恶肉；熟石灰疗金疮出血，治水火烫伤，并消瘤胃气胀。临诊配伍应用：①有较强的解毒和止血作用。外用于汤火烫伤，创伤出血，用风化石灰 0.5 kg，加水四碗，浸泡，搅拌，澄清后吹去水面浮衣，取中间清水，每 1 份水加麻油 1 份，调成乳状，搽涂烫伤处；陈石灰研末，可作刀伤止血药用。②化气消胀，内治牛臌胀证，制取 10％的清液 500～1 000 mL 灌服。

【主要成分】生石灰为氧化钙（CaO），熟石灰为氢氧化钙（$Ca(OH)_2$）。

【药理研究】①用石灰水治牛臌胀，是由于大量二氧化碳与之结合而呈制酵作用（$Ca(OH)_2 + CO_2 \rightarrow CaCO_3 + H_2O$）。②10％～20％的石灰水有强的消毒作用，其杀菌作用主要是改变介质的 pH，夺取微生物细胞的水分，并与蛋白质形成蛋白化合物。故常用于场地消毒。

明矾（白矾）

为硫酸盐类矿物明矾石经加工炼制而成，主含含水硫酸铝钾（$KAl(SO_4)_2 \cdot 12H_2O$）。又称白矾。生用或煅用，煅后称枯矾。主产于山西、甘肃、湖北、浙江、安徽等地。

【性味归经】寒，涩、酸。入脾经。

【功效】杀虫，止痒，燥湿祛痰，止血止泻。

【主治】痈疮肿毒，湿疹疥癣，口舌生疮，咳喘，便血。

【用量】内服生用，外治多煅用。马、牛 15～30 g；猪、羊 5～10 g；犬、猫 1～3 g；兔、禽 0.5～1 g。

【附注】白矾酸寒，祛痰敛肺；火煅为枯矾，疗湿疹疮疡，为疮科常用之品。临诊配伍应用：①有解毒杀虫之功，外用枯矾，收湿止痒更好，主要用于痈肿疮毒，湿疹疥癣，口舌生疮等。治痈肿疮毒，常配等份雄黄，浓茶调敷；治湿疹疥癣，多与硫黄、冰片同用；治口舌生疮，可与冰片同用，研末外搽。②内服多用生白矾，有较强的祛痰作用，用于风痰壅盛或癫痫等。如治风痰壅盛，喉中声如拉锯，常配半夏、牙皂、甘草、姜汁灌服；治癫痫痰盛，则以白矾、牙皂为末，温水调灌。③收敛止血，可用于久泻不止，单用或配五倍子、诃子、五味子等同用；用于止血，常与儿茶配伍。

【主要成分】为硫酸铝钾（$KAl(SO_4)_2 \cdot 12H_2O$）。

【药理研究】①内服后能刺激胃黏膜而引起反射性呕吐，至肠则不吸收，能制止肠黏膜的分泌，因而有止泻之效。②枯矾能与蛋白化合成难溶于水的蛋白化合物而沉淀，故可用于局部创伤出血。③对人型、牛型结核杆菌、金黄色葡萄球菌、伤寒杆菌、痢疾杆菌均有抑制作用。

【药性歌诀】明矾酸寒，解毒收敛，止血燥湿，善祛风痰；

血证久泻，疥癣疮疔，湿癣痈疮，湿热黄疸。

儿茶(孩儿茶)

为豆科植物儿茶的去皮枝、干的干燥煎膏(图 2-249)。主产于云南南部,海南岛有栽培。

【性味归经】微寒,苦、涩。入肺经。

【功效】外用收湿,敛疮,止血;内服清热,化痰。

【主治】疮疡多脓,久不收口,外伤出血,泻痢便血,肺热咳喘。

【用量】马、牛 15～30 g;猪、羊 3～10 g;犬、猫 1～3 g。

【附注】儿茶苦涩,有收湿、敛疮、止血之功。临诊配伍应用:①本品外用为主,用于疮疡多脓,久不收口及外伤出血等,常与冰片等配伍、研末用。②其性收敛,内服有止泻、止血之效。用治泻痢便血,常配伍黄连、黄柏等。③尚有清热、化痰、生津作用。用治肺热咳嗽,常配伍桑叶、硼砂等。

图 2-249　儿茶

【主要成分】含儿茶鞣酸、儿茶精及表儿茶酚、黏液质、脂肪油、树脂及蜡等。

【药理研究】①水溶液能抑制十二指肠及小肠的蠕动,而有止泻作用。②煎浸剂对金黄色葡萄球菌、痢疾杆菌、伤寒杆菌及常见致病性皮肤真菌均有抑制作用。

【药性歌诀】儿茶苦凉,收湿敛疮,解毒止血,消食涩肠;
口腔鼻炎,湿疹溃疡,内伤血证,泻痢食伤。

硇砂

为含氯化铵的结晶体。主产于青海、新疆、四川、西藏、陕西等地。

【性味归经】温,咸、苦、辛。入肝、脾、胃经。

【功效】软坚散结,消积去淤。

【主治】痈疽疮毒。

【用量】马、牛 15～30 g;猪、羊 3～10 g;犬 1.5～5 g。

【附注】硇砂外用明目去翳,内服化痰利咽,皆入丸、散应用。临诊配伍应用:外伤痈疽疮毒,脓未成者使消,脓已成者使溃,有散结去腐的作用,常配伍穿山甲等同用。

【主要成分】为氯化铵。

【药理研究】①能增加呼吸道黏膜的分泌,使黏液变为稀薄,容易咳出,故有祛痰作用,又能使肾小管内氯离子浓度增加,排出时携带钠和水而产生利尿作用。②其副作用是引起呕吐、口渴和高氯性酸中毒。

【药性歌诀】硇砂温咸,化淤消坚,攻毒蚀疮,化脓利咽;
消化道癌,乳癌耳蕈,恶疮胬肉,喉痹顽痰。

硼砂(蓬砂、月石)

为硼砂矿经精制而成的结晶,主产西藏、青海、四川等地。

【性味归经】凉,甘、咸。入肺、胃经。

【功效】解毒防腐,清热化痰。

【主治】口舌生疮,咽喉肿痛,目赤肿痛,痰热咳喘。

【用量】马、牛 15～30 g;猪、羊 2～5 g。

【附注】硼砂甘凉清热，咸可软坚。内服治热痰郁结，外用治舌疮目疾，为清热解毒防腐要药。临诊配伍应用：①外用有良好的清热和解毒防腐作用，主要用于口舌生疮、咽喉肿痛、目赤肿痛等。治口舌生疮、咽喉肿痛，常与冰片、玄明粉、朱砂等配伍；也可单味制成洗眼剂，用治目赤肿痛。②内服能清热化痰。主要用于肺热痰嗽、痰液黏稠之证，常与瓜蒌、青黛、贝母等同用，以增强清热化痰之效。

【主要成分】为四硼酸二钠。

【药理研究】①能刺激胃液的分泌，经肠道吸收后由尿排出，能促进尿液分泌及防止尿道炎症。②外用对皮肤、黏膜有收敛保护作用，并能抑制某些细菌的生长，故可治湿毒引起的皮肤糜烂。

【药性歌诀】硼砂咸寒，清热化痰，化石解毒，防腐收敛；

咽痛口疮，热痰癫痫，目赤砂淋，宫糜腰闪。

斑蝥

为芫菁科昆虫南方大斑蝥、黄黑小斑蝥的干燥体（图 2-250）。全国大部分地区均有分布，以安徽、河南、广东、广西、贵州、江苏等地产量较大。

【性味归经】寒，辛。有大毒。入胃、肺、肾经。

【功效】攻毒蚀疮，破癥散结。

【主治】恶疮，瘰疬。

【用量】马、牛 6～10 g；猪、羊 2～6 g。

【附注】斑蝥主治恶疮死肌，筋骨胀大，为强刺激剂，用时宜慎。临诊配伍应用：①本品对皮肤有强烈的刺激性，能引起皮肤发赤起泡。外用有攻毒止痒和腐蚀恶疮的作用，可用治疥癣、恶疮等。②内服有破癥散结和解毒之功，用治瘰疬；配玄明粉可消散癥块。

图 2-250 斑蝥

【主要成分】含斑蝥素、蚁酸、树脂、脂肪及色素等。

【药理研究】外用为皮肤发赤、发泡剂。据报道还可治狂犬咬伤。

其他外用药见表 2-39，外用药功能比较见表 2-40。

表 2-39 其他外用药

药名	药用部位	性味归经	功效	主治
鸦胆子	种子	寒，苦，有毒。入大肠、肝经	清热燥湿，腐蚀赘疣，杀虫	赘疣，湿热下痢
信石	为氧化物类矿石砷华的矿石	大热，辛，有大毒。入肠、胃经	去腐蚀疮	体表肿瘤、腐肉不脱
大风子	种子	寒，苦。入肝、脾、肾经	杀虫，攻毒	疥癣，癞疮
蜂房	胡蜂科昆虫大黄蜂或连同蜂蛹在内的巢	平，甘，有毒。入胃、肝经	散风，攻毒，杀虫	风痹疼痛，痈疽溃烂，疥癣

表 2-40　外用药功能比较

类别	药 物	相同点	不同点
外用药	硫黄 雄黄	杀虫止痒	硫黄内服兼治虚寒便秘及肾虚阳痿；雄黄内服外敷均能解毒而治蛇虫咬伤
	硼砂 冰片	消肿痛	硼砂外用解毒防腐；冰片长于开窍醒脑，二药常合用治口舌生疮及咽喉肿痛
	白矾 炉甘石	燥湿杀虫止痒	白矾兼能涌吐解毒；炉甘石专作外用，治睛生翳膜见长
	硇砂 斑蝥 木鳖子	消肿散结	硇砂功专外用，治恶疮、痈肿、胬肉；斑蝥破血攻毒，用治瘰疬；木鳖子治疮痈肿痛，还能治跌打淤肿
	石灰 儿茶	止血	石灰还可消气胀及场地消毒，并治烫伤；儿茶尚有止泻及治肺热咳嗽之功

【阅读资料】

表 2-41　常见的外用方

任务二十二　饲料添加药

中药饲料添加剂，是指饲料在加工、贮存、调配或饲喂过程中，根据不同的生产目的，人工另行加入一些中草药或中药的提取物。用作饲料添加的中药称为饲料添加药。添加中药的目的，在于补充饲料营养成分的不足，防止和延缓饲料品质的劣化，提高动物对饲料的适口性和利用率，预防和治疗某些疾病，促进动物生长发育，改善畜产品的产量和质量，或定向生产畜产品等。

【组方原则】中药饲料添加剂既可单味应用，也可以组成复方。复方添加剂的配伍规律，原则上与传统的中兽医方剂相同。就目前研究和应用中药饲料添加剂来看，用于促进动物生长、增加产品产量的添加剂，多采用健脾开胃，补养气血的法则；用于防病治病的添加剂，往往采用调整阴阳，祛邪逐疫的法则。在必要时还可中西结合，取长补短，从而完善或增强添加剂的某些功能。

【剂型】目前的中药饲料添加剂绝大多数为散剂。有的也可采用预混剂的形式，也就是中药或其提取物预先与某种载体均匀混合而制成的添加剂，如颗粒剂、液体制剂。

【用量】一般占日粮的 0.5%～2%，单味药作添加剂用量宜大，但有毒及适口性差的中草药单味作为添加剂时，用量宜轻。

【使用间隔时间】根据中草药吸收慢、排泄慢、显效在后的特点，在使用中草药添加剂的间隔上，开始每天喂 1 次，以后应逐渐过渡到间隔 1～3 d 一次，既不影响效果，又可降低成本。

【中草药添加剂的日程添加法】根据中草药添加剂的作用和生产需要，大体可分为长程添加法、中程添加法和短程添加法三种。长程添加法，持续时间一般在 1～4 个月以上；中程添加法，持续时间一般为 1～4 个月；短程添加法，持续时间在 2～30 d，有的甚至在 1 d 之内。每种日程内，又可采用间歇式添加法，如三二式添加法（添 3 d，停 2 d）、五三式添加法（添 5 d、停 3 d）和七四式添加法（添 7 d、停 4 d）等。对反刍动物的添加方式可采取饮水的方式给予。

【分类】中药饲料添加剂按其作用和应用目的，大体上可分为增加畜产品产量、改进畜产品质量和保障动物健康三大类。

按中药来源可分为植物、矿物和动物三大类。其中植物类所占比例最大。植物类有：麦芽、神曲、山楂、苍术、松针、苦参、贯众、陈皮、何首乌、黄芪、党参、甘草、当归、五加皮、大蒜、龙胆草、金荞麦、蜂花粉、艾叶、女贞子等。矿物类主要有麦饭石、芒硝、滑石、雄黄、明矾、食盐、石灰石、石膏、硫黄等。动物类主要有蚯蚓、蚕蛹、蚕沙、牡蛎、蚌、骨粉、鱼粉、僵蚕、乌贼骨、鸡内金等。

松针

【性味及功用】温，苦、涩。有补充营养，健脾理气，祛风燥湿，杀虫等功效。

(1)用于猪　育肥猪，在日粮中添加 2.5%～5%的松针粉，可替代部分玉米等精料，添加松针粉喂的猪，皮毛光亮红润，可改变猪肉的品质，提高增重率和瘦肉率；用于种公猪可提高采精量。

(2)用于禽　在日粮中添加 1.5%～3%，能提高其产蛋率和饲料报酬。

(3)用于兔　能提高孕兔的产仔率、仔兔的成活率、幼兔的增重率，并且有止泻、平喘等功效。

(4)用于养鱼　在鱼饲料中添加 4%松针叶粉制成颗粒饵料，可使渔业增产、增收。

(5)用于奶牛　在日粮中添加 10%的松针粉，可使产奶量提高。

如果使用松针活性物质添加剂，在动物饲料中的添加量为 0.05%～0.4%。

【附注】松针叶粉不仅含有蛋白质中十几种氨基酸以及十几种常量和微量元素等，而且富含大量的维生素、激素样物以及杀菌素等。特别是胡萝卜素含量极为丰富。

杨树花

【性味及功用】微寒，苦、甘。有补充营养，健脾养胃，止泻止痢等功用。

用杨树花代替 36%豆饼进行鸡饲喂试验，不论增重还是料肉比都与豆饼没有明显差别。用于喂猪，可提高增重。

【附注】杨树叶作用与花相似，用杨树叶粉喂猪，完全可代替麸皮，从而降低饲料成本，增加效益。添加量可达日量的 20%。另用 5%～7%饲喂蛋鸡可提高产蛋率、种蛋受精率、孵化率及雏鸡成活率，还可增加蛋黄色泽。

本品营养成分较丰富，各种氨基酸含量比较齐全，此外还含有黄酮、香豆精、酚类及酚酸类、苷类等。

桐叶及桐花

【性味及功用】寒，苦。有补充营养，清热解毒之功效。《博物志》："桐花及叶饲猪，极能肥大，而易养"。

泡桐叶粉在饲料中的添加量以5%～10%为宜。用于猪可提高增重率和饲料报酬；用于鸡可促进鸡的发育、促进产蛋、提高饲料利用率，缩短肉鸡饲养周期。

【附注】本品含粗蛋白质、粗脂肪、粗纤维、无氮浸出物、熊果酸、糖苷、多酚类以及钙、磷、硒、铜、锌、锰、铁、钴等元素。

蚕沙

【性味及功用】温，甘、辛。有祛风除湿功效。

(1)用于猪　以15%的干蚕沙代替麦麸喂猪是可行的。从适口性来看，前期加10%的蚕沙、后期加15%蚕沙，适口性无明显变化。一般添加以5%～10%效果较好。添加比例越高，饮水越多，所以添加的同时应给予充足的饮水。

(2)用于鸡　在饲料中添加5%的蚕沙，可提高鸡的增重率，饲料报酬高。据分析这与蚕沙中尚含有未知促生长因子有关。

【附注】蚕沙含有蛋白质、脂肪、糖、叶绿素、类胡萝卜素、维生素A、维生素B等，还含有13种氨基酸，尤以亮氨酸含量最高。据分析，其所含的各种营养成分比早稻谷营养成分的含量还要高。

【阅读资料】

表2-42　常见的饲料添加方

【知识拓展】

论中西兽药的结合与应用

（褚素敏　汪恩强）

中草药在我国资源丰富、品种繁多，长期以来是我国劳动人民与畜禽疾病作斗争的主要武器。目前，由于西药品种多、作用强而迅速等特点，被广泛地应用于兽医临床。然而由于西药的毒副作用及耐药性问题日渐突出，故将中草药与西药组合成复方，或在疾病发展的不同阶段给予不同的药物(中药或西药)治疗已被越来越多地应用于临床，而结果往往产生既优于中草药，又优于西药的功效而受到人们的欢迎。各地的兽药生产部门已生产出不少中药与西药的复方制剂投放到市场，更促进了中药与西药联合应用的研究。

1.中草药在防止畜禽疾病中的药用机理

1.1 抗病原体作用

在对一些中药及其方剂的研究中发现，清热解毒药、补虚药、理血药、泻下药等类中的大部分药物及其方剂均对畜禽的一些病原体有抑制和杀灭作用。如板蓝根、野菊花、连翘、藿香、蒲公英、金银花、鱼腥草、黄芪、党参；盐粟散、白头翁汤、乌梅散、黄连解毒汤、清瘟败毒饮、小柴胡汤、甘草浸膏、黄芩汤、囊病灵、黄生大白汤、银翘散等。其中一些药物和方剂对畜禽的一些病毒性疾病也有一定的疗效。

1.2 调节机体免疫功能

机体免疫机能的高低，直接影响到机体的抗病能力。许多中药及其方剂在兽医临床上应用效果好，其主要机制就是对动物机体的免疫机能进行调节，调动机体自身的抗病机制。由于许多中药及其方剂都含有苷类、生物碱、多糖、有机酸、挥发油等免疫活性物质，因此它能活化机体的细胞和体液免疫系统，提高机体的抗病能力，达到防治疾病的目的。已经证实具有该功能的方药有扶正固本类、补阳类、养阴类、活血化瘀类、清热解毒类、收涩类、止血类等的一些方药。这些方药中，有的能促进免疫器官的发育，有的能增强免疫细胞的活性，有的能调节机体的细胞免疫功能和体液免疫功能。

1.3 诱生干扰素

干扰素在机体内对病毒及其病原微生物有突出效果，因而自从发现以来对它的研究经久不衰，越来越深入。诱生干扰素中草药防治疾病的特点是以中草药诱生干扰素为主要标志。诱生干扰素中草药具有广谱、高效、无毒性、作用时间长，价格便宜，易操作等特点。诱生干扰素中草药在防治畜禽等动物疾病(尤其是传染病)方面。有着极大的潜力和广阔的应用前景，它可以免除因使用病毒类和细菌类诱生剂对动物机体造成伤害。中药抗病毒和剂(由黄芪、板蓝根、大青叶、连翘、佩兰、射干、柴胡、地榆、槐花等10余味药材组成)，能防治鸡法式囊病毒(IBDV)；并对免疫系统和重要的实质器官有明显的保护作用。党参、白术、山药、猪苓、茯苓等可诱生α-干扰素，黄芪可诱生β-干扰素。甘草甜素能显著增加T细胞，激活免疫作用，增强免疫力；刺五加、石斛、丹参、降香、龙胆草等也能诱生干扰素。

1.4 对抗细菌病毒素

中兽医方药的多元性药理作用与其所含的有效成分的多样性密切相关。其抗菌机理远比西药复杂。临床上有许多病例，虽然使用抗菌药抑制了病原体，但由于不能对抗细菌毒素作用而导致治疗失败；一些中草药既具有抑制病原体作用又具有对抗细菌毒素的功能。

吴利夫等报道；金银花、连翘提取物除具有体外抑菌作用外，还具有抗大肠杆菌热敏肠毒素的作用；黄连素也可抑制由肠毒素引起的肠分泌而被用于治疗细菌性腹泻；参麦注射液对大肠杆菌类毒素也有一定的对抗作用。另外，天麻、天南星、全蝎、僵蚕、蝉蜕、朱砂等也有抵抗破伤风毒素的功能。

2.中西兽药结合的优势

中草药毒副作用小，不会产生耐药性，应用时强调调节整体功能，提高机体自身的抗病能力，长期应用安全可靠。西兽药(尤其是抗菌西药)，具有收效快、作用强、使用方便等优点。两者相结合，则可以取长补短，内外并重，整体与局部并重，起到相得益彰的作用。所以，中西药结合防治畜禽疾病已在兽医界引起广泛重视。其主要优势为：

2.1　协同作用

具有抗菌效果的中草药，与抗感染类西药联合使用时，其疗效往往大于两药作用相加之和，如清热解毒药与西药联合应用时，多能形成协同效应。喹乙醇与某些清热解毒药结合使用时，既增强了抗菌效果又降低了喹乙醇的毒副作用，减少了喹乙醇中毒的发生。此外，有些中草药与抗感染类西药结合应用时，还能影响西药的体内过程。如茵陈浸膏可促进灰黄霉素的吸收，理气药枳实与庆大霉素合用于胆道感染时，由于枳实能松弛胆总管括约肌，可使胆内压下降，从而大大升高胆道内庆大霉素的浓度，疗效提高。芍药汤配合痢特灵或磺胺药治疗菌痢，既可清热解毒，调和气血，改善症状，又可迅速杀菌，获得比单用中药或单用西药更好的疗效。

2.2　互补作用

一些中药体外抗菌性能低或不具有抗菌作用，但与抗感染类西药结合应用时，一方面能缓解疾病临床症状，拮抗内外毒素，促进机体各项功能的恢复，而单独使用抗感染西药则无这些功能。如黄连素与四环素或土霉素联合应用于细菌性腹泻；另一方面，中草药能从多个环节提高机体的抗感染能为，协助机体和抗感染西药消除病原体。扶正固本类中草药与抗菌西药合用时中草药能增强机体免疫功能，西药能抑制病原体，起到既能治标又能治本的双重作用。如当归、川芎与链霉素合用能增强抗菌作用，促进机体恢复。中草药与抗感染类西药结合用于防治动物病毒病时，中草药身兼抗病毒、提高畜禽的非特异性免疫能力以及激发和调动畜体本身抵抗力、诱生干扰素控制病情的恶化几种功能，而抗菌西药则可防止继发感染，减少因继发感染造成的死亡。

2.3　毒性互制

有些中药可以缓解或降低抗感染类西药的毒副作用。如链霉素长期使用对脑神经有毒害作用，而具有解毒功能的甘草酸与链霉素合用时，可大大降低链霉素的毒副作用。骨碎补、黄连、黄精等中草药与链霉素合用，也具有相同功效；山楂、甘草与呋喃妥因结合用于泌尿道感染时，既提高了治疗效果又减少了毒副作用。

3. 中西药联合的配伍禁忌

中西兽药的结合，并不是简单地两者相加，而应在完全熟悉了解两者功效、药理等前提下进行。两者配伍得当，既可提高疗效又可减小毒副作用。两者配伍不当，既能降低疗效又能增强毒副作用。

3.1　产生拮抗，降低疗效，达不到预期治疗目的

从药效学看，不合理的中西药配伍可导致药效发生变化。穿心莲中的穿心莲内酯能提高机体白细胞吞噬细菌的能力，以发挥其消炎解毒作用，治疗呼吸道感染时，若与庆大霉素、红霉素等合用，因庆大霉素、红霉素可抑制穿心莲促进白细胞吞噬功能的作用，从而使其疗效降低。茵陈与青霉素合用，茵陈可拮抗青霉素的抗菌作用。磺胺类药物具有抑菌作用是由于该类药物的化学结构与PABA（对氨基苯甲酸）极为相似，能与细菌生长所必需的PABA产生竞争性拮抗，从而干扰细菌的正常生长。中药神曲是用面粉、麸皮和赤小豆、杏仁、青蒿、苍耳子、辣蓼等混合，经发酵制成。因其主要是含淀粉酶、酵母菌、维生素B等，所以亦含有大量PABA,可拮抗磺胺药的抑菌作用。二药合用,可使磺胺药的作用减弱。甘草及其制剂因含糖皮质激素物质,会升高血糖血压,与降糖灵、胰岛素、复方降压胶囊合用时,会影响西药效率。鱼腥草素与TMP配伍有协同作用,而鱼腥草挥发油与TMP配伍则表现为拮抗作用,茵陈与氯霉素配伍也有拮抗作用。

3.2　增强毒副作用,使病情加重

中草药与抗感染西药复方,中草药的某些成分与抗感染西药的某些成分发生反应产生毒性,或者是中、西药的某些成分具有酶抑作用,合用时则增强毒性反应,如含有水合性鞣质的中药石榴皮、地榆、酸枣根、诃子、五倍子等与肝毒性抗生素如氯霉素、红霉素、利福平、异烟肼等合用,加重肝脏损害,严重者可发生药源性肝病。痢特灵与麻黄、丹参等合用可产生毒副作用,这是因为痢特灵抑制单胺氧化酶的活性,使去甲肾上腺素、多巴胺等单胺类神经介质不被破坏,而麻黄碱可使贮存于神经末梢的去甲肾上腺素大量释放,严重时导致高血压和脑出血。磺胺类药物与山楂、乌梅、五味子等富含有机酸的中草药组方,其毒副作用也增强,这是因为含有机酸类的中药经体内代谢后,能增加尿液酸性,使乙酰化的磺胺在酸性环境中的溶解度大大降低,易析出结晶,损伤肾小管和尿路上皮细胞,引起血尿、结晶尿,甚至尿闭等病症。

4.中西兽药的结合应用

近年来,中西兽药尤其是中草药与抗感染类西药结合用于防治畜禽的细菌病、病毒病、霉形体病、多发病、常见病的报道越来越多。尤其是对一些单独使用抗感染类西药效果不明显或无效的疾病,经结合使用中西兽药后其疗效显著。如板蓝根浸膏与氯霉素口服能有效控制鸡群法式囊病的扩散蔓延;大黄、牛蒡子、甘草、金银花、苦参等混于饲料中配合红霉素饮水,能有效防治鸡传染性喉气管炎;黄连解毒汤加味结合青霉素和链霉素能有效控制牛钩端螺旋体病,其疗效明显优于单独使用抗菌西药;TMP结合蒲公英、鱼腥草素、黄连素后,其抑菌作用显著增强;麻杏石甘汤合栀子、金银花汤加减配合土霉素或四环素防治猪喘气病效果显著;用鲜桑枝、槐枝、蛇蜕配合链霉素、青霉素治疗牛产后破伤风效果较好;用清开灵、柴胡注射液配合聚肌胞、葡萄糖注射液治疗疑似猪瘟效果良好;用黄芩、黄柏、大黄各5 g,芒硝、茯苓皮、生姜各10 g,枳壳、厚朴各8 g,炙甘草5 g,水煎服,配合磺胺嘧啶钠、葡萄糖注射液等治疗猪水肿病效果良好。此外,应用中西兽药结合治疗畜禽常见病、多发病、普通病也普遍获得良好的效果。

5.中西兽药结合的应用前景

目前,中草药与抗菌西药联合应用的临床报道很多,但存在一些问题。一是这类报道大都仅以临床疗效加以论述,缺乏中草药与抗感染西药联合后与单用中草药或单用西药的对比资料及治病机理,今后应加强这方面的研究;二是组方不够严谨,对组方的必要性、合理性研究不够,各药物的剂量配比和相互作用关系未进行拆方实验,用药较为庞杂,针对性不强,工艺简单,疗效不够稳定、质量不够标准;三是剂型单一,仅局限在汤剂、散剂、注射剂方面;四是对方药的有效成分及药理作用的科学分析不够,在应用复方时,很难准确了解药物的作用方式及特点。今后,应加强中西药复方的合理性,了解并突出中西药的特点,扬长避短,中西药复方的研究者不仅应了解和熟悉化学合成药的药理作用、理化性质等,而且要熟悉中药的化学成分、药理作用、理化性质、毒性反应等，充分掌握中西药理论，了解中西药之间的相同或相异之处，才能合理组方，扬长避短；还应科学选药，合理配伍；注意复方制剂中中西药剂量的合理配比；加强中西药复方制剂的毒性评价；提高中西药复方制剂的质量控制水平；切实加强中西药复方制剂的基础研究。中西兽药结合，是发展祖国医药学的重要举措。近年来，中草药在世界范围内越来越受到重视，中西药物结合应用越来越受到人们的欢迎。中西药复方的临床应用已为多数兽医（药）工作者应用并取得了良好的治疗效果。尽管中医论“证”而西医讲“病”，但都是机体疾病的征兆，有共同之处。在中西药的发展中，已相互渗透，取长补短，并且都以防病治病为目的。更何况中西兽药结合或制成复方制剂，既能减少抗感染类西药的用量，避免或减少其耐药性的产生，大大减少其在畜产品中的残留量，减轻其毒副作用；还可以保健促长，提高饲料转化率，提高畜产品的质量，可谓一举多得。展望未来，可以深信，随着对这一领域的深入研究，中草药与西药、中草药与抗感染类西药的联合应用必将进一步得到发展，将以其独有的魅力与优势显示出强大的生命力，进一步得到开发和利用。

中草药有效成分的免疫作用研究现状

（周帮会　姜国均　杜健　黄军）

免疫是机体识别自身物质和排除非自身物质的一种保护性生理反应，具有维持自身稳定，防止传染和免疫监视的作用。机体免疫能力的高低，直接影响到机体的抗病能力和生产能力。目前临床上应用的免疫调节剂多为一些化学药物，有些药物残留量大，既危害人类的健康，又污染环境。因此，寻找安全可靠、无药物残留、用药浓度小、疗效快的药物成为当前畜牧业生产中迫切需要解决的问题。近年来，应用免疫学理论和方法研究中草药的免疫增强作用受到了广泛重视，并因其具有药源丰富、取材方便、节约费用、加工简便、毒副作用小等优点而显示广阔的应用前景。大量研究表明，中草药中有效成分主要是生物碱、多糖、皂苷、蒽类、挥发油和有机酸等，它们与动物免疫功能密切相关。利用中草药有效成分作为饲料添加剂来提高免疫功能，促进生长，已有大量的研究和应用。

1. 中草药有效成分与免疫功能

1.1　生物碱与免疫功能

生物碱指一类来源于生物界（以植物界为主）的含氮有机物，多数生物碱具有特殊的生物活性。中草药中生物碱分布较广，在养殖业中研究和应用较多的是茶叶生物碱（包括咖啡碱和茶碱）。Schwartz（1977）试验证明，茶叶所含嘌呤类生物碱（咖啡碱和茶碱）能抑制磷酸二酯酶活性，抑制细胞内环腺苷酸（cAMP）的水解，使细胞内 cAMP 水平提高。cAMP 对细胞增殖有双向调节功能，这提示茶叶生物碱可增加淋巴细胞内 cAMP，促进幼龄免疫力低下动物和免疫力缺陷动物的淋巴细胞分化、发育、成熟。叶钟祥（1984）试验证明，绿茶能显著提升免疫力低下的艾氏腹水癌小鼠血液中 α-萘酚醋酸酯酶（ANAE）阳性淋巴细胞的绝对数量和百分含量。茶叶生物碱可拮抗环磷酰胺（CY）造成的免疫抑制，显著提高正常小鼠淋巴细胞刺激指数（SI）和产生免疫增效剂——白介素-2（IL-2）的水平，消除环磷酰胺对淋巴细胞的活化抑制和对淋巴因子的合成抑制水平的提高可以支持淋巴细胞持续生长，激活已被淋巴因子活化的杀伤细胞(LAK),促进 T 淋巴细胞产生淋巴细胞毒素、γ-干扰素、诱导细胞毒 T 细胞(CTL)等,从而调节机体免疫功能。

1.2 多糖与免疫功能多糖

近年来发现某些中草药的多糖成分具有特殊药理功能,如黄芪多糖可显著增强免疫功能。目前,对多糖的研究已成为热点,特别是其在提高和改善动物免疫功能方面。糖能明显增加小鼠脾脏、胸腺重量,同时对泼尼松龙所致的脾脏、胸腺重量的减轻有明显的对抗作用。黄芪多糖对环磷酰胺有对抗作用,这种作用有量效关系。黄芪多糖能增强正常小鼠和免疫抑制小鼠腹腔巨噬细胞数量,增强巨噬细胞吞噬功能,并能完全纠正泼尼松龙对巨噬细胞数量和功能的减低作用。黄芪多糖能促进体内淋巴细胞转化,使血液中 α-萘酚醛酸酯酶阳性淋巴细胞的绝对数量和百分比增加。黄芪多糖能使小鼠脾脏增大,脾内浆细胞增生,促进抗体的合成,增强体液免疫功能。此外,王本祥等(1997)报道,多糖还可促进小鼠的网状内皮质系统的吞噬功能,并提高红细胞免疫小鼠血清中溶血素浓度,诱导白细胞介素的产生。

1.3 皂苷与免疫功能

皂苷是由皂苷元和糖、糖醛酸所组成的一类复杂的苷类化合物,由于它的水溶液易引起肥皂样泡沫,因此称之为皂苷。近年来,随着各种分离技术的显著提高及波谱分析的应用,加速了皂苷的药理学研究。目前研究最多最详细的是人参皂苷,人参皂苷是人参中主效成分,有显著增强机体免疫功能的作用。人参皂苷是人参调节免疫功能的活性成分,不但对正常动物,而且对免疫功能低下动物(如荷瘤小鼠)均有提高免疫功能的作用。人参皂苷对小鼠网状内皮系统吞噬功能有促进作用,可增加小鼠血清特异性抗体的浓度。人参皂苷可促进 T、B 淋巴细胞致分裂原(PHA、ConA 和 LPS)刺激的淋转反应。进一步研究证明,人参皂苷可促进淋巴细胞分化成熟,继而促进淋转反应。人参皂苷 Rd 和 Re 可能是人参总皂苷促进淋转反应的有效成分。人参皂苷对大鼠脾脏免疫功能的促进作用,如增强脾 T 淋巴细胞对 ConA 的增殖反应,促进 IL-2 的诱生和提高脾脏 NK 细胞的活性等,可能是通过海马介导引起上述效应。人参皂苷能对抗环磷酰胺(CY)所致的小鼠脾脏细胞溶血素降低,对环磷酰胺诱导的小鼠迟发性超敏反应降低有促进作用。

1.4 蒽类与免疫功能

蒽类物质包括蒽醌及其不同还原程度的衍生物。中草药大黄、何首乌、虎仗等富含蒽类有效成分。试验表明,蒽类物质与免疫功能关系密切。大黄蒽类物可促进淋巴细胞内钙离子释放,也可促进淋巴细胞外钙离子内流,大黄素对钙离子的作用呈剂量依赖性,因而大黄素对免疫功能有双向调节作用。研究提示大黄素可增强幼龄免疫力低下动物和免疫力缺陷动物的免疫功能。何首乌蒽类物能延缓老龄小鼠胸腺退化与萎缩,对抗免疫抑制剂泼尼松龙所致的胸腺萎缩作用,增加免疫器官如腹腔淋巴结、肾上腺及脾脏的重量。何首乌煎剂能增强 ConA 诱导的胸腺淋巴细胞增殖反应及脾脏淋巴细胞增殖反应,提高 T、B 淋巴细胞免疫功能。何首乌水煎剂能提高小鼠腹腔巨噬细胞的吞噬功能,增加正常小鼠脾脏抗体形成细胞数量,促进淋巴母细胞转化。

1.5 挥发油与免疫功能

挥发油又称精油,是一类可随水蒸气蒸馏的与水不相溶的油状液体。凡具有香味的一般都含有挥发油,如大蒜、薄荷、当归、桂皮等。这类物质化学成分比较复杂,主要是硫化物、萜类及芳香族化合物。大量研究证明,挥发油有多种药理功能,在免疫方面最多的是大蒜的挥发油-大蒜素的免疫机理。大蒜素是具有生物活性的亚砜和砜类化合物成分的总称，其主要成分有五种，分别是二烯丙基二硫醚、二烯丙基三硫醚、二烯丙基硫代亚磺酸酯、甲基烯丙基三硫醚和甲基乙烯丙基三硫醚。大蒜素在适当浓度(3.125～12.5 mg/mL)时，对T淋巴细胞激活有促进作用，这种促进作用与大蒜素抑制巨噬细胞产生一氧化氮的能力有关。大蒜素能明显提高淋巴细胞转化率及T淋巴细胞酸性α-醋酸萘酯(ANAE)阳性率的作用，使中枢淋巴器官和外周淋巴器官增殖，增强细胞免疫功能。大蒜素可激活单核细胞的分泌水平促使溶菌酶大量释放，溶菌酶能水解细菌细胞壁中的粘多肽，致使病菌细胞破裂死亡，增强非特异性免疫功能。在小鼠上的试验显示，大蒜素能显著提高小鼠脾脏抗体形成细胞数量。一方面，抗体可与病原体结合，干扰病原体某些重要的酶或阻断某些代谢途径，达到抑制病原体致病作用；另一方面，抗体与外毒素特异性结合封闭外毒素生物活性部位，阻断其对易感细胞的吸附，使其不产生毒性作用，增强体液免疫功能。

1.6 有机酸与免疫功能

有机酸(不包括氨基酸)广泛分布于中草药中，以游离形式存在的种类不多，多数有机酸与钾、钠、钙等金属离子或生物碱结合成盐的形式存在。近年来，研究发现许多有机酸有生物活性，其中与机体免疫密切相关的有机酸是中草药甘草中的甘草酸。甘草酸是甘草甜味的主要成分，所以又称之为甘草甜素。甘草酸有显著增强动物免疫力的功能。采用体外抗体产生系统，研究甘草酸对多克隆抗体产生的影响，结果表明甘草酸能使抗体产生显著增加，甘草酸体外抗体产生作用的增强可能与IL-l产生增加有关。该试验还证实，甘草酸在体内也能增强抗体的产生，小鼠静脉注射甘草酸，发现剂量30 mg/kg的甘草酸可显著提高小鼠体内抗体水平。静脉注射甘草酸能显著提高小鼠的碳膜粒廓清指数，提示甘草酸能增加网状内皮系统的活性，提高非特异性免疫功能。甘草酸还可明显促进ConA活性的脾淋巴细胞DNA和蛋白质的生物合成，促进DNA合成的最适浓度为100 μg/mL，DNA合成高峰在48 h，同时对白介素2(IL-2)产生有明显的增强作用。甘草酸可提高ConA诱导脾细胞产生Y-干扰素的水平，小鼠自然杀伤细胞(NK细胞)活性有显著增强作用，表明甘草酸对机体免疫功能具有重要调节作用。

2.中草药饲料添加剂的应用

日本鹿儿岛县以茶叶养猪，不仅大幅度降低猪肉中特有的腥味，而且提高了猪肉的风味，原因是茶叶中嘌呤类生物碱(咖啡碱和茶碱)在猪肉中沉积转化为次黄嘌呤核苷酸(肌苷酸)，而次黄嘌呤核苷酸在猪肉中含量多寡是决定口感的重要因素之一。黄芪粉饲料添加剂可增强仔猪食欲，有效防止仔猪腹泻，提高饲料转化效率。黄芪粉喂蛋鸡，可提高产蛋率，大幅度降低蛋鸡的淘汰死亡率。杨焕民等(1994)给雏鸡注射适量人参皂苷显著提高了雏鸡血液红细胞数量，改善了雏鸡生长性能。中草药大黄在养殖业的应用主要是以复方为主，沈咏舟等(1996)报道，以大黄为主辅以芒硝、滑石、木通、车前、苍术等制成的复合中草药添加剂，可提高猪抗热应激的能力。大黄复合配方对治疗传染性法氏囊病有较好疗效。大蒜素在养殖业中应用较广，肉鸡饲料中添加50～100 mg/kg的大蒜素能促进肉鸡生长，提高饲料效率和肉鸡成活率，降低饲料成本，尤以添加100 mg/kg大蒜素组肉鸡生长性能为佳，且不用添加痢特灵等其他抗生素。在仔猪饲料中添加大蒜素能提高仔猪日增重，降低仔猪腹泻率。在生长育肥猪饲料中添加大蒜素，可增强提高采食量和日增重，改善猪生长性能。雍杰

(1994)在 100 hm^2 池塘中进行用大蒜素防治草鱼肠炎的试验,大蒜素对鱼易患的肠炎、烂鳃病有良好的防治效果,且未发现毒副作用,无须担心剂量上的问题。甘草是许多复方中草药添加剂的重要组分,以甘草为主方的香型中草药饲料添加剂能改善雏鸡生长性能,降低饲料成本,提高经济效益。

3. 结语

随着抗生素类饲用添加剂研究的不断深入和在养殖业推广应用中资料的积累,人们逐步认识到,在饲用抗生素所带来的巨大经济效益后面所隐藏的诸多弊端。各国政府在严格控制饲用抗生素品种、剂量和使用规程的同时,均积极寻找和研制饲用抗生素替代品。我国天然中草药应用历史悠久,积累的经验和文献资料丰富,且具有得天独厚的资源。因此,在饲用抗生素替代品研究和开发领域,我国应将重心放在中草药饲料添加剂上。

【案例分析】

中药在治疗牛百叶干中的应用

一、案例简介

百叶干又称瓣胃阻塞、重瓣胃秘结。多为劳伤过甚,饲养失宜,致使食物不能运转而停留于百叶内,发生干涸的一种慢性疾病。本病多发于冬春季节,老弱体瘦的役用牛尤为多见。

(一)病因病理

长期喂粗糙干硬、富含粗纤维的饲料,如红薯藤、豆秸、麦秸;长期饲喂粉碎过细及混有大量泥沙的饲料;长期劳役过重,喂饮不调等诸因素均可导致气血不足,脾胃虚弱,脾气不升,胃失和降,后送无力,食物停滞于百叶间,胃津耗竭,干涸成疾。此外,热病伤津,汗出伤阴,真胃阻塞,以及宿草不转等疾患亦可继发本病。主证,初期精神不振,鼻镜干燥,被毛粗乱,干枯乏光,食欲减退,反刍减少,口津缺乏,粪干色黑,病情继续发展,出现反刍完全停止,鼻镜干裂,空嚼磨牙,触诊瓣胃有疼痛反应,听诊瓣胃蠕动音极弱或完全消失,排粪减少,粪干黑如栗状,表面附有白色黏液或少量血液,有时伴发瘤胃弛缓或慢性臌气。更甚者,神疲呆立,目无神色,口干舌燥,舌有芒刺,头颈伸直贴地,呻吟磨牙,气粗喘促,脉若有若无,预后不良。

(二)治法

润燥通便,消积导滞。

1.方药

(1)猪膏散

①滑石 30 g、牵牛 25 g、粉草 18 g、大黄 30 g、肉桂 20 g、甘遂 10 g、大戟10 g、白芷 10 g、续随子 15 g、地榆皮 25 g。共为末,每服 45 g,水 2 000 mL,猪油 250 g,蜂蜜 60 g 同煎灌之。(《牛经》、《养耕集》)

②粉丹皮 30 g、秦艽 35 g、当归 30 g、地骨皮 25 g、生地 25 g、黄柏 25 g、牛膝 30 g、陈皮 25 g、赤芍 25 g、甘草 10 g、知母 15 g、麦冬 10 g、天门冬 25 g,引用熟猪脂、白蜜。(《牛医金鉴》)

(2)升水滋肠散　商陆25 g、青皮20 g、当归30 g、川芎15 g、苦参18 g、麦冬20 g、玄参20 g、高良姜15 g、柴胡20 g、白芷15 g、防风18 g、枳壳20 g、木通15 g、炒柏叶15 g。用水煎开，加菜油120 mL，生酒半壶，灌药后，如鼻有汗即好。(《养耕集》)

2. 瓣胃注射

病情严重者可采用瓣胃注射(参见下面的临床报道)。

(三)临床报道

(1)藜芦润燥汤结合西药治45例，痊愈36例，死亡9例，治愈率80%。药用藜芦60 g、常山60 g、牵牛60 g、当归60～120 g、川芎30～90 g、滑石90 g、麻油1 000 mL，蜂蜜250 g为引。无麻油可用石蜡油或其他植物油代。亦可用火麻子500 g。上药水煎2次，混合，得药汁3 000～4 000 mL，加入油、蜜灌下。另以2.5%葡萄糖500 mL，10%的高渗盐水300 mL，5%氯化钠200 mL，20%安那加20 mL，一次静脉注入。

医案：陕西省岐山县青化乡太中村，犍牛，4岁，患病20天，后以中药及西药泻剂，静脉注射葡萄糖、盐水等，均无效，病势逐渐恶化，后以藜芦润肠汤灌服2剂，即日1剂，翌日1剂，当日下午开始反刍，有食欲，排黑色稀软粪，第3日粪渐转正常，饮食欲均增加，痊愈。根据经验，轻症一般1剂即愈，当天或翌日即出现反刍，饮、食欲大增而愈。病情较重者，或将油加至1 500～2 000 mL，8 h后再灌藜芦润肠汤，2剂即可大效，再以调理胃肠之剂即可病除。但后期严重病例，体温升高，或继发真胃炎，则先以土霉素注射及补液，消除炎症。而后用上法亦有治愈者，但为数不多。死亡9例，均为后期严重病例。(《全国中兽医经验选编》，368)

(2)玉米面1 000 g、曲种(发面用的曲母)250 g、食盐250 g。将玉米面和曲种混合均匀，放入盆内，加水适量，调成面糊状，冬季可适当加温，待玉米面发酵至冒泡，有特殊酸味为度。服用时将食盐用温水溶化，加水发面粥，调匀一次灌服。服药后2 h，病畜喜饮水，让其大量自饮。1977年河北省武邑县圈头乡兽医站用此法治疗78例，其中66例1剂即愈，其余12例2剂痊愈。(《中兽医牛病诊治医案选》，31)

(3)瓣胃注射中药煎液治耕牛百叶干24例，治疗1次，均获痊愈。药用大黄、枳实各40 g，木香、川芎各35 g，丹参30 g，制马钱子4 g，甘草15 g加净水1 000 mL煎熬，煎至300～400 mL时，用3层纱布滤取药液，置干净器皿中候温备用。将患牛行左侧卧保定，在右侧第7～9肋间处剪毛并常规消毒。取吸入20 mL生理盐水的注射器一只，接上长约15 cm的18号针头，然后在右侧肩关节水平线与第7～8肋间交点的上、下2 cm处进行瓣胃注射。注射时，针头垂直刺入皮肤后，即注入或抽动注射器芯，如抽出混有草屑的胃内液体时，即可换上吸入药液的注射器，向瓣胃内注射全部药液。注毕，迅速抽针，局部涂以碘酊。(雷望良，中兽医医药杂志，1:31，1990)

(4)导滞散合猪脂治中、后期瓣胃秘结89例，治愈84例治愈率为94.4%。药用大黄75 g，芒硝100 g，枳壳、青皮、木通各35 g，滑石、神曲、山楂、麦芽各50 g，熟猪油500～750 g。每日1剂，连服3剂愈。患牛食欲、反刍恢复，每日继服猪脂150 g，连服3日。(朱国卿，中兽医医药杂志，1:30，1990)

二、案例分析

牛百叶干病由于诊断困难，治疗效果不理想，所以死亡率较高。以上介绍的各种疗法，有些效果较好，尤其瓣胃注射法，只要用之得当，无论注入中药泻剂或西药泻剂，都能获得满意效果，供临床验证。在应用上法治疗的同时，静脉注射高渗300～500 mL，或皮下注射氨甲酰胆碱300～500 g；或内服泻剂及制酵剂，如硫酸钠（或人工盐）300～500 g，鱼石脂15 g，常水3 000～5 000 mL，1次灌服，亦可加吐酒石2～3 g。也可用硫酸镁500～1 000 g、碳酸氢钠200 g，混合加凉水2 500～3 000 mL，灌服。或用10%硫酸镁（钠）3 000～5 000mL、石蜡油200～300 mL，混合注入瓣胃。重症宜配合全身疗法，会收到满意的效果。

【考核评价】

技能考核评价表

序号	项目	考核方式	考核要点	评分标准
1	药用植物采集和制作腊叶药用植物	野外采集药用植物，每人完成5味药用植物腊叶标本	正确采集药用植物，并运用蜡叶标本制作的操作技能完成标本的压制，达到实训指导所要求的标准	正确完成90%以上考核内容为优秀 正确完成80%以上考核内容为良好 正确完成60%以上考核内容为及格 完成不足50%考核内容为不及格
2	中药炮制	选择10味中药在实训室或任一宽敞场地进行	正确运用炒、炙、水飞、煅、制霜等方法有目的地进行炮制，达到实训指导所要求的标准	正确完成90%以上考核内容为优秀 正确完成80%以上考核内容为良好 正确完成60%以上考核内容为及格 完成不足50%考核内容为不及格
3	汤剂的制备	选择2个方剂在实训室进行煎煮	能熟练准确地对不同要求方剂进行煎煮，正确使用特殊的煎法，达到实训指导所要求的标准	正确完成90%以上考核内容为优秀 正确完成80%以上考核内容为良好 正确完成60%以上考核内容为及格 完成不足50%考核内容为不及格
4	药用植物形态识别	任意抽取20味中药在实训室或宽敞场地进行	初步学会识别常用植物药物，基本掌握最常用药物的生长特性、形态特征等	正确完成90%以上考核内容为优秀 正确完成80%以上考核内容为良好 正确完成60%以上考核内容为及格 完成不足50%考核内容为不及格
5	中药饮片的识别	中药饮片的识别	任意抽取10种中药材饮片，能回答出药名和功用	正确完成90%以上考核内容为优秀 正确完成80%以上考核内容为良好 正确完成60%以上考核内容为及格 完成不足50%考核内容为不及格
6	药物的配伍应用	在学院兽医门诊选取典型病例进行	能根据具体病证恰当选方用药	正确完成90%以上考核内容为优秀 正确完成80%以上考核内容为良好 正确完成60%以上考核内容为及格 完成不足50%考核内容为不及格

【知识链接】

1. 程惠珍，杨智. 中药材规范化种植养殖技术. 中国农业出版社，2007. 6.

2. 中国兽药典委员会.《中华人民共和国兽药典》二部中药卷. 中国农业出版社，2011. 4.

3. 中国兽药典委员会.《中华人民共和国兽药典兽药使用指南中药卷》二部中药卷.中国农业出版社,2011.4.

4. 中药材生产质量管理规范(试行)(局令第32号).2002. 3.

5. GB/T 18672—2014 枸杞.国家质量监督检验检疫,2014.10.27.

6. DB33/T 655.1—2007 无公害中药材金银花产地环境.浙江省质量技术监督局,2007.11.18.

7. LY/T 1175—1995 粉状松针膏饲料添加剂.林业部,1995.12.01.

8. GB/T 19618—2004 甘草.国家质量监督检验检疫,2005.06.01.

9. NY/T 1497—2007 饲料添加剂大蒜素(粉剂).农业部,2008.03.01

附:常见的中药饮片

参考文献

[1] 刘仲杰，许剑琴．中兽医学．4 版．北京：中国农业出版社，2012．
[2] 杨致礼．中兽医学．北京：天则出版社，1990．
[3] 于船，王自然．现代中兽医大全．桂林：广西科学技术出版社，2000．
[4] 姜聪文，陈玉库．中兽医学．2 版．北京：中国农业出版社，2006．
[5] 汪德刚，陈玉库．中兽医防治技术．2 版．北京：中国农业出版社，2012．
[6] 胡元亮．中兽医学．北京：中国农业出版社，2006．
[7] 中国兽药典委员会．中华人民共和国兽药典 2010 年版．北京：中国农业出版社，2010．
[8] 王书林．药用植物栽培技术．北京：中国中医药出版，2006．
[9] 于生兰．中药鉴定技术．北京：中国农业出版社，2007．
[10] 陈溥言．兽医传染病学．5 版．北京：中国农业出版社，2006．
[11] 黄定一．中兽医学．2 版．北京：中国农业出版社，2001．
[12] 戴永海，王自然．中兽医基础．北京：高等教育出版社，2002．
[13] 左中丕．中药鉴别炮制应用手册．北京：军事医学科学出版社，2003．
[14] 阎文玫．实用中药彩色图谱．北京：人民卫生出版社，2000．
[15] 汤德元，陶玉顺．中兽医学．2 版．北京：中国农业出版社，2011．
[16] 吴培，张克家．兽医中药学．北京：北京农业大学出版社，1987．
[17] 瞿自明．新编中兽医治疗大全．北京：北京农业大学出版社，1993．